HOW TO
MAKE AN APPLE PIE

[英]哈里·克利夫 (Harry Cliff)——— 著

刘小鸥——— 译

如何从头开始做一个苹果派

FROM
SCRATCH

中信出版集团｜北京

图书在版编目（CIP）数据

如何从头开始做一个苹果派 /（英）哈里·克利夫著；刘小鸥译 . —北京：中信出版社，2022.7

书名原文：How to Make an Apple Pie from Scratch

ISBN 978–7–5217–4395–1

I. ①如… II. ①哈… ②刘… III. ①粒子物理学－普及读物 IV. ① O572.2–49

中国版本图书馆 CIP 数据核字（2022）第 079302 号

如何从头开始做一个苹果派
著者： ［英］哈里·克利夫
译者： 刘小鸥
出版发行：中信出版集团股份有限公司
（北京市朝阳区惠新东街甲 4 号富盛大厦 2 座　邮编　100029）
承印者： 北京诚信伟业印刷有限公司

开本：880mm×1230mm 1/32　　印张：11.25　　字数：280 千字
版次：2022 年 7 月第 1 版　　印次：2022 年 7 月第 1 次印刷
京权图字：01–2022–2643　　书号：ISBN 978–7–5217–4395–1
定价：68.00 元

献给维琪与罗伯特
谢谢你们

想要从头开始做一个苹果派，
你必须先创造宇宙。

——卡尔·萨根（Carl Sagan）

目录

序　幕

2010年3月，一个清冷的早晨，我在法国费内–伏尔泰郊外一片带围墙的建筑外停下了车。钉在钢制安全门上的指示牌上写着：

CERN 8号场地

仅限授权人员进入

我笨拙地倾过身子，从汽车副驾驶座那一侧的窗户伸出手去，在读卡器上刷了一下我的门禁卡。大门没有开。咦，我的访问请求没有通过吗？我注意到后面的汽车开始排起了长龙，我越来越着急，在读卡器上不停地刷卡。但门什么反应也没有。我正想下车，打算用高中学的一点儿蹩脚的法语和保安沟通，大门终于缓缓打开，我松了一口气。

我把车停在主实验厅后面，车头对着标明日内瓦机场跑道边界线的铁丝围栏。我呼出的气在室外寒冷的空气中凝成了白雾，空气中飘着一股熟悉而令人有些反胃的甜味，这股味道来自附近瑞士小镇梅林的一家香水工厂。我把手插进外套口袋，准备前往名字平平无奇的3894号楼，它实际上是一栋单层的活动房屋，主要用来开晨会。

在室内，大多数参会者已经围坐在长桌旁，等待着会议开始。一些人正用英语、法语、德语或意大利语和邻座的人闲聊；还有一些人喝着咖啡，或者埋头看着面前的笔记本电脑。我坐在第二排，希望不会被叫到。

在我们脚下100米深处，是一条长到足以环绕城市一圈的混凝土隧道，有史以来最庞大、也是最强大的机器即将在此诞生，这就是大型强子对撞机（Large Hadron Collider，LHC）。就在几天之后，这台环形加速器将会让亚原子粒子以惊人的力量对撞，从而短暂地重现宇宙大爆炸后最初瞬间的情况。

这些微观的灾难性事件会被4台巨大的粒子探测器记录下来，这些探测器被放置在教堂那么大的地下洞穴中，分布在LHC的圆环周围，彼此相隔数千米。其中一个探测器就在我们的正下方，它被称为LHC底夸克探测器（LHCb），是6 000吨的钢、铁、铝、硅和光纤电缆，就像是一位起跑线前的短跑运动员，正在等待属于自己的时刻的到来。

这场等待已经很久了。我有一些同事的整个职业生涯，都在为这一刻的到来做准备。历经20年的规划、资金投标，以及一丝不苟的设计、测试和施工，有史以来最先进的粒子探测器之一终于建成。就在几天之后，所有这些工作将进行最终测试，LHC上的工程师准备进行探测器内的首次粒子对撞。

当时我只有24岁，还是一名博士二年级的学生，在几周之前刚刚来到日内瓦，开始两期为期三个月的实习中的第一期工作。我的新家是欧洲核子研究组织（CERN），也是世界上规模最大、最先进的粒子物理实验室。在过去的几个星期里，我慢慢地熟悉了迷宫般的办公楼、工作坊和实验室的路线，这些建筑构成了CERN广阔的场地，我也在和这里二月的暴风雪苦苦斗争，我还发现，在瑞士晚上10点后冲厕会让你遭受邻居的"强烈谴责"。我也开始适应我在LHCb的新工作，包括负责其众多子系统中的一个，它的每一个子系统都必须顺利运行。如果其中一个出现问题，那么期待已久的数据最终可能变得不可用。

我第一次亲眼见到LHCb是在一年半前。我的导师乌利（Uli）是一位在CERN全职工作的德国博士后研究员，他引导我完成了一系列复杂的手续后进入了探测器。我在戴上一个能够监测我在地下旅行中受到的辐射的标识后，首先就得"说服"一台喜怒无常的虹膜扫描仪，让它同意我通过一组浅绿色的气闸式安全门。随后，一台小型金属升降机载着我晃晃悠悠地来到地下105米深处，进入了一个名字听起来很不吉利的地方——"深坑"。

门在一个奇怪的地下世界打开了，这里都是轰轰作响的机器，金属门架都被涂成了原色，混凝土隧道中，电缆和管道相互交错。随后又有一组安全门，这次是亮黄色的，上面印着辐射警告的标志，门背后就是一条狭窄的通道，蜿蜒穿过12米厚的防护墙，然后突然变得开阔，你置身于一个巨大的混凝土洞穴中。

首先击中你心神的一定是它的大小。LHCb非常庞大，它高10米，长21米，有整个洞穴那么宽。乍一看，你可能很难弄清楚你看到的是什么；视野中都是楼梯、钢制平台和脚手架，都被涂成了绿色和黄色，它们是用来支撑并作为通往探测器敏感元件的通道，这些元件大多隐藏在看不见的地方。在洞穴内壁上，大量电缆纵横交错，它们负责向探测器供电，并用来传输无数精密传感器产生的大量数据。当成千上万个亚原子粒子在以略低于光速的对撞中被撕裂时，LHCb能够以数千分之一毫米的精度测量到它们的路径。而且，它每秒钟能将这种测量重复百万次。

但LHCb最引人注目的或许是它的建造方式。与LHC的4个探测装置一样，LHCb是一座现代版的巴别塔，每个组件的设计和组装都是由物理学家和工程师组成的国际团队合作完成的，这些团队分布在全球数十所大学中，从里约热内卢到新西伯利亚都有他们的身影。在日内瓦郊外这处巨大的地下洞穴里，它们被拼凑在一起，组成了一台令人震撼的复杂仪器。这一切的成功在我看来简直就是奇迹。

我在剑桥大学的同事花费了10年时间设计、制造并测试了这些可以读出子探测器数据的电子设备，这些子探测器是用来区分不同类型的粒子的。在所有这一切中，我负责的一小部分就是要确保用来控制和监测电子设备的软件能够正常工作，不会在关键时刻崩溃或者引起其他问题。我只是一台巨型机器上的一个小齿轮，但我仍然敏锐地意识到，来自70个国家数百名物理学家所付出的20年的努力，还有12个国家资助机构的6 500万欧元的投资，都有赖于我把自己微不足道的工作做好。我不想成为在最后时刻令事情功亏一篑的人。

当主任宣布开始会议时，房间里的闲谈声戛然而止。我环顾四周，许多同事看起来好像在过去的几天里没怎么合眼，我意识到这是我职业生涯迄今为止最重要阶段的开始。第一项议程是一份详述LHC连夜工作的报告，CERN的人都简单称LHC为"那台机器"。它就是我们现在都在翘首以盼的那台机器。

经过30多年的酝酿，LHC是一个规模空前的科学项目。几乎有关它的一切都和"最"有关。它是迄今为止建造的最大的科学仪器，从某种程度上说，它也是迄今最大的机器，它的周长达27千米，来回4次跨越法国和瑞士的边境（事实上，隧道壁上就画着标记边境线的旗帜）。携带粒子的束流管比星际空间还要空，而控制粒子绕着环运行的数千个超导磁体的工作温度低至惊人的零下271.3摄氏度，这只比绝对零度高不到2摄氏度。想要达到这个温度，就需要用到世界上最大的低温设施，它利用10 000吨液氮[1]和相当于一座大城市所需的电力，产生了120多吨的超流液氦，然后被泵送通过LHC的磁体。几天之后，这台巨型机器将开始将一种被称为质子的亚原子粒子加速，使其达到光速的99.999 996%，然后在圆环的4个位置（包括在LHCb内）让它们正面相撞，从而创造出自宇宙诞生后万亿分之一秒以来从未大量出现的物质形态。

经年累月的设计和资金谈判、动员成千上万位物理学家组成的全球共同体、土木工程建造（包括挖掘一条被液氮冻结的地下河），更不用说制造、测试和安装无数组件，从35吨的磁体到最小的硅传感器，所有这一切的背后只有一个原因——好奇心。尽管一些八卦小报可能想跟你讲点儿别的故事，例如，英国《每日快报》似乎就在不厌其烦地暗示CERN使用LHC的邪恶目的，包括打开通向另一个"邪恶"维度[2]的大门（也许《怪奇物语》[1]里通往"逆世界"的传送门真的是CERN的错），或者还有一种我最喜欢的版本——"召唤上帝"[3]，但LHC的存在仅仅是为了回答关于我们这个世界最基本的组成，以及我们的宇宙是如何形成的这个基本问题。

---

[1] 《怪奇物语》是美国奈飞公司制作的科幻惊悚剧集，剧中出现的"逆世界"是平行存在于人类世界之外的另一个维度。——译者注

还有一些大问题等待着我们解答。目前关于世界在最基本的层面上是由什么构成的理论被称为粒子物理学标准模型，这个看似无聊的名字实际上描述了人类最伟大的智力成就之一。经过无数理论学家和实验学者数十年的共同努力，标准模型描述了我们周围所见的一切——星系、恒星、行星和人类，都是由一些不同类型的粒子构成的，在原子和分子内部，这些粒子通过几种基本力结合在一起。从太阳为什么会发光，到什么是光，还有物质为什么有质量，这个理论解释了这一切。更重要的是，将近半个世纪以来，它通过了我们所能做的每一次检验。毫无疑问，它是有史以来最成功的科学理论。

　　尽管如此，我们知道标准模型是错的，或者至少可以说，它是极不完备的。当我们说到现代物理学面临的最深刻的谜团时，标准模型束手无策，或者只能给出一些反例而非答案。先来看看这个。经过数十年煞费苦心地仰望星空，天文学家和宇宙学家清楚地认识到，95%的宇宙是由两种不可见的物质组成的，它们分别被称为暗能量和暗物质。无论它们究竟是什么（显然我们对此毫无头绪），它们都绝不是由标准模型中任何粒子构成的。错失宇宙的95%还不算最糟糕的，标准模型还做出了一则相当惊人的断言：存在的所有物质都应该在大爆炸后的第一微秒内与反物质一同湮灭，留下一个没有恒星、没有行星，也没有我们存在的宇宙。

　　显而易见的是，我们漏掉了一些重要的东西，它们很可能是一些尚未发现的基本粒子，而这些粒子可以帮助解释为什么宇宙是如今这样的。

　　这就说回到了LHC。2010年3月，当我们围坐在那张会议桌旁时，空气中满是快乐的气息，我们认为很快就会发现一些全新的或者意想不到的东西从LHC的碰撞中飞出。如果真是这样，这将开启一段旅程，能帮助解开科学中一些最大的谜团。

2008年年初，当我准备攻读博士学位时，我知道我将开始粒子物理学的研究，就像LHC第一次启动一样。我很高兴能成为第一批看到这台机器的数据的学生之一，这台机器从20世纪70年代末就开始研发，耗资超过120亿欧元[4]。2008年9月10日，就在我到英国剑桥的新实验室报到的前几天，在大量宣传报道中，LHC启动了。在全世界媒体的关注下，质子首次在27千米长的圆环中运行。物理学家和工程师纷纷庆祝这个历史上最伟大的科学成就之一，粒子物理学短暂地登上了新闻头条。

短短几天后，LHC又因为另一个原因上了新闻。9月19日中午时分，在最终测试对撞机的电磁体时，灾难性的意外发生了。在CERN中，LHC控制中心就好比是美国国家航空航天局（NASA）的地面指挥中心，LHC控制中心的工程师看着这个大房间四周墙上的屏幕一个接一个地变成刺眼的红色，完全不敢相信眼前的一切。后来，当我和一位工程师聊到这件事时，他告诉我起初太多警报响起，他们还认为一定是用来监控加速器的软件出了问题。直到几个小时后，当他和同事们终于进入隧道时，他们发现眼前是一片废墟。

一处连接的松动产生了电弧，使得用于冷却磁体的液氦瞬间沸腾，带来了冲击波，并沿着750米[5]长的加速器造成了一连串的破坏。长15米、重达35吨的电磁体已经从固定系统上脱落，并在隧道中发生了位移。发生故障的连接处已经蒸发，黑烟沿着超净束流管向两边喷射了数百米。

维修需要一年多的时间。尽管一开始就被打击了信心，但CERN的工程人员很快重整旗鼓，重新开始工作。2009年11月20日，在长达14个月，耗资2 500万欧元的维修之后，他们试验性地将质子再次送入了LHC，这是如今委婉地被称为"那次事件"的事故发生后的第一次运行。但这只是一次空运行，加速器仅仅以其最大能量的一小部分平稳运行。

现在时间来到2010年3月，我们即将迎来这台机器被推入未知领域的时刻，它将达到足够大的对撞能量，让我们可以开始搜寻暗物质、希格斯玻色子、微观黑洞，以及其他超乎想象的奇异物体。我猜测那天早上围坐在桌旁的每个人，都感觉到了我们要做的事情的分量。

运行负责人做了报告，当他的声音被附近跑道上起飞的客机的轰鸣声淹没时，他会偶尔停顿一下。除了短暂的停电外，LHC的连夜工作进展顺利，我们有望在几天内见证对撞。然后，他在桌边来回走动，同时来自荷兰、西班牙、俄罗斯、德国和意大利的物理学家用流利的英语介绍了他们负责的子系统的最新情况。然后一位法国物理学家开始用他的母语做报告，有那么一瞬间我们仿佛置身于欧洲歌唱大赛。虽然收获了一些来自周围人的白眼，这位物理学家还是固执地继续了下去，事实上这种行为并不是"无理取闹"，法语确实是CERN两种官方语言中的一种，而且我们当时就在法国。尽管如此，CERN的几乎所有会议都是用英语进行的，而我的法语水平还远远没有达到跟得上对实验的某个方面进行技术讨论的水平。

轮到我时，我能感觉到自己的心跳加速。就在几天前，我们在控制电子设备的软件上遇到了一个小问题，我们在黎明时分惊慌失措地赶到了控制室。最终，这个问题通过一种最经典的方案得以解决：重启，一切再次顺利运行。但在我的心里，我并没有找到错误的根本原因，这一直困扰着我。

"在过去的24小时里没有什么要报告的。"我说，希望不会出现后续问题。让我松了一口气的是，运行负责人的注意力转向了下一个子系统，在几个简短的报告之后，情况已经明了：LHCb准备好了。

在室外的停车场，我看到蒸汽从冷却塔中翻滚喷出，这是唯一看得见的证据，表明那台巨大的机器正在地下蓄势待发。我突然想知道，在日内瓦机场和汝拉山之间的那片乡村中，有多少居民知道自己的脚下正发生着什么。

一个多星期后，也就是2010年3月30日，LHC的工程师完成了壮举，发射了两束相对的质子并让它们迎头相撞，这差不多相当于从大西洋的两岸分别向对岸发射两根针，并使它们在半路相撞。当第一批质子发生碰撞时，能量产生了物质，CERN的屏幕上亮起了首次微观创造时刻的图像。挤在狭小的LHCb控制室的物理学家爆发出欢呼声和掌声。20年的努力终于获得了回报。

这一天标志着人类最雄心勃勃的智力之旅中一个大胆的新阶段的开始：长达数个世纪的探索，揭示自然中最基本的成分，并找出它们的来源，你可以称之为探究我们宇宙的配方。这本书就是这次探索的故事。它讲述了千百年来，不计其数的人如何逐步发现物质的基本成分，如何通过垂死恒星的核以及追溯到大爆炸最初的狂暴时刻，如何追踪到这些基本成分的宇宙起源。这个故事涵盖了化学、原子、核，以及粒子物理学、天体物理学和宇宙学等诸多方面，我将通过我找到苹果派的终极配方的个人使命来讲述这个故事。你问为什么是苹果派？嗯……

在具有里程碑意义的电视剧集《宇宙》（*Cosmos*）中，美国天体物理学家卡尔·萨根带领观众开启了一场穿越宇宙的史诗之旅，他飞往遥远的星系，探寻生命的起源，见证了恒星的诞生和死亡。《宇宙》于1980年播出，这场穿越时空的航行离不开大量的后期合成效果。

萨根有时会因为他装腔作势的表现风格而被调侃，他在第9集中进行了一点儿自嘲。这集的开头乍一看是一颗飘浮在太空中的绿色小星球，当我们飞得越来越近时，会发现它竟然不是一颗行星，而是一个苹果，苹果突然被切成两半，接着镜头一下子切换到了厨房的场景，一根看起来相当不祥的擀面杖戏剧性地压扁了一团面团，所有这些都令人震惊，就好像直接截取自《银翼杀手》(Blade Runner)的片段一样。

这一连串的镜头最终在剑桥大学三一学院橡木装饰的大餐厅中结束，萨根穿着他标志性的红色高领毛衣，看起来文质彬彬，他坐在一张长桌的尽头，一位侍者给他端来了一个刚烤好的苹果派，萨根转过头面向镜头，眼中放着光，说道："想要从头开始做一个苹果派，你必须先创造宇宙。"

现在，这变成了我想看的烹饪节目。"在今天的《英国家庭烘焙大赛》中，我们会制作咸焦糖芭菲，首先玛丽·贝莉将向你展示如何利用一颗垂死的恒星合成碳。"总之，萨根的意思是，一个苹果派所包含的远不止苹果和烘焙。如果将视野放到足够大，你会发现不计其数的原子，它们被超新星喷射进入太空，或是在大爆炸的灼热中锻造而成。这么说来，如果你真的想知道如何做苹果派，你就要弄清如何创造整个宇宙。

人们通常喜欢用更浮夸的术语来表述理解万物的终极起源，最著名的例子包括斯蒂芬·霍金对它的描述——"上帝之心"[6]，但我更喜欢萨根更脚踏实地的看法。如果我们从一个苹果派开始，把它分解成更基本的成分，并试图弄清楚它们是如何制作的，我们最终会到达终点吗？我们也许永远不会了解上帝之心，但我们能不能搞明白如何从头开始做一个苹果派呢？

想要找到这个问题的答案，我们将踏上一场环球旅行的征途，我们将深入意大利山脉下 1 000 米深的地方窥视太阳的中心，我们会登上新墨西哥的高峰之巅，天文学家在那里解码隐藏在星光中的信号。我们将在路易斯安那州南部潮湿的松林中聆听时空的涟漪，我们也会探究位于纽约的实验室，在那里，一台巨大的粒子对撞机重新创造出了大爆炸以来前所未见的温度。一路上，我们将与过去和现在的化学家、天文学家、物理学家和宇宙学家不期而遇，探索物质的基本成分，揭示它们背后的历史。我们将直面那些悬而未决的谜团，追寻是否有我们永远无法回答的问题。

我们会跨越各大洲，穿越数个世纪，寻求宇宙的配方。但是，就像所有史诗般的传奇一样，这段旅程的起点，是我们的家。

第 1 章

基本的烹饪

🍎

花园尽头的小屋 / 气味和爆炸 / 故事的开始

一个夏天的下午，我带着从网上订购的一些玻璃器皿，和一盒6个装的吉卜林先生牌的布拉姆利苹果①派，来到了位于伦敦东南郊区的我父母的家。我打算在那里进行一项可能是我试过的最愚蠢的实验。

我父亲小时候曾是一位热情高涨的业余化学家，在20世纪60年代中期，他常常在家中花园尽头的小屋里制造出各种气味和爆炸，度过一个又一个愉快的下午。在那些日子里，任何人（包括拥有高深的化学知识并且蔑视自身安全的十几岁的孩子）都可以从当地的化学品商店里买到一系列可怕的有毒物质。事实证明，可以买到制造火药的所有成分。时至今日，他仍能津津有味地回忆起某项极其紧张刺激的实验是如何夏

_____

① 一种口感酸甜的苹果，常用于烹饪。——译者注

然而止的，他的父亲——一位对枪声并不陌生的退役炮兵，冲到花园尽头大喊："够了，把窗户震得咣咣响！"那是比如今简单的年代。我父亲还有一些旧的化学设备，包括一个我日思夜想的本生灯，我很清楚，我在伦敦的小公寓多半不适合我想做的实验。

这个实验背后的想法是这样的：如果你看到一个苹果派，但对馅饼、苹果以及它们的成分一无所知，你会怎样弄清楚它是由什么构成的？在车库的工作台上，我把一小块馅饼的样品刮到试管里，小心翼翼地把松脆的饼皮和软糯的苹果馅充分混合，然后用一个中间钻孔的软木塞将试管密封。我用一根L形的玻璃长管，将试管连接到漂浮在冷水桶中的第二个烧瓶上，点燃本生灯，把它放在试管下面，然后往后退了退。

苹果派开始冒泡，变得像焦糖一样，试管内膨胀的气体很快就要将我们的样品挤压进入连接管。我们稍微降低一些温度，看着苹果派开始慢慢变黑，令我高兴的是，一缕缕雾气开始沿着玻璃管飘出，进入另一头的烧瓶里，不久后，烧瓶就充满了幽灵般的白色蒸汽。这是一个实实在在的化学实验！

我对这种白雾是什么充满好奇，因此会用鼻子轻轻闻一下，这是一种在人们有健康和安全意识之前常用的化学分析的尝试和测试方法。浪漫主义时期的一位先驱化学家汉弗莱·戴维（Humphry Davy）就是通过吸入各种气体来研究它们的医学功效的。1799年，他因此发现了一氧化二氮（也就是我们现在常说的"笑气"）具有愉悦身心的功效。和他的诗人朋友们待在一个黑暗的房间里时，或者偶尔和熟识的年轻女性在一起时，他会大量吸入"笑气"。请记住，这并不是一种毫无风险的策略。在一次一氧化碳的实验中，他差点儿丢了性命，在被拖到户外后他虚弱地说："我想我不会死的。"[1]

唉，我的苹果派蒸汽并没有产生任何精神上的影响，它只有一种极其难闻的焦味，这种味道似乎在之后的几个小时一直在我周围挥散不去。透过白雾看向烧瓶底，我发现蒸汽的某些部分在与冷水浴接触时凝结，形成了一种黄色的液体，上面覆着一层深棕色的油膜。

经过约10分钟的剧烈加热，残存的焦黑苹果派上似乎再也不会冒出蒸汽了，因此我们得出结论，实验已经大功告成。当我迫不及待地检查试管里的内容物时，我一下子忘记了，你用本生灯加热玻璃10分钟后，它会变得滚烫，我的食指被严重烫伤了。我被允许靠近的最危险的设备就是台式电脑，这非常合理。

等了很久之后，我小心翼翼地再次拿起试管，把试管里的东西倒在工作台上。苹果派已经变成了一团深黑色的类似岩石的物质，表面的一些部位微微发亮。那么，从这个公认相当愚蠢的实验中，我们能得出哪些关于苹果派成分的结论呢？好吧，我们最终得到了三种不同的物质，分别是黑色固体、黄色液体和白色气体，它们现在已经让我的皮肤、头发和衣服都散发着一股令人作呕的焦味。我承认，当时我并没有完全弄清楚这三种苹果派成分的确切化学组成，不过我能肯定，黑色的东西是炭，淡黄色的液体可能主要是水。为了进一步了解苹果派的基本成分，我们需要做一些更高阶的化学分析。

元素

作为一名物理学家，我或许不应该这么说，但其实化学才是我上学时最喜欢的科目。物理实验室是枯燥且毫无乐趣可言的地方，我们在那里只能从接通电路或者死气沉沉的钟摆摆动中获得一丝兴奋。但化学实验室却是一个充满魔力的地方，在那里你可以操控火焰，摆弄酸，点燃镁条发出耀眼的火花，或者让精致的玻璃器皿中彩色的药剂冒出气泡。护目镜、贴着橙色警告标签的氢氧化钠试剂瓶、沾着以往实验中（也许还是有毒的）不明残留物的白色实验服，都给化学实验室带来了一丝危险的气息。所有这些都是由我们神秘的老师——特纳先生负责安排的，他总是开着一辆跑车来学校，据传他靠发明喷涂式避孕套发了财。

事实上，正是对化学的迷恋，让我走上了最终成为粒子物理学家的道路。化学就像粒子物理学一样，它关注物质，也就是构成世界的材料，还有不同的基本成分是如何根据一定的规则进行反应、分解或者改变其性质的。我之所以最后没有继续学习化学，是因为我想知道这些规则从何而来。如果我出生在18世纪或19世纪，我很可能会坚持化学的道路走下去。在那个年代，如果你想了解物质的基本组成，化学就是适合你的学科，而非物理。

要说起创立现代化学，任何人的贡献可能都比不上安托万–洛朗·拉瓦锡（Antoine-Laurent Lavoisier），他是一位自以为是、雄心勃勃且富有的法国年轻人，主要活跃时间为18世纪下半叶。1743年，拉瓦锡出生在巴黎一个涉足法律界的富裕家庭。他用父亲的一大笔遗产，为他在巴黎军火库的个人实验室配备了所能买到的最精密的化学仪器。在妻子兼化学家玛丽–安娜·皮埃雷特·波尔兹（Marie-Anne Pierrette Paulze）的帮助下，他自称实现了一场化学"革命"，他系统地废除了从古希腊继承下来的旧式观念，发明了化学元素的现代概念。

物质世界中的一切都是由一些基本物质（或者叫元素）组成，这种观点已经存在了几千年。在不同的古代文明中可以找到各种元素理论，包括埃及、印度和中国。古希腊人认为，物质世界由土、水、气和火这4种元素组成。然而，古希腊人所认为的这些元素和我们在高中里所学的化学元素的定义天差地别。

在现代化学中，元素是像碳、铁或金这样的物质，不能被分解或转化成其他任何东西。但古希腊人认为，土、水、气和火可以相互转化。在这4种元素的基础上，他们还增加了4个"特性"的概念，也就是热、冷、干和湿。土又冷又干，水又冷又湿，空气又热又湿，而火则又热又干。换句话说，通过添加或删除这些特性，就可以将一种元素转化为另一种元素。比如，向（又冷又湿的）水中添加热，就会产生（又热又湿的）气。这一物质理论提出，可以通过炼金术将一种物质转化为另一种物质，最具代表性的就是将普通金属变成黄金。

拉瓦锡首先反驳的是嬗变的概念。和他做出的许多最伟大的突破一样，他的方法基于一个简单的假设，也就是质量在化学反应中总是守恒的。换句话说，如果你在实验开始时称量所有成分，随后在实验结束时再次称量所有产物，并注意确保没有任何气体逸出，那么两者的质量应该是一样的。化学家提出这个假说已经有一段时间了，但正是因为拉瓦锡借助一套极其精确（且昂贵）的天平，在1773年发表了自己艰苦研究的实验结果，这一假说才流行开来。[①]在特纳先生教授的高中化学课上，质量守恒定律是作为拉瓦锡提出的原理教给我的。

支持嬗变的一个证据是，当水在玻璃容器中慢慢蒸馏时，会留下固体残渣，这似乎证实了水可以转化为土。拉瓦锡对此表示怀疑。他在实

---

① 事实上，俄国博学家米哈伊尔·罗蒙诺索夫（Mikhail Lomonosov）早在许多年前就在自己的实验中发现了质量守恒定律，但拉瓦锡对现代化学发展的巨大影响让许多人忽略了可怜的老罗蒙诺索夫。

验前后对空玻璃容器进行称重，发现了一些质量的损失，这几乎完全等于所谓的土的质量。换句话说，这种想法是无稽之谈。固体残渣只是由玻璃容器掉下的一些碎片。

拉瓦锡推翻了将水转化为土的想法，打响了这场运动的第一枪。这场运动最终将彻底颠覆人们对化学世界的看法。他高调地宣称他打算带来"一场物理和化学的革命"[2]，然后着手拆解这些元素。他的下一步行动是挑战其中最神秘、最强大的元素——火。

在18世纪中叶，像炭这样的易燃材料被认为含有一种所谓"燃素"的物质，当这些材料被点燃时，燃素就会释放出来。像炭这样的燃料含有大量燃素，这些燃素在燃烧过程中被释放，当炭中的所有燃素都耗尽时，或者当周围的空气中充满了燃素而无法进一步吸收时，燃烧最终停止。

这种燃素假说带来的一个问题是，人们发现金属在燃烧时实际上会变得更重，如果燃素是被释放的话，金属应该会变得更轻才对。法国第戎的律师兼化学家路易-伯纳德·居顿·德莫沃（Louis Bernard Guyton de Morveau）给出的解释是，这是由于燃素非常轻，当它们储存在金属中时，便会让金属"浮起来"一些，这有点儿像热气球。金属燃烧后，燃素所提供的浮力就丧失了，所以金属看起来就变得更重了。

拉瓦锡对居顿的观点不屑一顾，他的想法截然相反：燃烧并不会释放燃素，相反燃烧会让空气被吸收。这就解释了为什么金属在燃烧后会变得更重：它们不会释放带浮力的燃素，而是与空气结合。

我们值得花点儿时间来欣赏这样一种精彩的观点。如果你能暂时忘记学校里教的关于燃烧的一切内容，认为燃素是由火释放出来就能说得通。火看起来绝对是一个释放的过程，它至少会释放光、热和烟。认为燃烧是把空气和燃料结合在一起从而有效地从空气中吸出一些东西的这种想法，反而格外违背直觉。拉瓦锡能够遵循实验证据，摒弃看似常识的想法——这种能力让他得到了这样一个截然不同的结论。

问题是，燃烧过程中消耗的究竟是空气中的什么东西？当时拉瓦锡还不知道，在英吉利海峡的对岸，对空气的理解刚刚取得了重大进展。1756年，苏格兰自然哲学家[①]约瑟夫·布莱克（Joseph Black）发现了一种特殊的新空气，当某些盐被加热时，这种空气就会被释放。最令人惊讶的是，他发现，当物体被这种"固定气体"（我们现在称之为二氧化碳）包围时，燃烧就无法进行。10年后，亨利·卡文迪许（Henry Cavendish）发现，硫酸浇在铁上时会释放出另一种更轻的空气，这种空气会着火，并发出特有的爆裂声。但是，最多产的新空气的发现者是英国自然哲学家约瑟夫·普利斯特利（Joseph Priestley）。

普利斯特利在1767年得知卡文迪许发现"易燃空气"后，也开始了自己对空气的研究。当时他在利兹担任长老会牧师，住在一家酿酒厂的隔壁，这与拉瓦锡位于巴黎市中心的设备豪华的实验室形成了对比。然而，与酿酒厂为邻，除了啤酒供应充足之外，自有其优势。发酵过程释放出了大量"固定气体"，普利斯特利利用它们发展出了一种生产汽水的技术，为未来的软饮料产业奠定了基础。[②]

几年后的1774年，普利斯特利有了一个新发现，这让他真正名留青史。他注意到，当他用一个巨大的取火镜将阳光聚焦到剧毒的"红矿灰"（一种含有水银的物质）样品上时，会释放出一种新型的空气，普

---

① 研究自然世界的人被称为"自然哲学家"，直到19世纪，"科学家"一词才开始使用。

② 普利斯特利从未从他的发明中赚到钱，但他的技术后来被 J. J. 史威士（J. J. Schweppe）用来生产碳酸汽水，并于1783年在日内瓦成立了史威士公司。

利斯特利发现这种空气能让火焰燃烧得格外明亮，也能让密封罐中的老鼠存活的时间成为一般情况的4倍。他甚至亲自试着吸入了这种新空气，并写道：

> 我的肺对它的感觉和普通空气没有明显的区别，但胸腔在之后的一段时间里感到特别地轻盈和放松。谁也说不准，随着时间的推移，这种纯净的空气也许就会成为一种时尚的奢侈品。到现在为止，只有两只老鼠和我有幸呼吸过它。[3]

普利斯特利认为，他口中的"脱燃素空气"所具有的这种神奇特性是因为这种空气所含的燃素比普通空气要少得多。这让它能够更有效地吸收燃烧的蜡烛或呼吸的老鼠所释放的燃素，从而使它们能燃烧或存活得更久。

同年10月，普利斯特利前往巴黎，遇到了许多巴黎最聪明的人，其中就包括安托万·拉瓦锡。遗憾的是，我们对他们的见面知之甚少，但想象一下这两位化学巨匠可能会对彼此产生怎样的影响是很有趣的：一位是富有而自信的温文尔雅的巴黎人，另一位是操着浓重约克郡口音的工人阶级激进分子。我们所知的是，普利斯特利告诉了拉瓦锡他的新发现，这被证明是拉瓦锡需要完成有关火的理论的关键线索。但拉瓦锡得出了截然不同的结论。他认为普利斯特利实际上发现的是燃烧过程中与燃料结合的气体，而并非脱燃素空气。拉瓦锡将它命名为"氧气"。

根据拉瓦锡的说法，火不是一种元素，燃素也并不存在。蜡烛燃烧时，燃料与氧气结合，释放二氧化碳。拉瓦锡认为，动物呼吸时也会发生类似的过程：食物中的碳与氧气结合，释放二氧化碳和热量。他甚至将一只豚鼠放在空桶里，桶的周围是一个装满冰块的容器，从而证明了这个想法。豚鼠身体所散发的热量融化了冰，测量容器底部流出的水量后，拉瓦锡就能计算出豚鼠释放的热量，这证明了动物可以有效地燃烧食物来产生热量。别担心，这只豚鼠逃脱了死亡的魔爪，尽管它难免会觉得有点儿冷，而且它有可能是"成为一只豚鼠"①这种说法最初的来源。⁴

拉瓦锡的革命还没有结束。人们注意到，卡文迪许的易燃空气和氧气燃烧时似乎留下了水。拉瓦锡认为，这意味着曾被认为是所有元素中最基本的水，也并非一种元素。相反，它可以由这种易燃空气和普利斯特利发现的氧气组合构成，拉瓦锡把这种易燃空气改名为"氢气"。

科学界的大多数人很难接受拉瓦锡激进的新思想，尤其是法国最大的竞争对手——英国的科学家们。普利斯特利拒绝接受拉瓦锡关于水不是一种元素的想法，并始终坚定地支持着燃素理论。拉瓦锡需要确凿的实验证据来说服人们同意他的新式化学。他最终以一种惊人的方式做到了，1785年，他在实验室举行的一次公开演示中，将水分解成了氧气和氢气。

到了18世纪80年代末期，陈旧的古典元素理论已经破败不堪。水可以分解成氢气和氧气，空气是不同气体的混合，而火则是氧气和燃料结合的过程。1789年，拉瓦锡出版了他为新式化学所做的最伟大的宣传，也就是一本名为《化学基础论》(*Traite elementaire de chimie*)的教科书。他在书中给出了"化学元素"的新定义，那是一种不能分解成其他物质的物质。此外，他还列出了33种新式化学元素，其中有许多沿

---

① 指成为实验对象，类似中文里的"成为小白鼠"。——译者注

用至今，包括氧、氢和氮（azote，现在也被称为nitrogen）。这部专著成了科学史上最有影响的著作之一。短短几年之内，除了最顽固的批评者之外，其他人都被说服了。拉瓦锡并没有"说大话"，他真的带来了一场化学革命。

那么，拉瓦锡会怎么看我的苹果派实验中的三种产物呢？首先，我怀疑他会对我采用这种粗暴而现成的化学方法相当不以为然。我父亲车库里的设备绝对比不上拉瓦锡实验室里的那些，我也没有任何工具供我在实验前后精确地称量苹果派，如果换作拉瓦锡，他肯定会这么做。更糟糕的是，我一不小心让白雾溜走了，这意味着它的成分仍然是个谜。

但试管里留下的烧焦的黑色坚硬物质呢？如果我们看一眼拉瓦锡列出的化学元素清单，一个答案就会立刻映入眼帘，那就是炭。几个世纪以来，炭一直被用作燃料，人们将成堆的木头埋在一层草皮下面，然后在中间生火，就会得到炭。草皮把空气隔绝在外面，防止木堆的侧面着火，而中间大火产生的巨大热量就会让木头变成炭和气体。这和我们用苹果派做的实验差不多，试管的塞子就像草皮，阻止了空气中的氧气进入试管，防止过热的苹果派着火。我们得到了炭。或者用现代术语来说，它是一切有机物基本元素的一种相当纯净的形式：碳。

至于淡黄色的液体，好吧，原则上我可以尝试进一步分解它，但不幸的是，我只得到了一丁点儿臭烘烘的液体，这太少了，完全无法用来做实验，我也不打算买下这里超市里所有的苹果派，再花上几天的时间让它们沸腾。但不管怎样，我都有把握说它主要是水，多亏了拉瓦锡，我们知道水是氧和氢构成的化合物，这让我们知道了另外两种成分。事实上，从苹果派到人类，碳、氧和氢是构成一切有机物的主要化学元素。但它们肯定不是仅有的化学成分。我快速看了一眼盒子背面印刷的营养信息，就知道里面至少有一些铁，它可能还混在炭里。虽然我不能在父亲的车库里把它们分离出来，但是苹果派里还有氮、硒、钠、氯、钾、钙、磷、氟、镁和硫，可能还有更多元素，也许一些元素只是微量的，但它们就在其中。

不过，更进一步的问题是：这些不同的化学元素是由什么组成的？毕竟，如果我们真的想从头开始做苹果派，氢、氧和碳还远远不够。它们只是故事的开始。

第 2 章

最小一片

🍎

在我们得到一个原子之前，要切多少次？

在《宇宙》第9集的开头，卡尔·萨根在说出了启发这本书的那句流传甚广的话之后，从大桌子前的座位上站起来，拿起一把刀，向我们提出了一个问题："假设我从这个苹果派上切下一块……现在假设我们把这一块切成两半，差不多一分为二，然后再把这一小块分成两块，然后继续……在我们得到一个原子之前，要切多少次？"

10次？100次？还是100万次？也许你可以一直这样切下去，把苹果派切成越来越小的小块，直到你得到无穷多个无穷小的切片。这个简洁的小型思想实验抓住了科学中最强大的思想的本质，那就是，一切都是由原子构成的。

根据经典的定义，原子是微小的、不可摧毁的的物质块，它们无法被改变或分解（原子的英文单词"atom"源自古希腊语的 *atomos*，意思是"不可切割的")。它们以不同的形状和大小结合在一起,创造了我们在周围世界看到的一切,从苹果派到宇航员。这是一个看似简单的想法,但同时又完全违背我们的日常经验。我们的感官揭示了一个由形状和颜色、质地和温度、味道和气味组成的世界:苹果有光滑的红色外皮,咖啡则带着一股苦味。

但原子理论告诉我们,这样的世界是幻觉。在事物背后的根源处,并不存在红色或者咖啡的味道这些东西。实际上只有原子和空旷的空间。颜色、味道、热和质地都是来自无数不同的原子的思维把戏,这些原子以各种令人眼花缭乱的形式组合在一起。

当你以这种方式思考原子时,或许不难理解为何这一想法花了几千年才生根发芽。虽然原子理论的不同版本在古希腊就有了,但它们从未真正引起人们的注意,特别是颇具影响力的亚里士多德摒弃了这个想法,他选择相信他的感官而不是抽象思维。特性理论显然合理得多。我们都熟悉热、冷、干和湿,但有谁见过原子呢?

直到17世纪,原子才开始在科学界受到重视。艾萨克·牛顿公开宣称他是原子论者,他认为原子不仅构成了物质世界,甚至还构成了光本身,他把光想象成一大堆微小的粒子,又称"光颗粒"(corpuscle)。牛顿留下的伟大的科学遗产,除了引力、光学和运动定律,还包括说服了许多18世纪的自然哲学家用原子的观点看待世界。尽管如此,却几乎没有证据证明原子的存在,而且这个概念对于理解化学几乎毫无用处。拉瓦锡和普利斯特利可以进行实验和理论研究,不必担心在根源处究竟发生了什么。作为一个坚持只相信事实的人,拉瓦锡没有时间理会那些看不见的原子。

在原子被公之于众前,必须有人在它们隐秘的领域和化学世界之间架起一座桥梁。这个人来自英格兰西北部坎伯兰的一个荒芜却美丽的郡，他的名字叫约翰·道尔顿（John Dalton）。

想象原子

1766年，约翰·道尔顿出生在伊格尔斯菲尔德，那是英格兰西北部偏远地区的一个小村庄，周围是低洼的农田。约翰出身于一个普通家庭，他的父亲约瑟夫是一名织工，全家在村庄附近拥有一小块耕地。

然而，年轻的约翰有一些优点。首先，他聪明绝顶，少年老成，有着天生的好奇心，会像海绵一样孜孜不倦地吸收知识。其次，他的家人都是贵格会教徒，这群人不信仰英国国教，非常重视学习。约翰的母亲特别鼓励他接受教育，并利用在贵格会中的关系网，给儿子提供了更好的教育，比18世纪英国贫穷的农家男孩通常能得到的教育好得多。

约翰很早就对天气产生了兴趣，这并不奇怪，因为英格兰西北部的天气变化多端。他从家里可以看到雨云从爱尔兰海出发，越过格拉斯莫尔和格里瑟代尔派克引人注目的山峰，一路翻滚，降临此地。贵格会教徒并不是一个喜爱玩乐的群体，他们滴酒不沾，在自己所做的一切中都强调神圣的行为，但研究自然是少数被允许的休闲活动之一，它被视为揭示上帝在世界上的影响的一种方式。当约翰还是一个男孩的时候，他就开始每天读取气压、温度、湿度和降雨量的数据，他一生都保持着这个习惯，直到去世。虽然他当时还不知道，但这是一段漫长旅程的开端，这段旅程最终将他引向了原子论。

尽管约翰的教育得到了贵格会的支持，但他的处境常常朝不保夕，15岁那年，他被迫从事农业劳动来维持生计。未来似乎一片暗淡，但一份邀请翩然而至，将他解救于水火之中，他被邀请前往50英里^①外肯德尔集镇的一所贵格会寄宿学校任教。贵格会慷慨地为学校配备了一套科学仪器，他很快就开始用它们进行实验。他还获得了深受爱戴的导师——盲人自然哲学家约翰·高夫（John Gough）的指导，高夫非常喜欢这位渴望知识的少年，教授他数学和科学知识，包括牛顿的原子论。作为回报，约翰帮助这位盲人导师阅读、写作，还帮他的科学论文绘制图表。

约翰有志于学习法律或医学，但由于他的宗教信仰，他被禁止进入英国的大学学习。但他最终在一所新成立的学院获得了教职，这所学院是由不信国教的人在蓬勃发展的工业城市曼彻斯特建立的。

对伊格尔斯菲尔德的农场男孩来说，曼彻斯特是一座繁华喧闹的大都市。在这里，宗教和政治激进主义、新的科学思想和革命技术正以令人目眩甚至让人感到恐怖的速度推动着变革。当时，正在进行一场工业革命，它即将将英国变为世界强国，而曼彻斯特正是这场工业革命蓬勃跳动的心脏。蒸汽机驱动的高耸的新式棉纺厂浓烟滚滚，厂房和一排排红砖砌成的连栋房屋一道，在这座城市的天际线上拔地而起。在这里，科学不是富裕贵族在私人实验室里的爱好，而是工程师、工匠和实业家组成的欣欣向荣的共同体的一部分。道尔顿来到了一个前所未有的好地方，一头扎进了曼彻斯特更大的科学池塘。

他仍然痴迷于天气，尤其是下雨天。（像我这样的）英国南方人中流传着一个由来已久的笑话，说曼彻斯特一直在下雨。这可能失之偏颇，但西北部地区肯定不缺雨水。道尔顿会在他深爱的飘着蒙蒙细雨的

---

① 1英里≈1.609千米。——译者注

湖区徒步休假，那里的空气中充满了水汽，甚至会让你觉得它不可能再吸收多一点儿水。事实上，正是这个问题让他开始思考原子。

道尔顿开始了实验，想看看固定体积的空气能吸收多少水蒸气。当时，人们认为水溶于空气，就像糖溶于咖啡一样。如果你在一杯咖啡中加进了150多茶匙的糖（我认为这比星巴克的杜肉桂拿铁咖啡中的糖还要多），糖就不再会溶解，你最终会发现糖粒在杯底滚动。下雨时也是类似的情况：当空气中的水蒸气完全饱和时，水就会凝结成小水滴，形成云，如果水滴足够大，就会开始下雨。

然而，如果更多空气压缩到一定的体积，它应该能吸收更多水蒸气。这有点儿像在杯子里添加更多咖啡，来溶解那些多余的糖粒。但道尔顿的实验展现出了真正奇怪的现象：不管压缩多少空气进去，一个容器里总会吸收相同量的水蒸气。空气和水蒸气好像完全无视了对方，它们占据着同一个空间，却没有相互作用。

这一切和原子有什么关系呢？我听见你要哭了。好吧，这一切归根结底是这样的。道尔顿把这一结果作为证据，证明了空气和水蒸气只对与自身相同种类的原子施加力的观点。两个空气原子会相互作用，两个水蒸气原子也会相互作用，但是一个空气原子和一个水蒸气原子则完全无视彼此。这种情况和我二十出头时参加的那些略显尴尬的生日会其实没什么两样。这种聚会上通常会有两组人：寿星的高中旧友和大学里的新朋友。虽然我们身处同一个聚会，但我们会在房间里闲逛，只在各自的小圈子里聊天，几乎不承认另一拨朋友的存在。道尔顿认为，两种不同气体的原子的行为差不多就是这样的。

道尔顿在1801年发表了他的理论，很快便引起了轰动，传播到了曼彻斯特以外的欧洲大陆的科学院。在伦敦，极具魅力的化学家、喜欢吸入奇怪气体的汉弗里·戴维对道尔顿的"混合气体"理论很感兴趣，但许多著名科学家对此进行了激烈的争论，其中就包括他之前的导师和朋友约翰·高夫，这一定让道尔顿觉得有点儿心痛。

道尔顿决心证明批评他的人是错的，着手进行了一系列实验，希望这些实验能为自己的理论提供无可辩驳的证据。在这个过程中，他偶然对为什么某些气体比其他气体更易溶于水这个问题产生了兴趣。他的解决方法很简单，却孕育出了一个完全成熟的原子论。道尔顿认为，原子的重量决定了它们的易溶程度，更重的原子比轻的原子更容易溶解。为了验证这个想法，他必须弄清楚不同的原子相对有多重。

但是该怎么做呢？别忘了，在19世纪早期，没有人能接近并看到一个原子。直到大约200年后，一种功能强大到可以对原子成像的显微镜才被发明出来。原子只是一种猜想，但如果它们真的存在，它们是那么微小，以至于当时几乎所有的科学家都认为它们将永远居于我们的感知范围之外。道尔顿究竟怎样才能测量它们的质量呢？

道尔顿的天才之举是，他提出了混合气体理论，也就是原子只排斥其他同类的原子的理论，并据此推断出有多少不同化学元素的原子会结合在一起形成分子。他的推理过程是这样的：想象两种不同化学元素的两个原子，我们称它们为原子A和原子B，它们会结合在一起形成一个分子A–B。现在想象一下，另一个原子A出现了，并希望加入这场聚会。由于原子A之间会相互排斥，第二个原子A自然会希望尽可能远离第一个原子A，因此会附着在原子B的对侧，形成更大的分子A–B–A。如果此时第三个原子A出现，它将与另外两个原子A形成120度的夹角，形成一个以B为中心的三角形，以此类推。

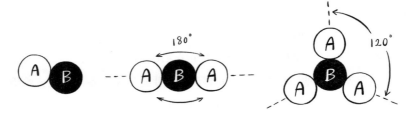

　　道尔顿推断，如果只有一种已知的A和B的化合物，那么它的分子应该具有最简单的结构，也就是AB。如果存在两种不同的A和B的化合物，那么第二种分子将是次简单的结构，即ABA。

　　例如，在19世纪早期，已知有两种不同的气体是由碳和氧组成的，一种是"氧化碳"（一种无色的有毒气体，当汉弗里·戴维吸入这种气体时，它几乎要了他的命，这可能是为了科学，或者是为了寻求刺激的另一种方式）和所谓的"碳酸"（由约瑟夫·布莱克发现的固定空气，同样是为了科学，一些不幸的老鼠窒息而死）。通过称量与一定量的碳反应生成这两种气体的氧气量，道尔顿发现碳酸中的氧含量是氧化碳的两倍。运用他的原子论，这意味着氧化碳是最简单的分子，由一个碳原子和一个氧原子组成（我们现在称之为一氧化碳，CO），而碳酸则由一个碳原子和两个氧原子组成（现代术语称之为二氧化碳，CO_2）。

　　最后，道尔顿得以计算出了碳原子和氧原子的相对质量，他得出的结果是，一个氧原子的质量大约是一个碳原子的1.30倍，这非常接近现代得出的数值1.33。把猜测、理论化和实验相结合，道尔顿测量了单个原子的一种性质，并在这个过程中第一次瞥见了它们的藏身之地。

　　道尔顿知道他将会得到重大的发现。他完全忘记了原来水中溶解气体的问题，全身心地扑入他的新原子论。经过三年的研究，虽然经常被繁重的教学任务打断，但偶尔还能在钟爱的湖区散步度假，道尔顿准备向世界展示他的想法。

1807年3月，道尔顿前往爱丁堡，这里可以说是英国当时最大的知识和科学中心，也是启蒙运动的熔炉。他在那里提出了对化学元素的革命性的新描述。他以能想得到的最英伦的方式开始了他重要的系列讲座——以一个道歉开场。"在这样一座以自然科学的神学院而闻名的城市里，一个陌生人像我这样主动闯入你的视线，这似乎有些无礼。"但是，在道尔顿谦虚的外表下却藏着一颗坚定的心。他接着表示，如果他将要分享的想法能通过实验证实——他坚信它们终会得到证实——那么这些想法将"在化学体系中产生最重要的变化，并将整个体系简化为一门极为简洁的科学，使得人们能理解其中最难懂的部分"[1]。

道尔顿在爱丁堡展示的原子理论，后来在他的著作《化学哲学新体系》（*A New System of Chemical Philosophy*）中出版，最终将拉瓦锡的化学元素与原子的古老观念联系在了一起。道尔顿认为，所有的物质都是由不可见且不可分割的固态原子组成，而每一种化学元素都由具有一定质量的独特的原子构成。从烧炭到烤苹果派，化学反应无非是重新排列这些不同的原子，从而制造出更多不同分子的过程。

无论是在爱丁堡还是其他地方，道尔顿原子论都引起了立竿见影的反响。在伦敦，汉弗里·戴维很快发现了它的潜力，它可以帮助化学家理解并量化不同化学元素相互作用的方式。该理论最重要的预测是一条被称为"倍比定律"的法则。基本上它说的是，两种元素反应生成化合物时，它们总是以一定的比例反应，这是元素以离散的小原子团形式出现的这一事实的直接后果。

我们大气中的两种主要气体——氮气和氧气发生反应，可能生成三种不同的化合物：一氧化二氮、一氧化氮和二氧化氮。如果我们做三个不同的实验，用7克氮气与不同计量的氧气反应生成这三种化合物，我们会发现，在每种情况下，与氮气结合的氧气量分别为4克、8克和16克。由此，道尔顿能计算出一氧化二氮、一氧化氮和二氧化氮的化学式是 N_2O、NO 和 NO_2，而氧气只在这些固定比例下反应，是因为氮原子的质量是氧原子质量的7/8。

几个月内，其他实验者也发现了证据，证明元素确实以道尔顿理论所说的方式反应，很快道尔顿就在英国各地大受欢迎，并被盛情招待。在道尔顿发表原子论的同一年，汉弗里·戴维试图说服道尔顿成为伦敦皇家学会会员，这是英国最具影响力的科学组织。[①]

然而，尽管化学家乐于接受并应用道尔顿的原子论的结果，但很少有人同意道尔顿对真实的物理原子的想法。1826年，英国皇家学会时任主席汉弗里·戴维向道尔顿颁发皇家奖章时极力强调，这份殊荣是为了表彰道尔顿对倍比定律的研究，也就是道尔顿原子论的一种预测，而不是因为他相信实际的物理原子。

尽管道尔顿将拉瓦锡的化学和原子论联系在了一起，但他的想法远远超越了时代。关于原子存在与否的争论后来持续了100年，最终由伯尔尼专利局一位雄心勃勃的年轻物理学家解决了，他注定要永远地改变科学。

---

① 道尔顿毫不在意，立刻拒绝了戴维的提议。这位高傲的北方激进分子没空理会皇家学会，他认为皇家学会是腐败的政治机构的一部分。学会主席约瑟夫·班克斯（Joseph Banks）把他的伙伴塞满了整个学会，当时人们批评该协会只不过是一个为业余涉足科学的贵族设立的光荣绅士俱乐部。直到1822年，道尔顿的一些朋友在他不知情的情况下提名了他，他才最终加入皇家学会。

爱因斯坦与原子

你应该为阿尔伯特·爱因斯坦的高中老师感到难过。我是说，想象一下你们班上有阿尔伯特·爱因斯坦。当然，在1895年，他的老师并没有意识到他们教的是阿尔伯特·爱因斯坦，当时的他只是一位淘气的德国少年，留着一头乱蓬蓬的黑发，总是面带得意的微笑。

众所周知，爱因斯坦并不是一个好学生。在他很小的时候，他就意识到可以自学老师教学范围之外的更深的高等数学和物理，到了十几岁，他已经觉得上学是浪费时间。他似乎有一种特殊的才能去惹恼他的老师。有一次，因为阿尔伯特捣乱，他的父亲赫尔曼被叫到学校受到斥责。当他问儿子到底做了什么时，一位恼火的老师说："他坐在后面笑。"[2]

尽管爱因斯坦的学校教育谈不上完全成功或者快乐，但他决心从事物理研究的工作，在一次失败的申请后，他被瑞士联邦理工学院①录取了，这是位于瑞士苏黎世的一所相对较新的大学。据说他在那里过得很开心。他沉醉在自己刚获得的自由中，很快便结交了一群亲密的朋友，他大部分时间要么泡在咖啡馆里，要么在湖上泛舟，或是在聚会上用小提琴来取悦一群仰慕他的年轻女子。正是在其中一次聚会上，他结识了他一生的挚友米歇尔·贝索（Michele Besso），他是一位机械工程师，比爱因斯坦大6岁，在他们两人最喜欢的咖啡馆里，爱因斯坦与贝索经常在吞云吐雾间一起度过许多愉快的时光，他们会讨论科学、哲学或政治领域的最新争议。

---

① 如今常被称为苏黎世联邦理工学院。——译者注

在他们的一次天马行空的讨论中，贝索向爱因斯坦提到了奥地利物理学家和哲学家恩斯特·马赫（Ernst Mach）的工作。马赫是原子论的强烈反对者，他认为原子不过是一种便捷的虚构，只是恰好可以解释更大尺度物体的行为。只要原子本身不在人类感官的范畴内，马赫就认为相信原子的存在是一个信仰问题，而不是科学。

马赫说得不无道理。距离道尔顿发表化学原子论已经过去了近100年，有关原子的大多数证据仍是间接的。也就是说，在19世纪，原子论取得了几次重大胜利。在化学中，原子与化学式（用原子结构块来表示不同化合物的符号方法，比如一氧化二氮的化学式是N_2O）的联姻在探索有机分子的反应中被证明是极其有用的。道尔顿测量不同原子相对重量的计划也取得了很大的进展，它解决了大部分的分子的原子组成模棱两可的问题，包括水的化学式是HO还是H_2O。

与此同时，出现了一种理解气体行为的强有力的新方法，它被称为"分子运动论"。根据这一理论，气体是大量微小的原子在空旷的空间中飞来飞去，像一群愤怒的小蜜蜂一样在容器壁上被撞来撞去。这个情景使物理学家能巧妙地解释气体的可测量特性，比如温度和压强。拉瓦锡认为热是一种叫作"热质"（caloric）的物理物质，他把这种物质列入了他的化学元素清单。分子运动论终结了这种想法：热只是原子以一定速度运动的结果。原子运动得越快，气体就越热。这也解释了为什么当你加热气体时，气体的压强会随之增加。随着温度升高，原子移动得更快，更频繁地与容器壁碰撞，作用力也更大，导致了压强增加。

早在1738年，丹尼尔·伯努利（Daniel Bernoulli）就提出了分子运动论的一个早期版本，它几乎没有改变过，直到19世纪60年代，詹姆斯·克拉克·麦克斯韦（James Clerk Maxwell）、约西亚·威拉德·吉布斯（Josiah Willard Gibbs）和路德维希·玻尔兹曼（Ludwig Boltzmann）应用统计学来描述原子之间不断碰撞是如何决定气体的可测量性质的，从而修正了这一理论。这种新的统计理论不仅能解释熟悉的现象，比如热传导或者房间一边释放的恶臭气体需要多长时间才能被另一边的人注意到[①]，还可以预测一些全新的现象[②]。

1896年，当爱因斯坦与贝索在咖啡和烟草刺激下热烈讨论时，分子运动论的发展已经停滞不前。尽管这一理论取得了成功，但它在几个特别棘手的问题上遇到了困难，也就是说它仍然有可能被推翻。但最糟糕的是，依旧没有任何人见过原子。

在维也纳大学，一场对分子运动论核心灵魂的争论正如火如荼地进行。一边是该理论的领军人物路德维希·玻尔兹曼，另一边是该理论的宿敌恩斯特·马赫。玻尔兹曼被马赫的攻击深深刺痛，他用生命的最后几年为自己珍视的分子运动论进行了顽强的辩护，尽管他赢得了大多数物理学家的支持，但马赫和一些著名化学家仍然不肯妥协。

在苏黎世，年轻的爱因斯坦关注着这场辩论，对它的兴趣越发浓厚，但也越来越感到沮丧。他确信玻尔兹曼是对的，而马赫是错的。不可能所有分子运动论的成功都是侥幸。原子是真实存在的，爱因斯坦一毕业，就下定决心要从根本上解决这场两千多年的争论。不幸的是，旧习难改，爱因斯坦在学业上的表现并不好，只得到了他这一届

---

① 除了其他成功，分子运动论为众所周知的规则"闻到的人才是放屁的人"提供了坚实的理论基础。

② 它最大的成功是完全反直觉的预测，即气体的黏度（也就是"黏稠度"）不会随着气体密度的增加而提高，这一点很快被实验证实。如果你仔细想想，这真的很奇怪。这意味着，在普通空气中摆动的摆锤所受的阻力并不比在一半空气被抽出的密闭容器中摆动的摆锤所受的阻力更大。

最低的及格分数，还被他最喜欢的教授赫尔曼·闵可夫斯基（Hermann Minkowski）赐予了"懒狗"的称号。他发现自己很难找到工作，最终不得不选择临时教职来维持生计。

1902年，他在瑞士的伯尔尼专利局找到了一份工作，困境有所缓解。这样一来，他的薪水不仅是去给教授当助理的两倍，而且工作要求不高，可以让他在工作之余进行科学研究，而后来，他承认在工作时间同样在做研究。

稳定的收入也使他可以最终与大学时期的女友米列娃·马利奇（Mileva Marić）结婚。米列娃和阿尔伯特在理工学院相遇（她是同届唯一一位理科女学生），他们发展出了一段既浪漫又科学的亲密关系。显然，爱因斯坦被拥有一个能与他分享生活和物理的伴侣的未来所深深吸引，尽管他的父母表示反对，他的好友表示怀疑，但他还是求婚了。不幸的是米列娃对自己科学事业的雄心被挫败了，当时她期末考试没有及格，部分原因可能是她男朋友的不良影响，外加她在补考时怀孕了。

到了1903年，浪漫明显褪去。阿尔伯特后来说，他娶米列娃是出于一种责任感，但他们还是过上了平静的家庭生活。米列娃似乎已经非常坦然地接受了失去科学事业的可能和有一个非婚生孩子的流言蜚语，她愉快地照顾着家庭并满足着丈夫的几乎所有需求。这种无忧无虑的生活，再加上爱因斯坦在专利局轻松的工作，为他整个职业生涯中最富有创造力的时期奠定了基础。

1905年在科学史上有着神话般的地位。在短短几个月的时间里，爱因斯坦发表了4篇论文，每一篇都为物理学界带来了至今犹存的冲击。其中两篇是绝对具有革命意义的：一篇颠覆了空间和时间的基本概念，另一篇预示着量子时代的来临。相对论和量子力学这两个美丽却令人深感不安的想法，挑战了我们关于世界应该如何运转的最基本概念，它们成了现代粒子物理学的基础。（在接下来的章节中，我们会一次又一次地提到它们，但现在我们还没有做好讨论它们的准备。）

令人难以置信的是，最终证明原子存在的论文可以说是这4篇论文中最不具革命性的一篇。1905年被称为爱因斯坦的"奇迹年"是有原因的。爱因斯坦的热身研究是他的博士论文，这篇论文听起来像是糖溶液这个相当奇怪的课题，但实际上是一种计算糖分子数量和大小的巧妙方法。尽管爱因斯坦得到了一个非常接近现代公认值的结果，但这仍然无法证明分子或原子的存在。他的计算建立在同一堆未经证明的假设的基础上，这些假设构成了分子运动论的基础。

爱因斯坦需要确凿的证据，一种只有原子才能留下的确切无误的特征。他知道原子太小了，无法透过显微镜直接看到，但如果有一种方法可以观察到它们对大到足以看见的粒子的影响呢？

1827年，苏格兰植物学家罗伯特·布朗（Robert Brown）在用显微镜观察一些花粉颗粒时发现了一种奇特的现象。他注意到，在颗粒内部有一些微小的颗粒在不停抖动。尽管人们提出了许多解释这种现象的想法，包括花粉中的活分子以及经过的马车带来的振动，但对于这种抖动（后来被称为"布朗运动"），人们却始终没有找到很好的解释。30年后，到了19世纪60年代，一些科学家提出了一种新的解释：假设花粉颗粒是因为受到单个水分子的连续撞击而四处移动的，会怎么样呢？水分子本身可能太小，无法用显微镜观察，但也许每次它们撞上一个更大的颗粒时，它们的影响都能被看到。问题是，单个水分子太小，移动太慢，对一个相对硕大的花粉颗粒的位置无法产生任何明显的影响。这就好比一艘航空母舰不会因为和一条凤尾鱼相撞而发生明显的偏转。

爱因斯坦意识到，尽管单个水分子不能明显移动花粉颗粒那么大的物体，但大量碰撞带来的累积效应却可能做得到。根据分子运动论，浮在水中的花粉颗粒被成千上万个水分子包围，由于水的热量，这些水分子都在抖动。由于这种抖动固有的随机性，有时花粉颗粒的一侧会比另一侧遭到更多的水分子撞击，产生的合力足以使花粉颗粒移动。

这种累积效应使花粉颗粒沿着所谓的"随机游走"的路径穿行在液体中，这是一条"之"字形的路径，看起来有点儿像醉汉在黑暗中跌跌撞撞地走路。花粉颗粒一下子被推向一个方向，然后一下子又被推向另一个随机的方向。尽管这个过程中的每一步都是随机的，但随着时间的推移，颗粒会逐渐远离它的起点。爱因斯坦的目的是将花粉颗粒在一定时间内移动的平均距离与一定体积的水中的分子数建立起联系。

借助一些独到的物理观点和极为精巧的数学，他得出了一个公式，即花粉颗粒在一定时间内离开其起点的距离随着水分子数量的减少而增加。现在，让我们想想爱因斯坦试图解决的一大争论：一方说物质是由原子构成的，另一方说原子只是物理学家想象的虚构，而物质是连续的。如果物质是连续的，那就意味着你可以把任何物体分成无穷多个无穷小的小块，无论是一块苹果派还是一滴水都可以。或者换一种说法，一滴水里有无数个无穷小的水分子。如果这是对的，那么根据爱因斯坦的方程，花粉颗粒根本不会移动，你如果仔细想想，会发现这很有道理。如果水分子的数量真的是无穷的，那么总是有相等数量（即无穷）的水分子在某一个方向上推动花粉颗粒，这就意味着花粉颗粒所受的力总是完全平衡的，因此花粉颗粒就会保持静止。

但是，花粉颗粒确实在移动！换句话说，爱因斯坦已经证明了只有原子真的存在，才能解释布朗运动。除此之外，他还提供了一种新方法，可以根据花粉颗粒在给定时间内的移动距离来计算一滴水中的水分子的数量。

现在这一切听起来条理分明，但不幸的是，科学史从来不是这么直截了当、干脆利落。爱因斯坦并没有真正着手解释布朗运动。他的目标是找到一种证明原子存在的方法，似乎只有在他完成计算之后，他才会意识到这可能与布朗所观察到的抖动的花粉颗粒有关。为了完成他的目标，爱因斯坦需要通过实验证明小颗粒在水中移动的方式的确符合他的公式。在论文的结尾，他向实验物理学的同行提出了挑战："希望一些探索者很快就能成功解决这里提出的问题，这对与热理论（分子运动论）建立起联系至关重要。"[3]

法国物理学家让·巴蒂斯特·佩兰（Jean Baptiste Perrin）最终接受了爱因斯坦的挑战。1908—1911 年，他和他的学生团队进行了一系列精心设计的实验，从各个方面证实了爱因斯坦的预测。爱因斯坦的理论才华和佩兰的精妙实验最终证明了老约翰·道尔顿是对的。这场旷日持久的争论终于得以解决。物质是由原子构成的。

最后，我们可以回答卡尔·萨根最初的问题：把一个苹果派不断一分为二，直到得到一个原子，你需要切多少次？在验证爱因斯坦公式的同时，佩兰还测算了阿伏伽德罗常数，这一常数可以让你计算出给定质量的物质中原子或分子的数量，比如一个苹果派。把吉卜林先生牌最好的一个苹果派放在厨房的磅秤上，进行简单的计算后就会发现，一个苹果派大约含有 4×10^{24} 个原子！

我们需要多少切次才能得到其中的一个原子？在《宇宙》中，萨根告诉我们，答案是 29。不过他的苹果派比我的要大一些，所以我想我最好亲自检验一下。计算出这个数字后，我震惊地发现伟大的卡尔·萨根搞错了！他的计算基于的假设是只在一个维度上切苹果派，你会得到一个又一个原子厚的切片，但每片和原来的馅饼一样高、一样深。正确的方法是问我们需要切多少次，直到最后两块分别是最初那个苹果派的万亿分之一的万亿分之一的四分之一份？换句话说，就是一个原子。这样一来，正确答案是82刀。就在我们说话的时候，一封更正信正飞向美国公共广播公司（PBS）的制片人。卡尔，对不住了。

无论如何，一位优秀的科学家应该测试他的理论预测，所以我拿起我最好的菜刀开始尝试。大约切了14次之后，只剩下一片碎渣，我承认我还是没弄明白苹果派的原子结构。问题在于原子实在太小了：一个碳原子直径约百亿分之一米。如果你很难想象出这么小的东西，伟大的理论物理学家理查德·费曼（Richard Feynman）的一个类比可能有所帮助。如果你把一个普通的苹果放大到地球那么大，那么一个原子就和原来的苹果差不多大。没有任何人类制造的刀具能把苹果派切成如此小的一小块。那我怎么才能确定苹果派真的是由原子组成的呢？实际上，你只需要一套研杵和研钵，外加一台显微镜。

首先，我磨碎了一些我们在第一次实验中得到的苹果派黑炭。不幸的是，我得到的炭并不像我想象的那么纯净，它一定还含有不少油和水分，从而形成了一种糊状物，不是我想要的那种细粉尘。经过一番剧烈的加热，除去最后杂质后，我得到了想要的干粉。接着，我把一小滴淡黄色的苹果派液体滴在显微镜的载玻片上，再撒上少量的木炭，将载玻片放在显微镜的工作台上，然后低头观察。

放大400倍后，粉末颗粒变得非常大，几乎占据了整个视野。我担心我没有把炭磨得足够细，正准备把载玻片拿下来时，我注意到左下角有一团小得多的黑色颗粒。我尽可能地调整视野，让眼睛保持静止，我突然看到了，它们在移动。不是以一种温和的流动方式，那种可能代表着液体中的流动，而是带有一种激烈的抖动。我立刻明白了为什么布朗最初认为他发现了活分子，它们看起来确实像在舞蹈。我太高兴了，这种感觉和我第一次通过望远镜在天空中找到一个淡黄色的圆点，看到了完美的土星图像时的感觉非常像，我看到了完整的土星环和土星卫星的光点，就遥遥地高悬在漆黑的太空中。这听起来可能有点儿傻，但看到土星的那个瞬间，我的第一反应是："哦，天哪，这是真的！"书上或者电视上的图像是一回事，但亲眼看到它这件事，令我用以前所未有的方式感受到了它的真实。

那些在烧焦的苹果派上舞动的黑色颗粒对我产生了完全出乎意料的类似影响。想到每一次摆动都是由难以描述的微小却无法否认的物理原子引发的无数次看不见的撞击所造成的，这感觉既奇妙又令人感动。作为一名物理学家，我对原子的概念非常熟悉，而这使得一种自满在我心中油然而生，我意识到，这是为数不多的几次中的一次，我亲眼看到了原子存在的证据，这证明，至少这个苹果派中的一些部分真的是由原子构成的。①

当然，原子并不是故事的结束。有些矛盾的是，在佩兰的实验弄清原子存在后至少10年，欧洲的实验室都没有发现它们是由更小的东西构成的迹象。这些发现的结果后来被证明非常深刻，引发了我们理解物质和自然规律的一场革命，同时释放了我们至今仍然无法想象的力量。

---

① 严格来说，这证明了从苹果派上得到的刺鼻黄色液体是由分子组成的，因为正是液体中的分子不断撞击黑色的颗粒才引起了振动。

第 3 章

原子的配方

●

尘土飞扬的剑桥实验室/粒子物理学的诞生

原子很小，惊人地、难以形容地、难以想象地小。它有多小？好吧，在这句话的结尾的句点[①]里，你可以把约 500 万个碳原子排成一行。老实说这可能没什么帮助。我们很难想象直径小于百万分之一毫米的物体。毕竟，你亲眼见过的最小的东西是什么？大概是飘浮在阳光中的一粒灰尘，或者一只跳蚤。和一个原子比，它们都硕大无比。

鉴于原子如此小，当我们说任何有关组成原子本身的东西时，这就相当惊人。我们最终可以归结为在 20 世纪初的几十年内进行的 4 项精妙实验，哪怕以今天的标准来看，它们也相当简单。

[①] 英文原文为"句点"，如果译为"句号"，则增加了后半句打比方排列碳原子的个数，故尊重原文译为"句点"。——编者注

那是一个实验物理学的英雄时代，真正深刻的发现可能只由埋头在昏暗的大学实验室里的一两个人做出。而如今，要想在粒子物理学上取得重大突破，需要无数物理学家、工程师和技术人员的国际合作，还有数百万甚至数十亿欧元、美元、英镑和日元等。我和来自世界各地的1 200多人共同进行着LHCb实验，这实际上是LHC的4个大型探测器中最小的一个，这台机器本身花了近40年的时间来规划、设计和建造。而另一方面，最早的亚原子粒子都是以最少的预算用设备拼凑起来发现的，这些设备的规格放在实验室的工作台上绰绰有余。

因此，当我们深入探究原子来寻找我们苹果派的基本成分时，我想带你们回到那个英雄时代，原子的基本成分首次被发现。但在此之前，我们有必要回顾一下19世纪末人们对物质结构的看法。从约翰·道尔顿那里，我们得到了这样一种想法：每种化学元素都是由一个相应的原子构成的，原子是物质可能的最小单位。但原子的不可分割性并没有被普遍接受。1815年，英国化学家威廉·普劳特（William Prout）提出，所有不同的元素可能最终都是由聚集在一起的氢原子构成的，这基于所有元素的原子质量似乎都是氢的原子质量的整数倍这一奇妙事实。但普劳特的假设并没有被广泛接受，部分原因在于他的数据来自一些明显不可靠的实验，加上了一些明智的修正，另一部分原因则在于，像氯这样棘手的元素，它的原子质量是35.5个氢。同时还有一个原因是，如果普劳特是对的，炼金术士将铅转化为金的快速致富法就变成了从铅原子上切下几个氢原子这样简单的问题，而许多化学家被这种可能性吓到了。

另一个支持原子亚结构的关键的间接证据出现在1869年，这要归功于俄国化学家、奶酪工厂检查员兼"理发师终结者"①德米特里·伊万诺维奇·门捷列夫（Dmitri Ivanovich Mendeleev）。在几次长途火车旅行中，门捷列夫用代表不同元素的纸牌玩了一场化学纸牌游戏，他注意到依据原子量排列元素时，它们的化学性质会以一种特殊的规律重复出现。门捷列夫将元素排列成了元素周期表，进而预测了三种全新元素的存在，他认为这三种元素是填补表中空白所必需的。短短几年里，这些元素不出所料地现身了，它们分别是镓、钪和锗，它们的性质与门捷列夫所预测的非常相近。

这些化学元素之间的关系从何而来？元素周期表至少确切表明，这些元素不是无关成分的随机集合。很明显，原子的性质存在着某种更深层次的秩序，虽然这不一定代表着亚一级的结构，但这是一种诱人的暗示。然而炼金术的阴影太大了，因此需要强有力的实验证据来说服化学家和物理学家，表明原子确实是由更小的东西组成的。这就说到了英雄般的第一项实验，它完成于尘土飞扬的剑桥实验室，这里就是粒子物理学的诞生之地。

葡萄干布丁

在剑桥大学科珀斯克里斯蒂学院后面一条僻静的小巷中，坐落着世界上最著名的建筑之一，它就是原先的卡文迪许实验室。这里离熙熙攘攘的国王街只有一步之遥，那里成群结队的游客、兜售游船游览项目的人、恼怒的出租车司机和骑自行车的学生争先恐后地抢夺着地盘，但这

---

① 他坚持一年只剪一次头发和胡子，把灰袍甘道夫、达·芬奇和费金完美地融合在一起。

条小巷通常都是一派祥和宁静的景象。在这条旅游小道上，很少有人走到卡文迪许实验室，他们大多花时间沉浸在剑桥中世纪的建筑中，或是乘着昂贵的平底船沿河而上。但每隔一段时间，你就会看到一小群人聚集在旧实验室外，有时是在拱门入口下躲避英国的细雨，而一名导游则一个接一个地说出在墙内得到的改变世界的发现。然后大概5分钟后，他们拖着脚步离开，通常是走向老鹰酒吧的方向，在那里最著名的是，卡文迪许的研究人员弗朗西斯·克里克（Francis Crick）和詹姆斯·沃森（James Watson）宣布他们在DNA的双螺旋结构中发现了"生命的秘密"。

除了固定在正面墙上的一块小牌匾外，几乎没有什么证据表明这里发生过什么重要的事情，这让我产生了一种永恒的沮丧感。如果粒子物理学是一个宗教，这里就是它最神圣的圣地。每年都有成群结队的朝圣者涌向旧卡文迪许实验室，漫步在走廊中，触摸这里的石块，在这里人们曾分裂原子，发现构建自然的新基石。也许会有一家礼品店出售庸俗的欧内斯特·卢瑟福（Ernest Rutherford）和约瑟夫·约翰·汤姆孙（Joseph John Thomson）的瓷制雕像。不管怎么说，粒子物理学并不是宗教，这可能是最好的，因此，当物理系在20世纪70年代中期放弃了吱吱作响的维多利亚式建筑，在城市边缘开拓更宽敞的空间时，大学把旧实验室让给了社会科学家，并挂上了一块牌匾来纪念这段历史。

这些年来，这并没有阻止那些奇怪的朝圣者来到这里。在《宇宙》第9集里，苹果派的场景结束后，卡尔·萨根本人出现在了卡文迪许实验室古老的讲堂里，他说这里是"原子的本质第一次被理解"的地方。我们将看到，这个表述着实有点儿夸张了，但卡文迪许的物理学家肯定对这个谜团的很大一部分有巨大的贡献，第一块拼图来自19世纪末，由实验室首席教授约瑟夫·约翰·汤姆孙发现。

他的学生亲切地称他"J.J.",对英国最杰出的实验室的领导这个职位来说,汤姆孙是一个不寻常的人选。他是一位受过正规训练的数学物理学家,却也是出了名的笨手笨脚[1],以至于他的实验室助理经常竭尽全力阻止老板触碰他们研究中使用的精密玻璃灯泡[2]。然而,汤姆孙确实有设计巧妙实验的能力,他对有趣的问题有着敏锐的嗅觉,这样一个问题在1896年年初就像六月的一声惊雷般突然出现了。当时在德国,威廉·伦琴(Wilhelm Röntgen)发现了一种神奇的新型射线,它能穿透肉体,显示出皮肉之下的骨骼。他分享了一张令人毛骨悚然的照片,上面是他妻子安娜的手骨,这张照片在全世界引起了轰动。安娜被这张照片吓坏了,说:"我已经看见了我的死亡。"这种神秘的辐射的新形式被赋予了一个相当神秘的名字——X射线。

伦琴发现X射线从一个克鲁克斯放电管的末端射出,这种放电管带有一个玻璃球,其中大部分空气被抽出,里面装有两个电极。几十年前人们就知道,当高压电连接到管子上时,所谓的阴极射线会从负电极(阴极)流向正电极(阳极),并在管子末端产生一种诡异的绿色荧光。伦琴的X射线似乎来自阴极射线撞上玻璃的位置,尽管从19世纪60年代起人们就知道阴极射线,但没有人知道它究竟是什么。

受到伦琴的发现以及这种新型的X射线的科学潜力的启发,汤姆孙给自己定下了一个目标,他想揭示阴极射线的真正本质。当时大致有两种思想流派,一派认为它是某种形式的电磁波,就像无线电、光或新的X射线,另一派则认为它是一股带负电荷的粒子流,很有可能是带电的原子,也就是离子。在过去几年的大部分时间里,汤姆孙一直在用电将气体分解成离子,他坚定地支持后一种观点。问题是,要怎么证明呢?

1895年,让·巴蒂斯特·佩兰曾经证明,如果你向一个金属杯发射一束阴极射线，就会产生一个负电荷，他以此作为证据，证明它们确实是带负电的粒子。但许多物理学家对此并不相信，他们认为负电荷可能只是阴极射线带来的额外效应，而并非阴极射线本身固有的部分。

在佩兰的研究的基础上，汤姆孙进行了一个改进版本的实验，这次他把杯子呈一个角度放置，远离阴极射线的发射线。当放电管被打开时，射线沿直线传播，与杯子错过，这时并没有负电荷产生。然而，当汤姆孙用磁场将阴极射线弯曲，让它从原本的直线路径弯到杯子中时，嘿！负电荷就能被检测到了。换句话说，阴极射线到哪里，电荷似乎就会流向哪里。如果说汤姆孙之前还心存疑虑的话，那现在他已经确信，阴极射线是带负电的粒子，但究竟是什么类型的粒子还不清楚。它们是原子还是其他什么东西呢？

为了彻底弄清楚，汤姆孙需要知道阴极射线的质量。如果它们是带负电的原子的猜测是正确的，那么它们的质量应该比已知最轻的原子氢要大一些。而棘手的部分是，究竟如何测量如此微小物体的质量。请记住，此刻我们离有能力测量原子的大小，甚至离有能力进行间接测量，也还要再等上10多年。

但有一种方法可以办到，那就是观察粒子通过磁场时是如何弯曲的。粒子越重，它们弯曲的程度就越小。（想象一辆拐弯行驶的卡车，卡车装载的货物越重，轮胎需要的摩擦就越大，从而防止它滑出路面。）问题是，粒子的弯曲程度还取决于它们的速度和电荷。一个快速移动的粒子比一个缓慢移动的粒子弯曲程度更小，而粒子携带的电荷越大，它能感受到的磁力就越强，那么弯曲程度也就越大。这样一来，汤姆孙虽然无法直接测量它们的质量，却可以将它们的质量与电荷进行比较。

汤姆孙在计算时发现了一些令人震惊的事情。阴极射线的质量除以它的电荷，大约只有氢离子的质量与电荷比的千分之一。这只有两种可能的解释：要么是阴极射线的电荷比氢离子的大得多，要么是阴极射线的质量要小得多，也许只有氢离子的几千分之一。汤姆孙能瞥见比道尔顿认为的不可分割的原子更基本的东西吗？

1897 年 4 月 30 日，星期五，J. J. 汤姆孙乘火车前往伦敦，在皇家学会著名的星期五晚间演讲中公布了他的发现。在橡木镶板装饰的剧院里，阶梯座椅排列整齐，剧院里挤满了穿着正装的科学界的知名人士。汤姆孙站在桌后，就在这个位置上，汉弗莱·戴维曾用吸睛的化学实验吸引了观众的目光，而汤姆孙在这里提出了一种新的原子理论。他操着略带兰开夏郡口音的语调，以他独特的方式在讲演厅里一边踱步，一边带领听众回顾了他最近的实验，展示了证据，证明阴极射线是带负电的微小粒子，这种粒子远远小于最小的原子。这本身可能已经是一个令人大吃一惊的说法，而他正在逐步得出更激进的最终结论。汤姆孙将这些粒子称为"微粒"①，他认为微粒是所有原子的基本组成部分。他的玻璃管里的电力就是在撕裂原子，把带负电的粒子流从原子监狱中释放出来。他分割了不可分割的原子！

听众中的科学家普遍不相信。一位在场者后来说，他认为汤姆孙是在"跟大家开玩笑"。[3] 虽然许多人乐于接受他的说法，认为阴极射线是带负电的粒子，但认为它们是原子的组成部分的想法还是太夸张了。汤姆孙显然已经"忘乎所以"，这远超出了他的实验所支持的范围。如果他要说服怀疑者相信他非同寻常的主张，他需要非同寻常的证据。

回到实验室后，汤姆孙请他的实验室助理埃比尼泽·埃弗雷特

---

① 艾萨克·牛顿同样曾用"corpuscle"这一术语描述他提出的光的假想粒子。

（Ebenezer Everett）制作了一个阴极射线管，埃弗雷特也被称为"全英国最好的吹玻璃工人"[4]。这个阴极射线管的强度和精度足以让他彻底解决这场争论。新制作的管需要更多的电极穿过玻璃，这样就可以对阴极射线施加额外的电场，并且它必须能承受极端真空的环境，因为必须把几乎所有空气都从管中抽出来，实验才能进行。这项艰巨的任务落到了埃弗雷特身上，他花了好几天的时间手动将射线管排空，可费了不少力。

1897年的夏天，他们两人努力工作。埃弗雷特并不想让他那笨手笨脚的老板靠近他精心制作的玻璃管，负责了大部分手工工作，而汤姆孙则被要求保持安全距离，只能在读数的时候靠近。通过比较不同强度的磁场和电场如何使阴极射线偏转，汤姆孙得出了一个更精确的质荷比的测量值，这与他先前的结果完全一致。他们的努力得到了回报，汤姆孙发现的微粒的质量看起来确实是氢的几千分之一。

同年10月，汤姆孙发表了一篇新论文，重申了他的大胆主张，他认为微粒是原子的组成部分。但这次他甚至更进一步，提出了一个原子模型，在这个模型中，微粒在正电荷的海洋中排列成同心圆环。几年来，他从当时一种流行的英国甜点中得到灵感，发展出了原子的图像，这么看来这本书的书名似乎恰如其分。根据汤姆孙的想法，原子就像一个葡萄干布丁，带有负电的微粒就像葡萄干，嵌在带正电荷的海绵蛋糕中。门捷列夫的元素周期表终于开始被揭开，不同化学元素的性质是它们含有不同数量的微粒的结果。

汤姆孙的想法花了好几年才被接受。炼金术仍然萦绕在物理学界的上空阴魂不散，许多人不愿支持亚原子粒子的想法。在想法被接受后，汤姆孙给他的粒子起的名字也从未被传开，你可能从来没有听说过"微粒"这个名字，那是因为我们现在称之为电子。直到今天，所有实验都表明，电子是真正基础的东西。

我们已经找到了苹果派的第一种真正的原料。

但原子的故事远没有结束。当汤姆孙一直在研究电子时，他一位年轻的学生刚刚从新西兰来到这里，即将开启一段旅程，将汤姆孙和整个物理学领域带入了一个勇敢的新世界。他的名字叫欧内斯特·卢瑟福（Ernest Rutherford），他将永远改变我们对原子的看法。

原子之心

我虽然为我的母校感到骄傲，但也觉得卡尔·萨根宣称剑桥大学是最早理解原子的地方，绝对是过誉了。事实上，曼彻斯特这座具有前瞻性的工业城市才是铸就现代原子的地方。10多年来，在欧内斯特·卢瑟福的领导下，大学物理实验室的一群密切合作的物理学家揭开了原子的奥秘，在我看来，卢瑟福是有史以来最伟大的实验物理学家。

卢瑟福是新西兰北岛普加拉胡的一位农民的儿子，1895年，他作为汤姆孙在卡文迪许的研究生来到了英国。很快，他就因为出色的实验能力而出了名，但他直到在那儿的最后一段时间里，才发现了最终让他揭开原子真正结构的线索。1896年，巴黎的亨利·贝克勒（Henri Becquerel）发现了一种新形式的辐射，这种辐射由含铀的矿物自发产生，卢瑟福做出了一个冒险的决定，他放弃了在X射线方面具有前景的研究，全力以赴地投身于对这种神秘现象的研究。这是一个后来被证明成就了他的决定。

1898年，年仅27岁的卢瑟福离开英国，前往位于加拿大蒙特利尔的麦吉尔大学物理实验室，他很快就把实验室变成了辐射研究的重要中心之一。另一个中心在巴黎，玛丽·居里（Marie Curie）和她的丈夫皮埃尔（Pierre）进行了一系列艰辛烦琐的实验，包括露天搅拌装满沥青铀矿（一种富含铀的矿物）的热气腾腾的大缸，直到费力地提取出了几十分之一克的元素，这种元素的放射性比铀高出数百万倍。他们把它命名为"镭"。

有了居里夫妇和卢瑟福打头阵，越来越多放射性元素逐渐被列入了名单。欧内斯特和玛丽都逐渐认识到了一件事，那就是，放射性一定来自原子自身内部的某个地方，而且，在这个过程中，它似乎把原来的原子变成了另一个完全不同的原子。卢瑟福与麦吉尔大学的化学家弗雷德里克·索迪（Frederick Soddy）合作，积累下了无可辩驳的证据证明，放射性元素钍会衰变为另一种元素，他们称之为"钍–X"（现在我们已经知道那是镭），而后者又会衰变为一种放射性气体。他们有史以来首次发现，一种被认为不可变的元素正在转变成另一种截然不同的元素。炼金术士似乎卷土重来了。

1907年，卢瑟福回到英国，因为他认为在英国能更接近欧洲科学活动的中心，这让他在麦吉尔大学的同事都非常沮丧。他像一股旋风一般来到曼彻斯特，把实验室改造成了一个全新的科学研究院，这里几乎所有的研究都集中在他认为的物理学中最重要的问题上，那就是原子的内部活动。在他的领导下，教职员工和研究生的数量激增，卢瑟福带来了旨在从各个可能的角度攻克这一难题的研究项目。时间和成功使他从一个稍显腼腆但心智坚定的年轻人，变成了一位充满活力、自信而且能给别人带来启发的领导者，他成了一位传奇人物，一位同事把他比作一块有生命的镭。他每天巡视实验室时，总是未见其人、先闻其声，同时还伴随着跑调的《信徒精兵歌》，他会顺道见见他的教职员工和学生，讨论他们正在攻关的任何问题，并给出一些建议。

即便如此，和卢瑟福一起工作并不总是那么轻松。他脾气暴躁，会毫无预兆地爆发，无论当时是谁不幸在他身边，他都会对着对方大发雷霆。刚到曼彻斯特后不久，他当众斥责了一位化学教授，这位教授一直在慢慢侵占为物理预留的实验室空间，卢瑟福捶着桌子大喊"岂有此理！"[5]，然后把这位不幸的教授赶回了办公室，大喊着他"就像一场噩梦的渣滓"。在近距离大声斥责那些受害者时，卢瑟福的愤怒可能相当吓人，然而在盛怒平息后，他几乎每次都会回过头羞愧地道歉。

尽管卢瑟福阴晴不定，但他在曼彻斯特还是受到了团队的爱戴和尊敬。他们不仅仅是一群科学家，还是一家人，被一种置身于全世界最重要的科学研究前沿的感觉联结在一起。卢瑟福有一种不可思议的本领，总能选择合适的现象进行研究，他吹嘘自己从没有给过学生任何一个无用的项目。也许他最好的品质就是他坚持不懈的顽强，他会在一个问题上打破砂锅问到底，直到解开所有谜团。他任职时间最长的同事之一詹姆斯·查德威克（James Chadwick）曾被问及卢瑟福是否有敏锐的头脑。查德威克回答说，"敏锐"这个词不准确，"他的头脑就像战舰的船首，它后面拖着那么重的东西，用不着像剃刀那样锐利"[6]。

卢瑟福现在最关注的问题是原子本身的结构。尽管在过去10年间，放射性的研究取得了种种进展，但许多谜团仍然没有被解开。没有人知道为什么一些原子会突然变成其他原子并发出辐射。更为神秘的问题是，放射性释放的能量究竟从何而来。卢瑟福曾计算过，原子的放射性衰变释放出的能量是最剧烈的化学反应的能量的数百万倍。在原子内部的深处一定有某些巨大的能量井，但它会是什么，谁也拿不准。

卢瑟福希望能够通过研究放射性原子衰变时飞出的粒子来找到答

案。卢瑟福在他还是卡文迪许实验室的学生时，就发现了实际上铀会释放两种不同类型的辐射，其中一种只在空中穿行几厘米，另一种穿透性更强的射线传播得更远，甚至能穿过金属条。卢瑟福用希腊字母中的前两个字母命名了这两种辐射，也就是α和β①。科学家很快发现，穿透力很强的β射线可以用磁场弯曲，他们很快就意识到那是电子。

卢瑟福在曼彻斯特取得的第一个巨大成功证实了他长期以来的怀疑，也就是说，α粒子是失去两个电子的氦原子。这项研究是由一位颇有前途的年轻德国物理学家汉斯·盖革（Hans Geiger）完成的，他发明了第一个能够逐个计算α粒子的探测器，因此青史留名。②盖革和卢瑟福不断完善他们的探测器，他们发现，当一束α粒子穿过探测器中长长的气体管后，留在感光板上的图像会变得模糊，这让他们很恼火。这似乎暗示着，α粒子正被气体分子碰撞而偏离轨道。卢瑟福很困惑，α粒子以一种难以置信的高速度从分裂的原子中射出，它的速度几乎达到了一定比例的光速的水平。用他的话说，这种"异常暴力"⁷的炮弹怎么会被气体分子这种虚无缥缈的东西偏转呢？

卢瑟福又一次展示出了他提出恰当问题的超凡能力。他交给盖革一项任务，让盖革发射α粒子穿过一系列不同的材料，并测量它们的散射程度。盖革试验了各种金属箔后发现，金属箔中的原子越重，α粒子似乎偏转得越明显。结果证明，金箔是最好的偏转装置，它常会使α粒子以非常大的角度散射，这让盖革和卢瑟福陷入了思考。

---

① 1900年，保罗·威拉德（Paul Villard）发现了第三种更具穿透力的射线，被称为"伽马射线"。

② 这个探测器是现代盖革计数器的前身，人们现在仍在使用盖革计数器测量辐射水平，它会发出一种不祥的咔嗒咔嗒的声音，深受灾难片导演的喜爱。

为什么这一切如此令人惊讶？其实是这样的，根据汤姆孙的葡萄干布丁模型，原子是一个弱而不稳定的带正电的球体（相当于海绵蛋糕），而带有微小负电荷的电子（相当于葡萄干）夹在原子中间。很难想象原子这样散漫而不起眼的东西是怎样给α粒子这样强大而迅速的东西带来麻烦的。

就在卢瑟福仔细思索这些奇特的结果时，他提出了一个随性的想法：让一位名叫欧内斯特·马斯登（Ernest Marsden）的新生看看是否有α粒子从金箔上被反弹回来。卢瑟福确信马斯登看不到任何东西，金原子绝对不可能让α粒子反弹，但这是个很好的项目，可以让马斯登接受一些放射性研究方面的训练。

在那个年代，计数α粒子是一项极为艰苦的工作。我在自称实验物理学家时，有时会觉得自己是个骗子。事实上，我几乎不需要亲自动手做任何事情。来自LHC的数据会通过互联网直接传到位于剑桥大学的舒适的办公室，传到机场候机室，甚至我在坐在床上喝杯好茶的时候也能接收到数据。但是，在20世纪初，你必须坐在一间昏暗的房间里，通过显微镜连续数小时盯着硫化锌的探测屏，耐心而有条不紊地数着微弱的闪光，这些闪光就是α粒子的信号，直到你的眼睛太过疲累，迫使你结束一天的工作。在进行这些工作时，你的脑袋离强放射源只有几厘米。

在开始测量前，马斯登在昏暗的实验室里独自坐了20分钟，以让眼睛慢慢地适应黑暗的环境。他面前的工作台上有一樽精致的玻璃锥，里面装着α粒子的来源，也就是高放射性的镭、铋和氡气的混合物，器皿的一端有一个云母薄片制成的窗，是α粒子可以逃逸的出口。在它们的路径上挂着靶子，也就是一片薄薄的金箔，它在电灯昏暗的灯光下微微闪着光芒。放射源外被加了一层铅屏蔽物，用来阻止α粒子直接撞击放射源，在金箔的同一侧还放着硫化锌的探测屏和显微镜。

当眼睛完全适应后，马斯登俯身上前，用一只眼睛对到显微镜上。他知道卢瑟福根本没指望他会看到什么，但他却惊讶地发现，屏上闪烁着微光。它们时不时地出现，就像一些微电影首映式上零星几十台照相机的闪光灯。出于对卢瑟福的脾气的恐惧，这位年轻的本科生反复地检查自己的结果，直到他确信自己没有弄错任何事情。经过三天累眼睛的工作，他终于在从实验室楼上的办公室走下楼梯时，告诉了卢瑟福这个令人瞠目结舌的消息：α粒子正在被反弹！

卢瑟福惊呆了。他后来形容这是"这辈子发生在我身上最不可思议的事情。这就好比你向一张餐巾纸发射了一枚15英寸[①]的炮弹，然后它又反弹回来击中了你一样不可思议"[8]。盖革和马斯登都不知道发生了什么。他们在1909年7月发表他们非凡的研究结果时，甚至没有尝试解释他们所看到的现象，他们只是进行了一项令人好奇的观察，那就是，需要一个比实验室中可能的磁场强数十亿倍的磁场，才能使α粒子折回到自己身上。无论是什么令α粒子向着相反方向飞奔，那都一定是难以想象的强大力量的所在。

就连卢瑟福也被难倒了。1908年，那时他已经发表过14篇惊人的科学论文，可面对这个难题他却进展缓慢。他把自己锁在家里的书房，花了很长一段时间深入思考，一直在脑海中反复考虑这个问题。一开始，他想知道反弹回来的α粒子是否和多个金原子相撞，几十次微小的撞击不断累积，直到α粒子被转向回来。但他的计算显示，这种情况发生的概率非常小，远低于马斯登所看到的闪烁次数。α粒子一定是在与

---

① 1英寸≈2.54厘米。——译者注

质量很大的物体的单次碰撞中被反弹了回来。

1910年12月的一个周末，也就是在马斯登告诉他这个惊人消息的18个多月后，卢瑟福终于弄清了答案。查尔斯·高尔顿·达尔文（Charles Galton Darwin）[1]是曼彻斯特实验室的一名年轻学生，他受邀到卢瑟福家参加周日的晚餐，饭后，卢瑟福第一次分享了他改变世界的见解。他的导师汤姆孙完全搞错了，原子不是布丁一样的小团，它是一个迷你的太阳系，带负电的电子围绕着一个无限小的带正电荷的太阳[2]，这个太阳就隐藏在原子的中心深处。这个原子的核心后来被卢瑟福命名为原子核，它占了99.98%的原子质量，这些质量被压缩进一个仅仅为原子本身的三万分之一大小的微粒中。正是这个微小而强大的原子核，使α粒子重新散射回来。在偶然的情况下，当一个带正电的α粒子接近原子核时，它会受到一种难以置信的强大的电荷斥力，如果差不多是迎头相撞，这种斥力就会让α粒子被反弹回来。

第二天早上，得意扬扬的卢瑟福面带微笑，步履轻快地走进实验室，他径直过去告诉盖革，他终于知道原子是什么样了。就在那一天，盖革着手进行实验，检验卢瑟福模型的大致预测。在用α粒子轰击了金箔几个星期后，盖革发现，金箔反弹出去的角度与卢瑟福的预测完全一致。1911年3月，卢瑟福准备向全世界展示他的原子模型。关于场地，他恰如其分地选择了曼彻斯特文学和哲学学会，一个世纪前，约翰·道尔顿曾在那里讨论过他的原子理论。

卢瑟福那天披露的不仅仅是原子核的发现，他第一次看到了亚原

---

[1]　他是著名博物学家、自然选择的进化理论提出者查尔斯·达尔文的孙子。

[2]　事实上，那时卢瑟福还不确定原子的中心是否带正电或负电，这一点在几年后才被搞清楚。

子世界的形状。原子核包含了几乎所有的原子质量，这些质量被压缩到一个仅为原子本身数万分之一的微小空间中，被虚无缥缈的电子云环绕着。如果你要把一个原子扩大成一个更熟悉物体的大小，比如一个足球场的大小，那么原子核会位于球场中央，大概只有一块大理石的大小，而电子则是在看台的某个地方呼啸着做离心运动。

但是，卢瑟福的原子模型有一个严重的问题。如果原子真的像一个微小的太阳系，那么它就不可能是稳定的。一个公认的定律是，例如在一个环中，当带电粒子被加速时，它会发出电磁辐射。这意味着电子应该不断发光，每绕一圈就损失更多一点儿能量，直到它们最终以螺旋状的轨迹进入原子核。由于这个原因，之前提出的类似太阳系的原子模型的尝试都失败了。汤姆孙对原子的葡萄干布丁的比喻，在很大程度上是为了寻找一种电子的理论排列，这种排列是稳定的，不会崩塌。

这个悖论的解决方案来自一位才华横溢的年轻丹麦物理学家，他的名字叫尼尔斯·玻尔（Niels Bohr），玻尔借助了一种被称为"量子"的奇怪的新想法。在20世纪早期，阿尔伯特·爱因斯坦和马克斯·普朗克提出了光是以离散的小块的形式出现的想法，这些小块也被称为量子。玻尔从这个想法中获得了灵感，他认为，电子只能在某些固定的轨道中绕着原子核运动，而当它们从一个能级跃迁到另一个能级时，就会发射光量子。由于电子只能被限制在这些能级上，就像火车在环形轨道上行驶一样，它们不可能落入原子核。玻尔将量子理论与卢瑟福的核原子模型结合起来，这是一次胜利，它解释了一系列现象，特别是解释了不同化学元素的原子都会发射和吸收特定波长的光这一独特的事实。最终，玻尔的理论将不可避免地带来一种对亚原子世界的革命性的新描述，它就是量子力学。（我们稍后将会详细介绍。）

在玻尔的补充后，卢瑟福的原子模型终于让物理学家解开了元素周期表之谜。在卢瑟福发表第一篇关于核原子的论文后的几个月里，一位在曼彻斯特实验室卢瑟福团队里工作的年轻研究生亨利·莫斯利（Henry Moseley）又有了一个深刻的发现。当门捷列夫创建元素周期表时，他给每个元素赋予一个标签，被称为"原子序数"，它们只是用来记录元素的排列顺序。最轻的元素氢位列第一，接着是更重的氦，排在第二位，就这样一直到第92位的铀。这个数字似乎与不同元素的质量密切相关，因为总体说来，随着你按顺序扫过元素周期表，元素的质量会不断变大。但情况并非总是如此。在一些情况下，元素的化学性质让门捷列夫将较重的元素排在了更轻的元素前面。例如，钴（原子序数27）出现在镍（原子序数28）之前，但钴的原子质量更大。当时人们认为，这些原子序数只不过是一个有用的标签，不具有任何物理意义。但莫斯利却发现，不同化学元素发射的X射线的频率直接取决于原子序数，而非原子质量。原子序数不仅仅是一个标签，它实际上是原子核中正电荷的数目！也就是说，氢包含一个正电荷，而铀则含有92个正电荷。这些正电荷被环绕原子核的轨道上等量的负电荷电子所平衡，使原子整体上保持中性。门捷列夫在穿越俄国的长途火车旅行中首次发现的纸牌游戏，都与这些不同数目的电子在原子核周围的排列方式有关。

但所有这一切都指向了一个问题：原子核是由什么构成的？是像普劳特的观点那样，所有原子都是由氢构成的吗？原子核的电荷总是氢原子电荷的整数倍这一事实似乎暗示了这一点，但放射性衰变会释放氢原子核和电子，那么原子核也有可能是由它们构成的？虽然物理学界的许多人都拥抱了量子理论这个诡异而奇妙的新世界，卢瑟福却带领一小群物理学家踏上了新的探索之旅。这次，他们的目标是揭开原子核的构造。

第 4 章

砸开原子核

🍎

更小的物质 / 制造你想要的原子

我们如何从头开始做出苹果派？显然，我们已经对基本成分有了更好的了解。我们一开始提取的碳、氧和氢是由不同的原子组成的，而每个原子都有相同的基本结构，也就是一个极其微小的原子核，它包含着几乎所有的原子质量，周围环绕着更轻的亚原子粒子，它们被称为电子。整个原子被强大的电力绑定在一起，这些力将带负电荷的电子与带正电荷的原子核结合，同时，一些神秘的量子魔法阻止了整个物体自我收缩并吞噬宇宙中的所有物质。

我们还了解了碳原子和氧原子的区别，这取决于原子核中正电荷的数量，正电荷会吸引相等数量的带负电的电子，使原子整体保持中性。我们现在知道，氢是所有原子中最简单的原子，它的原子核带有 1 个正电荷，有一个电子绕着核运动。另一方面来说，碳原子的核中有 6 个正电荷，还有6个电子，而氧原子的核中带有8个正电荷。莫斯利发现，原子核中正电荷的数目与原子序数完全相同，而化学家过去却认为原子序数只是一个标签，仅仅告诉你在元素周期表中的什么位置可以找到某个元素。由于元素的化学性质在周期表中有规律地变化，这就告诉我们，原子的化学性质一定完全是由原子核中正电荷的数量决定的。

现在简直太棒了，但尽管发现了电子和原子核，我们还不知道如何制造苹果派中的氢、碳、氧或者其他任何元素。如果原子核中正电荷的数量决定了这个原子是碳还是铀，那么想要找到元素周期表中所有元素的配方，我们就需要弄清楚原子核的内部究竟有什么。

当约1913年卢瑟福-玻尔的原子模型建立之时，原子核仍然笼罩在迷雾之中。然而很明显的是，原子核不仅仅是将体积缩小至数万分之一的不可分割原子的新版本。玛丽·居里和欧内斯特·卢瑟福都相信，α辐射、β辐射和γ辐射来自原子核本身，这意味着，原子核一定由更小的物质组成。问题是，那是什么？

由于在放射性衰变中飞出原子核的α粒子和β粒子只是氦核和电子，因此人们会很自然地假设，原子核中含有氦核和电子。威廉·普劳特认为氢原子是所有更重的元素的基本组成部分，这一观点向来不绝于耳，但由于氯等一些令人尴尬的元素的发现，它们的原子质量并不是氢的质量的整数倍，这一想法踢到了铁板。

局面似乎是一团乱麻。在物理学家取得任何进展之前，他们需要一些新的实验线索，但从原子核中得到信息并非易事。这将需要两个更伟大的实验，其中第一个是由发现原子核以及那种剧烈而蓬勃的自然之力的科学家欧内斯特·卢瑟福进行的。

原子核碎片

1914年，随着战争的爆发，整个欧洲的科学研究都停滞不前，卢瑟福放弃了他的放射性实验研究，转而为英国海军进行潜艇探测工作。然而，即使是世界大战也不能让他永远离开他的真爱。虽然他那时已经40多岁了，前不久刚刚成为欧内斯特·卢瑟福爵士，但他的好奇心一如既往地强烈。原子核的发现开辟了一个崭新的领域，他非常渴望探索它。

他敏锐的科学嗅觉已经捕捉到了一丝气味：这是一个令人困扰的问题，可以追溯到1910年那个星期天的傍晚，那晚，他第一次与年轻的查尔斯·高尔顿·达尔文分享了他对原子核的看法。在他们晚餐后的聊天中，达尔文指出，卢瑟福的想法暗示着，如果你把α粒子发射到氢等轻元素的气体中，那么轻得多的氢原子核就会时不时地从气体中被撞出，就像母球被台球杆击中了一样。

就在战争爆发前夕，第一次观察到α粒子从金原子上反弹回来的年轻研究员欧内斯特·马斯登采纳了达尔文的建议，将α粒子发射到普通的空气中。空气中含有一定量的水蒸气（H_2O），其中自然含有氢原子，正如达尔文所预测的，马斯登观察到氢原子核被α粒子撞出了空气。但让他困惑的是，根据空气中的水蒸气含量计算，他观察到的飞出的氢原子核要比预期值多得多。马斯登被难住了，但他最终还是提出了一个想法，虽然它听起来相当没有说服力，那就是，产生α粒子的镭原子一定也在射出氢核。

卢瑟福没有被说服。不幸的是，1915年，马斯登离开了曼彻斯特，接受了新西兰惠灵顿的一个大学职位，只会为了在法国的英国军队而战回到欧洲。在写信请求马斯登允许后，卢瑟福从他这位学生中断的地方重新开始，随着战争的进行，卢瑟福逐渐把越来越多的时间花在实验上。曾经熙熙攘攘的曼彻斯特实验室现在几乎空无一人，卢瑟福找了一个黑暗的地下室工作，只有实验室管理员威廉·凯（William Kay）陪同。

他使用的仪器绝对是一种卢瑟福式简洁的经典代表，那是一个长约10厘米的破旧的黄铜盒子，一端放着一个放射性的镭块，还有一些可以用来输送各种气体的管道。在离镭最远的一端是一个覆盖着薄金属箔的小窗口，箔片阻挡了镭发射的α粒子，但能够让穿透力更强的氢核逃逸。窗口外面就是一个硫化锌屏，当逸出的氢核击中它时，就会产生特征性的闪光。

同样，观察是在几乎完全黑暗的情况下进行的，需要通过显微镜盯住硫化锌屏。这是一项让人眼睛疲劳的工作，氢产生的闪光比α粒子产生的要微弱得多，一位观察者只能坚持几分钟，视力就会模糊。如果你看得太久的话，甚至有可能产生幻觉，以为自己看到了氢闪。卢瑟福和凯轮流工作，每人坚持大约两分钟，一人数数，另一个人就休息一下眼睛。卢瑟福当时的笔记本里记录了许多实验困难的故事，从金属箔反射的杂散光，到气体供应中可疑的污染，包括经常会说到"因为视力差而没有观察到"之类的话。

很长一段时间以来，他拼命想要弄清楚所看到的东西。氢核是来自气体中的污染吗？也许它们是在α粒子撞击黄铜盒子末端的金属箔时产生的？或者像马斯登认为的那样，它们真的来自镭本身？1917年夏天，卢瑟福再次被迫暂停工作，前往美国执行任务，然而事实证明，这成了一段有用的休息时间，当你放下一个问题时，你的大脑会在后台慢慢想出解决方案。当卢瑟福于9月再次回到实验室时，他想到了答案：氢核并不存在于气体中，它们是在α粒子与气体中的原子核碰撞时产生的。

卢瑟福在10—11月进行了一系列紧张工作，他尝试了各种不同的气体，从普通空气到纯二氧化碳、氮气和氧气。当α粒子被发射到空气中时，屏幕上出现氢核的闪烁，但发射到纯二氧化碳或氧气中时，就几乎看不到任何闪烁。此外，纯氮比普通空气会让氢核更猛烈地涌进屏幕。在排除了所有其他可能性之后，卢瑟福不得不得出了一个惊人的结论：α粒子会将氮核击碎，使氢核像爆炸的弹片一样飞出来。他清楚地意识到这一发现是多么重要，他完全不去参加潜艇的相关工作了，并给海军部的上级写信说道："我有理由相信，如果我已经粉碎了原子核，这比战争更重要。"[1]

经过一年的反复检查，他觉得自己已经准备好得出最终戏剧性的结论："被释放的氢原子是氮核的组成部分。"[2]卢瑟福终于找到了第一个令人信服的证据，证明化学元素最终都是由氢核构成的。他确认了这种粒子和电子一样都是所有原子的基本组成部分之一，他后来给氢核起了一个新名字，称之为"质子"①。这个漫长的故事达到了高潮，这个故事可以一直追溯到约翰·道尔顿测量不同原子的相对质量，它反过来又启发了威廉·普劳特想象所有的化学元素可能都是由氢构成的。卢瑟福不仅重拾了普劳特的假说，而且为理解化学元素的最终起源打开了一扇门。有了质子和电子，物理学家终于可以开始想象，从氦一直到铀，元素是如何一个接一个地形成的。尽管战时物资短缺，但卢瑟福还是做到了这一切，他在一个荒废的实验室的地下室里工作，只有一个破旧的黄

---

① "质子"一词的灵感来自威廉·普劳特的假设，即化学元素都是由氢原子构成的，他在1815年首次发表这一观点时称之为"质子"。

铜盒子、几块镭，以及威廉·凯的一路帮助。

但美中不足的是，像氯这样的元素之谜还没有解开。如果所有元素都是由氢构成的，为什么氯的原子质量是氢的35.5倍？事实上，关于这个难题，卢瑟福在麦吉尔大学的老同事弗雷德里克·索迪已经找到了一条可能的出路。1913年，索迪发现了一些奇怪的新的放射性元素，这些元素在化学上似乎与其他众所周知的非放射性元素没有任何区别。其中有一种放射性的铅，但普通的铅压根儿没有放射性。可以肯定的是，同一种化学元素可能存在多种版本，它们在元素周期表中占据着同一个位置，但放射性却不尽相同。索迪称这些化学副本为"同位素"。

现在，这一切综合呈现出了一种诱人的可能性：如果索迪发现的同位素具有相同的核电荷，使它们成为相同的化学元素，但它们的原子质量却不同呢？也许真的有两种不同的氯的同位素，一种质量是35，另一种质量则是36，当它们混在一起时，看起来就好像氯的原子质量是介于两者之间的。这是一种迷人的想法，但很难想象要如何分离出两种不同的同位素，并测量它们的原子质量。毕竟，根据定义，同位素在化学上是无法区分的。

但有一种方法可以做到这一点。回到卡文迪许实验室，化学家弗朗西斯·阿斯顿（Francis Aston）一直在一间阴暗的地下室里埋头苦干，他制造了一种全新的仪器，能够以前所未有的精确度对原子称重，这种仪器被称为质谱仪。阿斯顿的新发明可以通过一种由电场和磁场构成的透镜发射不同元素的离子，并根据离子的质量，将它们聚集在感光条上的不同位置。

质谱仪令人大开眼界，氯这个元素推翻了氢是所有原子组成部分的观点，但阿斯顿很快就用质谱仪证明，氯实际上是两种同位素的混合物，其中每三份氯35就对应着一份氯37，因此它的平均质量是35.5。到了1922年，他已经发现了27种不同元素的48种同位素，仅仅是氙就有6种不同的同位素。阿斯顿称量过的所有元素的质量都是氢的整数倍[①]，这一惊人的结果，加上卢瑟福将质子从原子核中击出的惊人一击，几乎证实了质子就是原子核的组成部分。

在卢瑟福和阿斯顿的共同努力下，他们创造出了第一个真正统一的物质理论，这一理论极为简洁。你只需要两种成分就能制造出你想要的原子，它们分别是质子和电子。质子就是氢原子的原子核，它带正电，而电子则带负电，它的质量很小，大约只有质子质量的两千分之一。当时，卢瑟福、阿斯顿和其他大多数物理学家都认为，微小的原子核里一定包含着被挤压在一起的质子和电子，而其他的"原子"电子则在更大的距离上绕着原子核运转。你需要用原子核中的电子来解释，为什么除了氢之外所有元素的质量都是它们正电荷的约两倍。例如，氦核的电荷数是+2，但质量相当于4个氢原子。这一定意味着，氦核包含4个带正电的质子和两个带负电的电子，从而抵消了这两个额外的正电荷。想要制造一个氦原子，你要在围绕原子核的轨道上再加上两个原子电子，使原子整体上变成电中性。碳也是如此，它被认为有一个由12个质子和6个电子组成的原子核，其质量为12，而电荷是+6，此外还有6个电子围绕着原子核运转，形成了完整的碳原子。更重要的是，放射性元素偶尔会喷射出电子（也就是β射线）这一事实，更是增加了证据，表明电子一定要存在于原子核内。

至于同位素，我们可以简单地通过向原子核中添加额外的质子和电

[①] 有一个令人迷惑的例外，那就是氢本身，它的质量是1.008。那微小的额外质量其实是阳光、星光以及宇宙中所有其他元素的来源，我们将在第5章中看到。

子来理解它。把两个额外的质子和两个额外的电子加进氯35的原子核里，你就得到了氯37。质子和电子的电荷相互抵消，这意味着氯原子核的总电荷保持不变（毕竟，这决定了原子的化学性质，代表它仍然是氯），但我们已经成功地将两个质量单位加进了原子核，创造出了同一个原子的更重的版本。

这个理论是一场胜利，它巧妙地解释了化学元素的构成、原子在放射性衰变中如何变化，以及为什么许多元素拥有不同的同位素。不幸的是，它错了。卢瑟福、阿斯顿和他们的同事遗漏了一个关键的成分，我们需要这个成分来最终完成我们的原子购物清单，让我们制造出我们想要的任何一种化学元素。不过，它的发现是一个漫长而曲折的过程。

中子在何处？

在卡文迪许实验室的一个房间里，两位成年男子弓着腰，坐在一个只能被称为大箱子的地方。其中一位是欧内斯特·卢瑟福，他就是身材魁梧、声音洪亮的核物理学之父。挤在他旁边的是詹姆斯·查德威克，他苍白而瘦削，也不怎么爱说话。他们是一对奇怪的搭档。在屋外，实验室助理乔治·克罗（George Crowe）刚刚从卡文迪许新哥特式塔的储藏室里取出一台放射源，正忙着为他们的实验调试仪器。他们一同坐在黑暗中等待眼睛适应，自然地交谈起来。

自从汤姆孙退休，卢瑟福回到剑桥负责卡文迪许实验室后，他就一直在思考一个问题，也是我们试图回答的这个问题：如何制造化学元素？他已经意识到，当你向原子核中加入质子，开始制造越来越重的原子时，很快就会遇到一个严重的问题。随着原子核越来越大，它的正电荷也在变大，这意味着它会对任何试图靠近的质子施加越来越强的排斥力。最终，这种力变得非常巨大，以至于质子要进入原子核，就必须要以卢瑟福认为的不可能的极高速度运动。

虽然卢瑟福通常不喜欢过分大胆的推测，但在这里，他和查德威克一起坐在黑暗中，任凭自己的想象力天马行空。如果电子和质子都存在于原子核内，那么为什么不干脆把一个电子和一个质子挤在一起，形成一个电荷为零的原子核呢？这个中性的核将不同于迄今为止所看到的任何粒子。它不会形成传统意义上的原子，完全是化学惰性的，也不可能装在任何容器中。但这个奇怪的假想粒子可能正是创造所有元素的关键所在。如今我们知道，它就是中子。

带正电的质子会被带正电的原子核排斥，但中子不会遇到这样的阻碍。不带电荷意味着没有排斥力，中子可以轻而易举地进入任何一个原子核，那些周围有巨大排斥场的原子核也不在话下，这有点儿像鬼魂可以穿过戒备森严的城堡的墙壁一样。随着卢瑟福和查德威克继续交谈，他们最终确信，向原子核中加入中子是构建较重的原子的唯一方法，如果没有中子，元素周期表中的大多数元素就根本不会存在。

但如果中子真的存在，想要找到它将极其困难。当时存在的每一种探测粒子的方法，都依赖于粒子的电荷，使它们以某种方式变得可见。质子和α粒子只有在撞击硫化锌屏时才会产生闪光，这多亏了它们的电荷。相反，中子则不会留下任何痕迹。

他们尝试的第一项实验就像是《科学怪人》（Frankenstein）里出现的东西。卢瑟福假设，如果你能让一个非常强大的电弧通过一根氢气管，也许巨大的电力会驱动电子和质子聚在一起，中子可能就会飞出来。他们冒着巨大的安全风险尝试了，但没有成功。事实上，他们进行的每一项实验都以失败告终。

20世纪20年代，为了捕获难以捉摸的中子，卢瑟福和查德威克制定的计划越来越绝望。正如查德威克后来所说："说起这一点，我做了很多非常愚蠢的实验。但我必须要说，最愚蠢的实验都是卢瑟福做的。"[3]卢瑟福有生以来第一次放了"空枪"。这位不知疲倦的物理学侦探变得越来越沮丧和失望，他在实验室里待的时间越来越少，转而将更多精力投入到成为一位国内和国际影响力日益增长的科学领袖的角色上。查德威克被任命为卡文迪许实验室的助理主任，负责实验室的日常运作，为研究人员制定项目，并与缺乏设备和空间的状况持续斗争。到了20世纪20年代中期，卡文迪许实验室开始显露出疲态，而卢瑟福固执地坚持要在吱吱作响的大楼里塞入尽可能多的研究生。

尽管卢瑟福毫无疑问是一位启发能力极强的主任，但他认为任何有价值的实验都可以在有限的预算内完成，而这一观点开始阻碍卡文迪许的研究。谁需要那些花哨的仪器？他揭开了放射性的神秘面纱，发现了原子核，用一种可以放在实验台上的基础设备就将原子核砸开了。一次，一个学生抱怨自己没有研究所需的设备，卢瑟福吼道："为什么？我可以在北极做研究！"这种态度也开始让他和查德威克的关系变得紧张起来。

查德威克绝不是缺乏智谋之人。第一次世界大战期间，他在被俘于德国臭名昭著的鲁勒本拘禁营中时，就设法运行了一间临时实验室。但即使是他，现在也难以满足研究人员的需要。查德威克后来回忆，年轻的澳大利亚物理学家马克·奥利芬特（Mark Oliphant）曾经几乎哭着来找他，如果没有合适的泵，他根本无法取得任何进展。查德威克安抚这个心急如焚的年轻人的唯一方法就是从卢瑟福的私人研究室"借"一个泵，卢瑟福只把它留给自己在公开演示时用。

尽管如此，查德威克还是坚持了下去。他确信中子一定在那里，只是找到正确的实验问题。他后来回忆道："我只是锲而不舍地寻找。我没有看到其他任何能构建原子核的方法。"[4]

当卢瑟福于1919年回到剑桥大学时，全球物理学界的大多数人都被量子革命所吸引，这场革命正在动摇物理学的根基。相反，研究原子核有点儿像边缘研究。卢瑟福让卡文迪许实验室成了唯一一个几乎完全致力于核物理的实验室，但到了20世纪20年代末期，维也纳、柏林和巴黎的研究人员开始挑战卢瑟福实验室的王冠。

一种观察原子核的新方法引起了他们的兴趣。当较轻元素的原子核被α粒子轰击时，它们通常会发射出高能的光粒子，被称为"伽马射线"。这种想法是，当α粒子撞上原子核时，它会短暂地将组成原子的质子和电子踢出它们通常的位置，进入一种"激发"状态。一瞬间，这些电子和质子就会回到一种更稳定的排列中，并在这个过程中释放伽马射线。物理学家意识到，这些伽马射线可以作为来自原子核深处的信使，可能携带着有关原子核内部结构的宝贵信息。他们希望通过对伽马射线的研究发现一种真正的原子核理论，包括一种对维系原子核的神秘力量的解释。

但有个问题。自从玛丽·居里于1898年发现镭以来，镭一直是物理学家最喜欢的α粒子来源，它也会发出大量伽马射线。这让实验人员很难分辨伽马射线究竟是来自受到α粒子撞击的原子核，还是直接来自镭这个放射源本身。人们需要一种不同的α粒子源，一种能发射伽马射线但又少于镭的α粒子源。幸运的是，玛丽·居里早在1898年就发现了这种元素，她以自己的祖国波兰（Poland）命名了这种元素，将它取名为"钋"（polonium）。卡文迪许的研究长期以来受制于稀有元素的短缺。那时，拥有世界上最大量钋源的实验室是玛丽·居里在巴黎的镭实验室。

伟大的玛丽·居里此时是一位国际性的科学领袖，任巴黎研究所所长，两次获得诺贝尔奖。她的工作使她日渐远离前沿研究，但另一位居里已经准备好了接替她的位置，那就是她的女儿伊雷娜。

1931年秋，柏林物理学家瓦尔特·博特（Walther Bothe）和赫伯特·贝克（Herbert Becker）撰写的一篇论文引起了伊雷娜的兴趣。博特和贝克一直在用钋产生的α粒子轰击轻原子（从锂到氧之间的所有元素，以及镁、铝和银），并研究放射的伽马射线。然而，当他们试验到铍①时，他们看到了奇怪的东西：能穿透7厘米厚的铁板的伽马射线。在正常情况下，这么厚的铁可以完全挡住伽马射线。更奇怪的是，从铍中释放出的伽马射线远远多于他们测试过的其他元素。

与柏林的团队相比，伊雷娜有很大的优势，她拥有比他们的铍强10倍的钋源。她与丈夫兼科学合作伙伴弗雷德里克·约里奥（Frédéric Joliot）合作，很快便重复了博特和贝克的实验，并发现铍发射的伽马射线比她的德国同行认为的更具穿透力。然而最令人惊讶的是，他们发现，当这些伽马射线对准石蜡时，质子会以极快的速度嗖嗖飞出。

我们可以把它想象成核台球游戏中的一个击球把戏：一颗球撞到另一颗，后者再与另一颗球相撞，以此类推。我们从放射性的钋开始，它能发射α粒子。这些α粒子撞击铍核，核会发出某种具有极高穿透性的辐射，伊雷娜和弗雷德里克认为这种辐射是伽马射线。这些伽马射线随

① 元素周期表中第4号元素，排在氢、氦和锂之后，它是一种稀有的银色软金属。

后飞入石蜡样品中，而石蜡是一种含有大量氢原子的化合物。伽马射线将石蜡中的一些氢核击出，这些氢核便以高能质子的形式出现了。

最令人惊讶的是，当质子被伽马射线击中时，它们会被加速达到令人难以置信的能量。为了解释下一点，我不得不引入一种被称为"电子伏特"（eV）的概念。电子伏特是一个能量单位，就像我们（或许）更熟悉的焦耳或者卡路里，如果你想说一块苹果派的能量，卡路里是一个很好的单位，但对讨论亚原子粒子来说，这个单位用起来并不是很方便。与原子相比，一卡路里是过于巨大的能量。用卡路里来讨论一个亚原子粒子的能量，就好比用太阳质量来表示你的体重。[①]因此我们要使用更适合原子世界的单位，也就是电子伏特，即一个电子被一伏特的电池加速后携带的能量。

居里计算出，想要把质子加速到她测量的那种速度，伽马射线必须包含极其巨大的能量，约50兆电子伏特（MeV）！这令人难以理解。钋发射的α粒子的最大能量约为5.3 MeV。即使铍核吞噬下了整个α粒子，它又怎么释放出比自己所吸收的能量高10倍的伽马射线呢？怪事确实发生了。

一个寒冷的1月的清晨，在伊雷娜·居里向法国科学院提交了她非凡的研究成果后的几天，詹姆斯·查德威克在卡文迪许实验室的办公室里翻阅着最新的科学期刊。他打开一本新收到的《法国科学院周报》，读到了居里关于铍辐射的论文，他越看越惊讶。几分钟后，年轻的物

---

① 1太阳质量（太阳的质量）约等于2×10^{30}千克，也就是说，我重约0.000 000 000 000 000 000 000 000 000 039个太阳质量。我希望你同意，这并不是一种量化人体重量的方便方法，但我想它确实能让人们正确地审视关于体重的任何焦虑。

理学家诺曼·费瑟（Norman Feather）冲进查德威克的办公室，带着同样震惊的表情。11点左右，查德威克前去告诉卢瑟福来自巴黎的消息。卢瑟福一边听着，一边惊奇地慢慢睁大眼睛，直到他终于怒吼道："我不相信！"[5]查德威克从未见过他的老板因为一篇科学论文而变成这样。他们都相信居里的实验结果，她的实验采用的正是卢瑟福非常欣赏的那种简洁而基本的设置，但她对发生的事情的解释就完全是另一回事儿了。居里开始研究铍发射的伽马射线，但她从来没有想过，她所观察到的辐射可能不是伽马射线。另一方面，查德威克花了11年时间寻找中子却是一场徒劳，他立刻意识到来自巴黎的结果的重要意义。铍根本不是在发出伽马射线，它发射的是中子。

查德威克意识到，如果你假设铍发出的辐射是中子而不是伽马射线，那么能量的问题就不复存在了。伽马射线没有质量，所以想要把一个有质量的质子从石蜡中踢出来，它必须有非常高的能量。这可以想象成朝着一颗保龄球发射一颗乒乓球，乒乓球必须以极高的速度移动，才能让重得多的保龄球挪动一英寸。

另一方面，中子的质量应该和质子的质量相当①，这意味着用中子撞击质子更像是用一颗保龄球撞击另一颗保龄球。查德威克计算出，虽然伽马射线需要50 MeV的能量，但一个中子只需要4.5 MeV的能量，少于比铍核吸收的α粒子携带的5.3 MeV。突然之间，一切都说得通了。但他仍然需要证据。

查德威克明白，他正在和时间赛跑。居里的团队或者柏林的小组不久后一定会意识到铍实验结果的重要性。查德威克把自己锁在实验室

---

① 别忘了，根据卢瑟福的模型，中子是由一个质子和一个电子构成的。

里，用从巴尔的摩一家医院捡来的钋源进行研究，他像着了魔一样，每天晚上只睡三个小时左右，生怕他的竞争对手也在同一条赛道上争分夺秒。在经历了10年的失败和挫折后，如果在最后时刻被对手超越，那真是倒霉透了。两个星期后，查德威克出现了，面色灰白，精疲力竭，却得意扬扬。

2月，查德威克参加了卡皮察俱乐部的一次会议，这是一次由热情的苏联物理学家彼得·卡皮察（Pyotr Kapitza）在三一学院他私人的房间里组织的非正式聚会。一顿丰盛的晚餐和几杯葡萄酒下肚，查德威克放松了心情，他用一支粉笔和一块黑板一反常态地做了一次自信的报告。他被卡皮察和全神贯注的听众频繁打断，把观众从居里和约里奥提供的最初线索，带向了他最终的结论。经过长达数周时间对石蜡和其他材料的轰击，查德威克最终推翻了铍发射的神秘粒子是伽马射线的观点。如果是那样，神圣的能量守恒定律就一定会被打破。居里和约里奥的结果，以及他自己的所有观察，都明确指向了一个质量接近质子的中性粒子。过去几周围在卡文迪许流传的传言是真的。经过10多年"颗粒无收"的挣扎，查德威克发现了原子的最后一个，也是最难以捉摸的组成部分——中子。

在经历了如此漫长的新发现之后，卢瑟福和卡文迪许实验室作为一个整体，沐浴在查德威克胜利的光芒中。查德威克向《自然》杂志提交了论文后不久，卢瑟福在伦敦的皇家研究院的一次演讲中公布了这一发现，就像他的前老板汤姆孙在1897年第一次捕捉到电子的线索时所做的那样。中子的发现让卢瑟福格外心满意足，毕竟早在10多年前，也就是1920年，他就第一次预言了中子的存在。

然而，这并不是完全的胜利。查德威克曾试图测量中子的质量，发现它比一个质子略轻一些。与直觉相反，这实际上支持了卢瑟福的观点，也就是中子是由一个质子和一个电子组成的，至于中子想要稳定，在质子和电子融合时必须释放一些能量。这种"结合能"实际上会使得混合物的总重量小于其各部分之和。

但回到巴黎，伊雷娜和弗雷德里克并没有放弃对铍的研究。这对巴黎伉俪使用更精确的方法，证明查德威克得到的中子质量是错误的，实际上它比质子重约0.1%。卢瑟福最终不得不承认，中子并不是由质子和电子构成的。

事实上，认为原子核是由质子和电子构成的整个想法也是错的。物理学家陷入了一个逻辑谬误：因为电子是从原子核里出来的，所以它们起初一定是在原子核内。事实证明，电子实际上是在原子核经历放射性衰变时产生的。原子核并不是由质子和电子构成的，而是由质子和中子构成。在放射性β衰变的过程中，原子核内的一个中子转化为带正电的质子，这个质子留在核内，并射出带负电的电子。

中子很快就被升级成了一种独立的原子基本组成部分，与质子和电子一样。有了这三种粒子，你就可以制造任何你想要的原子，从氢（一个质子和一个电子）到铀（92个质子、92个电子和146个中子）都可以。现在的问题是，这些成分是如何结合在一起，形成我们的苹果派中的化学元素的？想要回答这个问题，物理学家必须仰望星空。

第 5 章

热核烤箱

🍎

在地球上造恒星 / 不可能的太阳 / 量子烹饪

几年前，我在去参观世界上最大的核实验之一的路上，路过了寂静的英国村庄卡勒姆。卡勒姆坐落在泰晤士河上游蜿蜒的河道边，周围是风景如画的牛津郡乡村。对于想要找到努力控制宇宙中最强大的力量之一的科学家这个目标来说，卡勒姆似乎不像是能找到的地方。离村庄不远的地方就是一个庞大的科学园，一组国际团队正试图完成一项真正突破常规的壮举——在地球上建造一颗恒星。

我在接待处见到了克里斯·沃里克（Chris Warrick），他是实验室交流传播方面的主管，他热心应允在这一天担任我的导游。原则上，我是以伦敦科学博物馆负责人的身份到访的，想要看看是否有什么令人兴奋的科学设备可以收藏，而这也是一个完美的借口，我是来参观一项从十几岁时起就渴望亲眼看见的实验的，那就是欧洲联合环反应堆，简称

JET。

JET是世界上最大的核聚变反应堆，它是一个巨大的金属甜甜圈，可以将氢气加热到数亿度。在这些极端条件下，氢核会聚变形成氦，释放出微小的热和光的爆炸，复现相当于太阳和恒星的能量来源。JET的团队正在努力驯服和控制这种可怕的力量。如果他们能攻克其中的难关，那么核聚变就可以提供足够清洁①而廉价的能源，满足我们数百万年的需求。

自从20世纪30年代核能首次被发现以来，利用地球上的恒星能量的梦想一直激励着科学家和工程师。如今，气候危机使这个珍贵的梦想变得更加重大、强烈且不可估量。早在21世纪头10年的末期，我还在考虑是否要攻读博士学位时，就认真考虑过申请从事核聚变的研究，尽管最终有机会利用新建成的LHC进行研究实在是太棒了，但我也一直很想近距离观察反应堆。

克里斯领着我从接待处出发，穿过一条路，走进了一栋巨大的白色建筑，这栋建筑的外表看起来像20世纪60年代太空时代的杰作，宛如《星际迷航》中星际舰队总部的替身。我们穿过迷宫般的走廊和安全门，走进了大厅。JET就立在我们之上：由8个巨型变压器铁心控制的无数管道、电缆和机械，这些铁心从中央反应堆向外伸出，就像巨大的橙色扶壁②一样。面对这台庞大的机器，我忍不住想，某种可怕的力量就锁在里面。

当我们围着反应堆走时，克里斯解释了他的同事正在努力应对的

----

① 核聚变反应堆不会产生二氧化碳，也不会产生长期存在的放射性废物，这点与核裂变反应堆不同，核裂变反应堆通过将铀核分开来产生能量。

② 一种常用在外墙上的附加结构，通常是为了增加墙体稳定性。——译者注

挑战。实现聚变所需要的极端温度使得任何固体容器都不可能容纳燃烧的氢气。作为替代方案，JET通过一个强大的磁场迫使氢进入一个围绕着环形反应堆中心的环中，远离反应堆的壁。在20世纪80年代初建造JET时，人们希望它能成为第一个实现能量收支平衡的聚变实验，也就是说，聚变反应产生的能量将超过输入的能量。不幸的是，这个圣杯一般的目标从未实现，这是由于一系列无法预见的影响，这些影响只有在反应堆开始运行时才会显现出来。相反，JET现在成了法国南部正在建造的更大的反应堆国际热核聚变实验堆的试验台。这个造价200亿欧元的巨型项目旨在最终证明核聚变作为一种能源的可行性，但它一直备受技术问题和政治问题的困扰，让人不禁怀疑它能否实现这个目标。

那天晚些时候，克里斯和我在他的办公室里讨论着聚变能量的前景。他本人仍然相信，我们最终会达成目标。技术挑战正逐渐被克服，而且别的不说，无限的清洁能源的前景实在太美好了，我们不能放弃。话虽如此，但工程上的障碍仍然多而棘手。

卡勒姆的科学家和工程师试图解决的问题，与我们目前寻找终极苹果派配方时所面临的问题是一样的。在掌握了原子所有的基本成分，也就是电子、质子和中子之后，我们现在需要找到一种方法，将它们融合在一起，形成苹果派中的化学元素。氢很容易，只要取一些质子和电子并彻底摇动就行。而碳和氧的原子核分别由6个质子加6个中子，以及8个质子加8个中子构成，将成为更大的挑战。

事实上，在我们开始思考如何制造碳和氧之前，我们还需要找到一种方法来制造一种苹果派中没有的元素，那就是氦。作为元素周期表中的二号元素，它的原子核由两个质子和两个中子构成，所有通向碳和氧的道路都一定会首先经过氦。

遗憾的是，正如JET这里的人所说的那样，利用氢制取氦极其困难。为了理解其中的原因，我想进行一个小小的思想实验。如果你愿意，请想象我们在一个核厨房里。面前的工作台上有两个碗，里面装着我们的基本原料：质子和中子。我们今天的特色菜是氦核，它是两个质子和两个中子的简单组合。这就是核烹饪的入门课。还有什么能比这更简单呢？

正如我们在前面看到的，氦原子之所以是氦原子，关键在于核电荷，换句话说，就是原子核中质子的数量，所以让我们先取两个质子。当我们开始将它们放在一起时，我们马上就会遇到一个问题。两个带正电的粒子开始相互排斥，当我们迫使它们越来越靠近时，斥力也变得越来越强。两个电荷之间的电斥力遵循所谓的平方反比定律，也就是说，每当你将两个电荷之间的距离缩短1/2时，两个电荷之间的力就会增大到为原来的4倍。这意味着，在我们让质子互相靠近即将碰在一起之前，一股强大的力会让它们从我们手中滑落，飞过房间，还可能会在这个过程中打碎一些核厨具。

正是这个问题让欧内斯特·卢瑟福推测出了中子的存在。中性粒子不会受到斥力，因此相比之下，将质子和中子结合在一起应该是轻而易举的事。然而，当我们看向中子的碗时，我们沮丧地发现，当我们故意朝另一边看时，几乎所有中子都消失了，只留下质子和电子。

这是第二个大问题，那就是中子并不稳定。在原子核的安全范围之外，中子的寿命短暂且不确定，平均只能存在15分钟，直到它自发地衰变成一个质子、一个电子和第三种粒子——被称为"中微子"的幽灵般的粒子（稍后我们将对它进行详细介绍）。讽刺的是，这种不稳定性意味着，尽管中子的提出是用来解释元素是如何产生的，但如今它们在形成比铁轻的元素方面几乎没有任何作用。[①]它们能坚持的时间不够长。

我们似乎陷入了僵局。唯一的前进之路便是找到克服使质子分开的巨大电斥力的方法。事实上，我们需要两件不同的事情发生。首先，我们需要另一种力，一种吸引性的力，如果我们只能让质子足够接近的话，这种力则能将质子绑定在一起。1921年，詹姆斯·查德威克和一位名叫埃蒂安·比勒（Étienne Bieler）的年轻物理学家发现了这种力的最初迹象。他们发现，当α粒子从氢核上被反弹出去时，如果它们彼此相距不到数飞米[②]，一种吸引力就会开始将它们聚集在一起。事实证明，这是人们发现一种全新的自然力的第一个迹象，它就是强核力[③]。之所以这么取名，是因为它强大到足以克服两个质子之间巨大的电斥力。

在20世纪20年代，物理学家几乎对强核力一无所知，仅仅知道它必须存在，才能解释原子核是如何结合在一起的，并且只有当两个质子即将接触时，它才开始起作用。这就引出了第二块拼图。如果我们要将质子融合在一起，制造出氢，我们就需要找到一种方法使它们足够靠近，从而让强核力发挥作用。然而，在这一距离，也就是约飞米的距离上，两个质子之间的电斥力大得惊人，它相当于地球引力对一个5千克的哑铃的拉力。这听起来似乎不多，但别忘了，这个力是作用在单个质子上的，而一个质子的质量只有0.000 000 000 000 000 000 000 000 001 7千克。

你可以把原子核周围的排斥电场想象成一座戒备森严的城堡周围陡

---

① 我们稍后将看到，它们在制造元素周期表中位于铁之后的元素（包括金）的方面确实发挥了作用。

② 1飞米为10^{-15}米。——译者注

③ 强核力也称强力。但作者在这本书中有意区分了原子核中的强核力（strong nuclear force）和强子中的强力（strong force），译文也将作此区分。——译者注

峭的城墙。为了冲进城堡主楼，质子需要移动得足够快，才能"跳跃"到城墙顶上，在这里，强核力会接手，并将质子拉入原子核。这只有在质子以极高的速度运动时才能发生，而如此惊人的速度需要惊人的高温，甚至达到数千万度。这正是JET的科学家需要将氢加热到如此高的温度的原因，也恰恰是掌握核聚变技术如此困难的原因。然而，虽然我们还没有弄清楚如何在地球上实现它，但宇宙中确实存在如此高温的地方。

不可能的太阳

英国天文学家亚瑟·斯坦利·爱丁顿（Arthur Stanley Eddington）是第一个对恒星中心温度做出合理估计的人。爱丁顿和天文学的缘分始于1886年，当时他和母亲经常在晚间在海边小镇滨海威斯顿的海滨大道上散步。4岁的亚瑟会仰头望着漆黑的夜空，试着数出夜空中所有的星星的数目。

时间来到1920年，时任剑桥天文台台长的爱丁顿正在努力解决有关太阳和恒星的一个长久以来的谜团：它们为什么会发光？太阳持续地向太空发出了总计383秭瓦特①的能量[1]，足以让150×10^{21}壶水一直保持沸腾。那可以沏很多很多杯茶。

自19世纪中叶以来，关于这种巨大的能量来源一直争论不休，更关键的争论还在于，太阳还能继续发光多久。争论的一方是地质学家和博物学家，包括伟大的查尔斯·达尔文，他认为地球和太阳必须有上亿

---

① 即383×10^{24}瓦特。——译者注

年，甚至几十亿年的历史，才能解释岩石形成和生物进化的缓慢过程。而反对他们的是以开尔文勋爵为首的物理学家，一种温标即以他的名字命名。开尔文傲慢地认为这是胡说八道。根本没有已知的能源可以让太阳以目前的速率照耀数百万年以上，这些研究岩石的麻烦家伙又有什么资格挑战物理定律？

经历了几十年的困惑之后，一条重要的线索在1919年出现了。就在剑桥爱丁顿所在的绿树成荫的天文台附近，弗朗西斯·阿斯顿正在卡文迪许实验室一间昏暗的地下室里工作，用他新发明的质谱仪称量原子。阿斯顿的伟大成就在于，他证明了每个原子的质量都等于氢原子的总数，从而提供了令人信服的证据表明，氢核（质子）是原子的组成部分。但这个整数规则有一个令人费解的例外。

阿斯顿的质谱仪只能对原子的相对重量进行称重，所以你需要选择一种参考元素来比较其他所有重量。当时，原子质量为16（8个质子加8个中子）的氧是首选的参考元素，也就是说，原子质量的基本单位被定义成氧原子质量的1/16。这样一来，有一种元素变得格外显眼，它就是氢本身。按理说，一个氢原子的质量应该正好是1，但它的质量却比1略高一些，是1.008。

当爱丁顿听说阿斯顿的特殊结果时，他立刻意识到了它的重要性。如果像卢瑟福和阿斯顿所说的那样，所有原子都是由氢构成的，那么那多出来的一点点质量可能就是太阳能量的真正来源。1905年，阿尔伯特·爱因斯坦提出质量和能量是等价的，这个观点被科学上最著名的方程表达了出来，那就是 $E = mc^2$。[1]

---

[1]　$E = mc^2$ 并没有真的出现在爱因斯坦的论文中。相反，他用一系列符号和文字表达了同样的关系。

既然光速（c）是一个非常大的数字（精确地说是299 792 458米/秒），那光速的平方显然是一个非常非常大的数字。换句话说，这个等式告诉我们，每千克质量（m）都有可能释放出巨大的能量爆发（E）。如果4个氢原子可以聚变形成氦，那么每个氢原子的一点点额外质量就会转化为能量。爱丁顿计算出，如果氢只占太阳的7%，那么核聚变过程已经足以让它发光足够长的时间——足以让达尔文和地质学家满意。

爱丁顿敏锐地意识到，他的想法是推测性的。还没有人能成功地在实验室里将氢聚变成氦。现在的重大问题是，太阳中心够不够热，从而克服质子之间的电斥力，迫使它们聚在一起。幸运的是，爱丁顿最近创造了解决这个问题所需的工具，它就是第一个描述恒星内部机制的现实理论模型。

爱丁顿用他的模型计算了太阳中心的温度，那里高达4 000万摄氏度。尽管它比实验室中创造的任何温度都要高得多，但它还是远低于让两个质子聚变所需的预估值——100亿度。正如我们在核厨房里看到的那样，两个质子只有在以惊人的高速运动时才能克服它们之间的巨大电斥力，即使在4 000万度的温度下，它们运动的速度还是不够快。

爱丁顿没有气馁，他确信太阳和恒星正从氢中聚变出氦，他最有名的反驳是："我们不与那些认为恒星的温度不足以进行这一过程的批评家争论。我们只会告诉他去找一个更热的地方。"[2]（也许这是表达"见鬼去吧"的最优雅的方式。）如果爱丁顿是对的，质子一定在某种程度上违反了公认的物理定律。幸运的是，由于一种革命性的新理论，在20世纪初，打破物理学定律成了一种"潮流"，这种新理论正在颠覆这一主题。

量子烹饪

我第一次接触到量子物理这个诡异而奇妙的世界是在11岁生日时，父母送了我一本平装书，名叫《物理世界奇遇记》。这本书讲述了汤普金斯先生的英雄历险故事，他是"一家大城市银行的小职员"，喜欢打瞌睡，梦到了受到物理学启发的幻想世界。通过汤普金斯先生的冒险经历，我们可以探索如果日常物体以量子的方式运动，世界会是什么样子，不说别的，那将会让斯诺克游戏变得非常混乱，你可能也会担心狮子和老虎自发出现在动物园围栏外。这部充满奇思妙想的迷人作品的作者是20世纪最有创造力的物理学家之一乔治·伽莫夫（George Gamow）。正是他的洞察力最终让物理学家解开了恒星核聚变的悖论。

乔治·安东诺维奇·伽莫夫于1904年出生在黑海沿岸的敖德萨（今属乌克兰）。他在年纪很小时就有着强烈的好奇心，并且不盲从权威。10岁时，他开始怀疑牧师关于圣餐面包变成基督的肉的故事，于是在一个星期天，他偷偷把面包屑藏在两颊内带回家，并用父亲为他买的一个小显微镜检查了一番。他用从自己手指上撕下的一块皮进行比较，并总结说，和人肉相比，基督的身体更像普通面包。他后来写道："我觉得这就是让我成为科学家的实验。"[3]

尽管第一次世界大战和随后的俄国十月革命带来了动荡，伽莫夫还是接受了良好的教育，先是在敖德萨，然后前往彼得格勒，在苏联理论物理学研究领域最顶尖的大学里学习。然而，他的一项重大突破的取得是在1928年，当时他在德国的哥廷根度过了一个夏天，正在理论物理研究所工作，该研究所由量子革命的领袖之一马克斯·玻恩（Max Born）领导。

伽莫夫发现这个地方令人"兴奋得不得了"[4]，这里的研讨室和咖啡馆挤满了为新理论的结果争论不休的物理学家。然而，伽莫夫喜欢在没那么热门的领域工作，因此他只身前往图书馆，为自己寻找一个问题。正是在那里，他偶然读到了欧内斯特·卢瑟福的一篇论文，描述了卢瑟福向铀发射α粒子（也就是由两个质子和两个中子组成的氦核）的实验。这篇文章让伽莫夫百思不得其解。卢瑟福发现，粒子不可能穿透铀核，但众所周知，铀会自发喷出α粒子。怎么可能α粒子不能从外部进入原子核，而只有一半能量的粒子却可以从核内逃逸？

伽莫夫猜想，将开创性的量子力学理论应用于原子核，就可以找到解释，之前从没有人试过这么做。当时，量子定律仅仅被用来解释电子绕原子运行的方式，人们一点儿也不清楚，同样的规则是否适用于神秘的核领域。

量子力学的核心是所有物理学中最反直觉但又最深刻的思想之一，它被称为波粒二象性。19世纪末，物理学家相信光是一种波，它会像湖面上的涟漪一样起起伏伏，延伸开来。实验已经确凿地证明了光的类似波的行为，比如当光线穿过小孔时，它能扩散成圆形波纹的图样，这被称为衍射，还有，当两个光波结合形成一个更大的光波时，或者当一个光波的波峰与另一光波的波谷相遇时，它会形成干涉（但不是我们平时说的那种干涉）。

然而到了20世纪初，事情开始变得扑朔迷离。首先，德国物理学家马克斯·普朗克（Max Planck）指出，只有假设光以所谓的"量子"的离散小包的形式出现，才能解释炽热物体（比如被烧红的铁块）发出的光的颜色。起初，普朗克认为这仅仅是一种为了获得正确答案的数学把戏，但在1905年，爱因斯坦发表的一篇论文表明，如果光真的是以量子化的小团块的形式出现的话，一种被称为"光电效应"的令人费解的现象就能解释得通。换句话说，光是一种粒子流，这种粒子就是光子。

这两个关于光的本质的看似互相矛盾的论断引发了量子革命。起初，人们认为只有光子会表现出这种奇怪的波粒二象性，但在1924年，法国物理学家路易斯·德布罗意（Louis de Broglie）认为，这不仅仅是光的特性，它同样适用于物质粒子。电子、质子，甚至原子这种曾经被认为是具有明确位置的小硬块的粒子，都可以表现得像扩散波一样。在伽莫夫前往哥廷根的前一年，J. J. 汤姆孙的儿子乔治·佩吉特·汤姆孙（George Paget Thomson）发射电子穿过金属膜，发现它们会形成衍射图案[1]，这显然与他父亲证明电子是一个粒子的实验相悖，而德布罗意的奇异假设得到了戏剧性的证明。

如果这一切让你感到头晕，别担心。直到20世纪20年代，整个物理学界都被它搞糊涂了。德国理论学家埃尔温·薛定谔（Erwin Schrödinger）提出了对这种量子诡异现象最直观的描述，或者也可以说是最不反直觉的描述。这一理论被称为"波动力学"。

一般来说，包括光子、电子和质子在内的粒子是在空间中的特定点被探测到的。例如，如果你通过一些实验，向探测屏发射一个电子，这个电子将到达屏幕上一个确定的位置。事实上，电子似乎只到达一个位置，而不会分散各处，这个位置就是我们所说的它行为的粒子位。然而，波动力学认为，在电子被发射和被探测到之间，它的行为根本不像

---

[1]　纽约贝尔实验室的两位美国物理学家克林顿·戴维森（Clinton Davisson）和莱斯特·格默（Lester Germer）在同一时期发现了类似的效应。戴维森与G. P. 汤姆孙共同获得了诺贝尔奖。

粒子，相反，它会以波的形式传播。

这种波不是水、空气或任何其他介质中的波，它是一种概率波，也就是"波函数"。波函数的大小与在屏幕上某一点找到电子的概率有关，给定点的波函数越大，我们就越有可能在那里找到粒子。接着是真正神秘的一点。不知什么原因，波函数会从空间传播的状态坍缩，在电子被探测的地方变成一个点。我们不可能预先知道波将坍缩到哪一点，只能计算波函数在屏幕上不同位置坍缩的概率。这个荒谬的过程被称为"波函数坍缩"，直到今天，还没有人真正知道它的运作机制。[①]我们知道的是，这是亚原子世界中事物的真实行为。

好的，现在让我们说回我们的乔治。伽莫夫意识到，如果他用波动力学来描述被铀核射出的α粒子的行为，它们没有足够能量逃逸的悖论就可以被克服。让我们回到之前城堡的类比，这其实是我从《物理世界奇遇记》中伽莫夫本人的描述中"偷"来的。在这个类比中，核就像城堡内部，被高墙保护着，把入侵者隔绝在外，同时保护内部的居民。伽莫夫想象α粒子在逃离原子核之前会在城堡墙里来回弹跳。如果我们用传统的方式把α粒子想象成一颗坚硬的小球，那么它就没有足够的能量以越过城墙顶逃逸。

但是，如果我们把α粒子看成波，那么确实会发生一些非常奇怪的事情。它就可以通过墙壁漏出去，就像水从砖墙裂缝中渗出一样。这就让其中的一小部分留在了城堡外面，所以这样一来，在城堡墙壁外发现α粒子的可能性很小，但却不可忽略。当波函数坍缩时，α粒子会突然出现在铀核外，就好像它已经穿过了屏障。这有点儿像囚犯一次又一次

---

① 人们也没有对是否有必要知道它真正达成一致。菲利普·鲍尔（Philip Ball）的《量子力学，怪也不怪》（*Beyond Weird*）对这一问题进行了很好的介绍。

地疯狂地撞向牢房墙壁，直到突然一瞬间，就像施了魔法一样，他们径直穿过了牢房，发现自己在外面了，自由了。但令人惊讶的是，有非常非常小的可能性，这种事情会真的发生在现实监狱里真正的囚犯身上，但尽管原理上是有可能的，囚犯体内所有原子同时穿过墙壁的可能性微乎其微，几乎绝对不会发生。

伽莫夫的理论最终取得了胜利，他解开了 α 粒子如何从铀核中逃逸的悖论。[①]那年夏天，当伽莫夫在哥廷根研究他的理论时，他和一位比他小一岁的德国裔物理学家——弗里茨·豪特曼斯（Fritz Houtermans）建立了友谊。伽莫夫和豪特曼斯一拍即合，他们都年轻而充满魅力，喜欢无所顾忌而放荡不羁的生活方式，两人都有一种"毒舌"的幽默感，不过这经常给他们惹麻烦，与此同时，他们都对物理学充满热情。豪特曼斯非常喜欢伽莫夫的 α 衰变理论。回到柏林后，他依旧在脑海中反复思考。

几个月后，伽莫夫收到了朋友的来信。豪特曼斯回到柏林，遇到了来访的英国天体物理学家罗伯特·阿特金森（Robert Atkinson）。在讨论到伽莫夫的理论时，他们发现，如果粒子能够从原子核中穿出，那么它们也应该能够穿进原子核。阿特金森对爱丁顿关于太阳和恒星中心温度的研究很熟悉，他也想知道核聚变到底是否可能。如果太阳中心的质子能够进行量子隧穿，越过让它们分离的排斥性的电势垒，那么核聚变可能会在比先前想象的更低的温度下发生。也许，只是也许，爱丁顿是对的。

这三个人在奥地利阿尔卑斯山风景如画的滑雪胜地川斯住了下来，

---

① 美国物理学家罗纳德·格尼（Ronald Gurney）和爱德华·康登（Edward Condon）与伽莫夫同时发现了相同的答案。

这里是他们共同研究这一理论最能达成一致的选择。伽莫夫很满意，因为弗里茨和罗伯特"几乎准备好了他们的计算，因此讨论并没有影响我们的滑雪时间"[5]。

豪特曼斯和阿特金森的理论与伽莫夫的截然相反。这次他们考虑的不是原子核内部的粒子向外隧穿，而是质子从外部撞击原子核的电势垒，就像士兵袭击城墙一样。爱丁顿的计算已经表明，太阳中质子移动的速度不够快，无法到达城墙的顶端。然而，原子核周围的排斥性势垒随着高度上升，会变得越来越薄。如果太阳中心的质子的移动速度足够快，能爬到势垒足够薄的位置，那么量子隧穿就可能会让一小部分质子越过墙体，出现在原子核内部，而无须超过墙顶。

问题是隧穿的概率是否够高，能让太阳中心发生核聚变。经过几天的滑雪和畅饮，大概还有一点儿物理讨论，三个人得出了一个方程，描述了恒星中心温度和密度与核聚变速率的关系。不幸的是，由于1929年时科学家对原子核的组成仍知之甚少，伽莫夫的计算差了一万倍。但在这个科学史上最著名的"撞大运"事件中，豪特曼斯和阿特金森犯了第二个错误，这个错误又将答案向相反的方向移动了一万倍。简直是奇迹，这两个错误相互抵消，最终得到的方程基本上是正确的。

根据爱丁顿对太阳中心环境的估计，他们兴奋地发现，核聚变似乎确实是可能的，而且它可以轻而易举地让太阳持续发光数十亿年。

豪特曼斯后来以典型的多彩风格讲述了他们研究的高潮。在完成文章的收尾工作后，他与夏洛特·里芬斯塔尔（Charlotte Riefenstahl）进行了一次晚间散步，当时，他和罗伯特·奥本海默（Robert Oppenheimer）[①]

---

① 后来的"原子弹之父"。

都在追求这位年轻的物理学家。

"天一黑，星星就出来了，一个接一个，非常壮观。'它们很漂亮，不是吗？'我的同伴喊道。但我只是挺起胸自豪地说：'自打昨天，我就知道了它们为什么会发光。'"[6]

这一定是史上最好的搭讪台词之一。它似乎真起了作用，夏洛特和弗里茨结婚了，还不止一次，而是两次。豪特曼斯和阿特金森以《如何在一个电势锅中烹饪氦》这个有趣的标题提交了他们的文章。不幸的是，一位格外缺乏想象力的期刊编辑将标题改成了《恒星中元素合成的可能性问题》，这个标题显然没那么吸引人了。

尽管标题有趣，但他们的文章的影响并不大，至少一开始是这样。核物理深陷于不确定性之中，如今看来疯狂的想法正在四处传播。伟大的尼尔斯·玻尔提出，在原子核内部，神圣的能量守恒定律可能会被打破，从而最终解释太阳的能量输出。为了让他们的理论占据一席之地，阿特金森和豪特曼斯需要实验证据来证明他们的隧穿理论。幸运的是，卡文迪许实验室的欧内斯特·卢瑟福和他的物理学家团队很快就会提供这一证据。

1932年，卡文迪许的物理学家约翰·考克饶夫（John Cockcroft）和欧内斯特·沃尔顿（Ernest Walton）使用了有史以来最早的粒子加速器之一，用质子束轰击锂靶，并在此过程中将锂核一分为二。这一壮举得以实现，离不开伽莫夫的核隧穿理论。尽管考克饶夫和沃尔顿的机器可以将质子加速到惊人的80万伏[7]的动能，但这远远低于让质子高速移动从而直接越过保护锂核的电势垒顶部所需的数百万伏。他们能成功让原子分裂开的唯一解释是，正如伽莫夫的理论所预测的那样，质子利用量子隧穿通过了势垒。

随着实验证实量子力学确实适用于原子核，解释氦是如何在太阳和恒星内部产生的道路终于被打开了。然而，仍有一些明显的障碍需要克服。我们还缺少两种重要的原料。一种是氢的稀有同位素，另一种则是世界各地的科幻作家们所钟爱的反物质。

有两种方法烹饪氦

多亏了量子隧穿的概念，我们现在知道，太阳和恒星的温度足以使两个质子结合在一起。换句话说，我们已经找到了烹饪氦所需的热核炉。但这里有个问题。如果我们真的是从头开始，那么我们制作氦的配方肯定是从两个质子的聚变开始的，这一步我们马上就会遇到麻烦。并不存在由两个质子组成的稳定的原子核。如果有，从技术上讲，它会被称为氦2，但并没有这样的东西。

但是，确实存在由一个质子和一个中子组成的原子核，它是一种被称为氘的氢的重同位素，是美国化学家哈罗德·尤里（Harold Urey）在1931年发现的。这给了我们一线希望。如果有一种方法可以将两个质子结合在一起，同时将其中一个质子转化成中子呢？如果能做到这一点，那么我们就能够制造氘，这是氦的配方中至关重要的第一步。

在1932年之前，将质子转化成中子似乎是不可能的。首先，质子的正电荷要去哪里？它不能简单地凭空消失。我们也还缺少第二种原料，而它在1932年被发现了，那就是正电子。这种新粒子也被称为反电子，除了带正电荷之外，它和电子一模一样。正电子是有史以来第一个被探测到的反物质粒子，这是一个极为深刻的发现，我们将在后面说到，但现在，它在我们热核烹饪的故事中只扮演了一个很小但也很重要的配角。

1934年，物理学界举足轻重的巴黎伉俪伊雷娜和弗里德里克·约里奥–居里发现了一种全新的放射性衰变，在这种衰变中，一个不稳定的核会射出其中的一个正电子。他们很快意识到，在衰变的原子核内部，一个质子已转变成了中子。他们花了这么长时间才发现的原因之一是，单独的质子无法以这种方式衰变，一个质子实际上没有它变成的中子重。然而，在某些不稳定的原子核中，质子可以从它所在的核中吸收一些能量，从而变成更重的中子，并释放出一个正电子和一个中微子。

有了氘和一种将质子转化为中子的方法，我们终于可以在制造氦的尝试中取得一些进展。1936年，罗伯特·阿特金森发现了利用氢制造重元素的潜在的第一步。在太阳中心的极端温度下，两个质子可能被迫在一起，在极短的时间内形成一个不稳定的双质子核。然后，在这个核分崩离析前，其中一个质子会转化成中子，形成氘核。

阿特金森的想法成了一个快速发展时期的开端，这一时期很快就发展到了戏剧性的高潮。伽莫夫在欧洲待了几年，常常骑着摩托车驶入宁静的大学城，1933年，他离开了苏联。此时，他在美国乔治·华盛顿大学进行研究，对所谓的"恒星能量问题"，也就是恒星为什么会发光的问题越来越感兴趣。1938年，他组织了一次关于这个主题的会议，邀请了34位世界顶尖的天体物理学家、核物理学家和量子物理学家参加。

名单之中就包括汉斯·贝特（Hans Bethe），他这一代最聪明的理论学家之一，用伽莫夫的话说，"（贝特）对恒星内部一无所知，但对原子核内部了如指掌"。[8]事实上，在会议召开前不久，伽莫夫之前的学生查尔斯·克里奇菲尔德（Charles Critchfield）联系过贝特，克里奇菲尔德采用了阿特金森提出的两个质子聚变生成氘的反应，并进一步发挥，提出了一个完整的机制，这一机制仅仅从质子开始，通过各种步骤构建出了一个新鲜出炉的氦核。在这个过程中，克里奇菲尔德遇到了一些数学上的难题，因此向贝特求助。

贝特对这位年轻物理学家的工作印象深刻，他经过一些调整让计算变得更简洁，他们两人制作了一份烹饪氦的完整配方。它如今被称为"质子–质子链反应"。它的现代版本是这样的：

氦的配方

质子–质子链反应

第一步：两个质子碰撞，短暂地形成一个极不稳定的双质子核。

第二步：在双质子核分裂前，其中一个质子衰变成一个中子，形成一个氘核（即一个质子和一个中子），并释放出一个正电子和一个中微子。

第三步：另一个质子与新形成的氘核碰撞，形成氦3（即两个质子和一个中子），并释放伽马射线。

第四步：两个氦3核相互碰撞，形成一个氦4核（即两个质子和两个中子），两个剩余的质子飞出。

终于，我们有了氦的配方！更奇妙的是，整个过程产生了能量的净释放，因此它也是星光的配方。但有一个问题。爱丁顿曾估计，太阳中心的温度是 4 000 万摄氏度，但在这样的温度下，质子–质子链反应会进行得过快，导致太阳的亮度远高于实际亮度。克里奇菲尔德和贝特差

一点儿就解开了科学上最古老的谜团之一，但结果却发现太阳烤箱太热了，不适合他们的配方。

在华盛顿大学的这次会议上，一切都变了。在一次关于太阳内部条件的冗长而细致的交流中，贝特一下子有了兴趣。当爱丁顿计算出温度达4 000万摄氏度时，人们认为太阳和地球是由差不多相同的物质组成的。然而在1925年，才华横溢的年轻天文学家塞西莉亚·佩恩（Cecilia Payne）已经证明，太阳和恒星主要由氢和氦构成，只有相对少量的更重的元素。假设太阳是由73%的氢和25%的氦构成，爱丁顿的计算被修正后，其中心温度骤降到1 900万摄氏度（尽管这依旧非常炽热）。贝特发现，如果太阳烤箱设定在这个较低的温度上，质子-质子链反应所预测的太阳输出功率就更接近真实值了。

终于，太阳为什么会发光这个谜团被解开了。在太阳中心深处，其自身引力的压力将氢加热到1 500万摄氏度。[①] 在这种骇人的热量中，质子和电子以惊人的速度相互弹射，在无数次碰撞中，两个质子之间的距离常常足够小，从而进入量子力学的范畴，创造一次隧穿，穿过将它们分开的排斥性的电势垒，让它们结合形成氘核。由此开始，太阳缓慢但坚定地利用氢生成氦，并在几十亿年间逐渐改变自身的体积，同时释放出稳定的热流，最终从扭曲的表面爆发出来，以太阳光的形式逃逸到太空中。太阳就是一个巨大的热核熔炉。

不过，我们对氦的配方的研究还没有完全结束。会议期间，贝特意识到了有哪里不对劲。质子-质子链反应在比太阳更小的恒星上进行得很好，但把它应用到更大的恒星上时，这一反应就不适用了。

———————————

① 被接受的现代值。

以天狼星为例，它是夜空中最亮的恒星，是大犬座中一颗明亮的蓝白宝石。天狼星的视亮度是由两个因素决定的：首先，它离地球只有8.6光年多一点儿的距离，从星系的层面看，这就好像一段短途巴士旅行的距离；其次，天狼星的质量约为太阳质量的两倍，这意味着，引力的挤压力会将其中心加热到更高的温度。温度越高就代表着质子的速度越快，也就是说，它们应该可以更轻易地克服使它们分开的斥力，从而提高核聚变的速率。

但奇怪的是，尽管天狼星的质量只有太阳的两倍，但它的亮度却是太阳的25倍，这不可能用质子–质子链反应来解释。天狼星的中心一定发生了其他事情，才能让它发出如此耀眼的光芒。

贝特开始思考一种截然不同的反应。如果质子不是直接结合在一起形成氦，而是被现有的重核吞噬，这些核随后慢慢消化这4个质子，最后吐出已经完全成形的氦核，那会怎么样？问题是，是否存在一种重核，它拥有恰当的性质，能作为质子消化器而存在？

从氦开始，贝特沿着元素周期表的第一行进行研究，他逐个考虑每一种元素，然后又排除每一种元素。氦本身没用，因为没有质量为5的元素，因此，仅仅添加一个质子是没有办法走下去的。锂、铍和硼都太稀有，而且会因反应过快而燃烧殆尽，从而让恒星没办法长时间发光。然后他来到了6号元素，也就是碳。它似乎有他想要的东西。贝特乘火车回到了康奈尔，他脑子里已经有了一份解决方案的大纲。

仅仅几周后，他就想到了第二份氦的配方。它被称为"碳氮氧（CNO）循环"，它是这样的：

碳氮氧循环

第一步：质子隧穿进入碳 12 的原子核，产生一个新的氮 13 核，
然后衰变为碳 13，并发射一个正电子和一个中微子。

第二步：第二个质子进入碳 13 核，生成氮 14。

第三步：第三个质子进入氮 14 核，产生氧 15，然后衰变为氮
15，发射一个正电子和一个中微子。

第四步：最后，第 4 个质子隧穿进入氮 15 核，将其分离，形
成氦 4 核和我们一开始用到的碳 12 核。

贝特的反应几乎可以说是奇迹。通过一系列成功的碰撞，一个碳
12 核能够有效地吸进质子，并将其转化为氦。最精彩的是，在反应结
束时，你还得到了最初的碳 12 核，让整个过程再重新开始。

现在，由于碳 12 核包含 6 个带正电的质子，它的排斥势垒是氢原子
的 6 倍。因此，质子想要有机会隧穿进碳核中，就必须以极快的速度移
动，这就让这一反应对温度格外敏感。事实上，如果你把恒星中心的温
度提高一倍，CNO 循环就将释放出 65 000 倍的能量[9]，这就解释了为什
么天狼星的亮度是太阳的 25 倍，而它其实只有太阳的两倍大，温度也
仅仅略高一点儿。CNO 循环现在被认为是所有质量超过 1.2 个太阳质量
的恒星[10]的主要星光源。①

我们终于有了在恒星内部制造氦的配方，但还需要面对一个巨大的
挑战：我们如何能确知这就是太阳内部正在发生的事？

---

① 当时，由于对太阳中心温度的高估，贝特误以为 CNO 循环是太阳的主要能量源。

直到最近，我们对太阳如何将氢聚变成氦的理解是基于两方面的科学知识。从20世纪30年代起，物理学家开始使用粒子加速器向各种目标发射质子，重现汉斯·贝特和他的同事所设想的核聚变反应。这些开创性的实验为物理学家提供了一种直接方法，了解不同恒星烤箱的温度下，烹饪氦的过程应当有多快。与此同时，天体物理学家创建了更精确的理论模型，可以对恒星中心的温度做出越来越精确的估计。有了这两方面的关键知识，物理学家推断出，太阳大小的恒星主要由质子–质子链反应提供能量，而像天狼星这样较大的恒星则依赖于CNO循环。

但所有证据实际上都只是间接证据。为了确定这一点，我们需要直接观察恒星燃烧的核，亲眼看见核反应。但我们不可能看向恒星内部，对吗？当我们看向太阳（当然需要用合适的设备，千万不要直接看）时，我们能看到的只是它耀眼的表面。它的核被隐藏了起来，永远无法触及。

或者说，最初看起来是这样。事实上，直到近几十年，物理学家才终于"剥下"了太阳的外层，直视太阳的中心。在距离罗马几个小时车程的意大利深山之中，一组物理学家建造了一个巨大的探测器，耐心地观察从太阳热核炉直接向我们走来的幽灵信使。他们的目标是彻底证明，20世纪30年代末首次提出的核反应，确实就是太阳惊人能量的最终来源。

山下面的阳光

在一个盛夏，酷暑的8月，我在意大利阿塞尔吉村附近下了A24公路，驶上了一条没有路标的小路，穿过高耸的格兰萨索山脉上略低的山坡。或许是因为没有路标，也有可能是因为那天早上我为了赶上一大早去罗马的航班凌晨三点就起床了，我按习惯短暂地靠左驾驶了一段，直到另一辆车迎面向我驶来时，我才意识到我犯错了。在惊慌失措地转向，并向一脸惊恐的司机挥手致歉后，我拐过拐角，发现路上都是意大利警察。

警官聚集在格兰萨索国家实验室（LNGS）的大门外，这里是世界上最大的地下研究机构。我希望他们没有看到我古怪的驾驶行为，我小心翼翼地从聚集的警察身边经过，他们没有采取任何行动逮捕我，这让我松了一口气。尽管如此，我还是有点儿担心，地下是发生了什么事吗？我曾听说，实验室最近卷入了一些法律纠纷，一些实验可能面临关停，但万万没有想到事情有这么严重。我把租来的车停在下一个拐弯看不见的地方后，来到保安处自我介绍了一番，我想找阿尔多·伊安尼（Aldo Ianni），他是一位物理学家，同意在山里当我的向导，希望这一切不会被取消。

我在那里参观了世界上最壮观的太阳天文台。深山之下 1 500 米处的洞穴看起来似乎不像是研究太阳的好地方。但这里不是普通的天文台。我在这里看到的仪器并不是用来观测照耀的阳光的，甚至不是射电波，而是中微子。

中微子是所有基本粒子中最难以捉摸的粒子。它们几乎没有质量，也不带电荷。这让探测它们变得格外困难。大多数粒子探测器都依赖带电粒子通过电磁力与探测器的材料相互作用，产生标志性的闪光或电流。然而，中性粒子不发生电磁相互作用，因此很难被发现。正是这个原因，詹姆斯·查德威克在最终逮住中子之前，曾经历了长达 10 年的挫折和失败。即使中子没有电荷，它至少能感受到强核力，这使得它更有可能与其他原子核碰撞，让人们知道它的存在。但中微子甚至感受不到强核力。它们与普通物质直接相互作用的唯一途径是通过主宰量子领域的第三种力，也就是所谓的弱力。顾名思义，弱力是"弱"的，这意味着中微子撞击原子的概率微乎其微。

尽管这让探测中微子变得极具挑战性，但它也使中微子成了探测太阳内部机制的完美工具。在太阳的核深处，核聚变反应源源不断地产生大量光子（光的粒子）和中微子。对太阳物理学家来说，遗憾的是，这些光子与构成太阳的质子混合电子的过热气体不停碰撞，可能要花数万年的时间才能弹射到表面，到那时，它们最初携带的所有关于创造它们的核反应的信息都已经丢失了。相反，中微子则不会遇到这样的问题。对它们来说，太阳的巨大体积几乎可以完全被忽略。它们以光速逃逸到表面，这个过程只要两秒钟多一点，并在约8分钟20秒后就能到达地球。

当你读完这句话的时候，大约2 000万亿个中微子会直接穿过你的身体。幸运的是，我们并不会意识到这种"连珠炮"，因为弱核力[①]的"弱"确保了几乎没有一个中微子会撞上你身体里的原子。尽管如此，只要能捕获它们，每一个中微子其实都携带着宝贵的信息，讲述了太阳中心正在发生的核反应。

我来意大利参观的实验就是在做这件事。它被称为硼实验（Borexino），是一个装有液态碳氢化合物的巨大储罐，它被安置在格兰萨索山脉深处的山洞里。虽然实践起来极其困难，但这个实验的原理很容易理解。在前赴后继不断穿过储罐的无数中微子中，有一小部分会与电子发生碰撞，它们经过时会给电子一种冲击。当一个电子受到看不见

---

① 弱核力即弱力。——译者注

的冲击而发生反冲时，它会激发周围的液体，产生微小的闪光，而这能被储罐周围的一系列探测器捕捉到。通过计算中微子的数量并测量它们的能量，硼实验的物理学家就能实时观察太阳将氢聚变为氦的过程。

在正午的阳光下，我在保安亭旁等了几分钟后，阿尔多把车停在我面前，和我握手致意。他解释说，大量警察的到来是由于意大利财政部部长的临时访问，我们的实验之旅可以参观所有系统。为了到达硼实验的所在，我们首先得开回到A24公路，然后穿过10千米长的高速公路隧道直达山腰。我们边开车，阿尔多边介绍道，早在20世纪70年代高速公路隧道正在修建时，格兰萨索实验室的计划就提出了，三个巨大的实验厅于1987年完工。与此同时，我尽力向面露疑惑的阿尔多解释中微子物理学与苹果派有什么关系。原来卡尔·萨根在意大利并不算一个家喻户晓的名字。

格兰萨索巍峨的山峰耸立在我们的头顶上，我们穿过意大利明媚的午后阳光，进入了黑暗的山中。在我们上方是一块一千多米厚的巨大白云岩，没有它，硼实验就完全不可能进行。地球不断受到来自深空的高能宇宙射线的轰击。当它们撞击高层大气时，会产生大量带电粒子，其中不少直达地面。如果没有格兰萨索山脉作为强大的护盾，这场宇宙雪崩将完全淹没硼实验所研究的罕见的中微子相互作用，山脉几乎完全吸收了那些带电粒子，同时允许来自太阳的中微子直接通过。

我们花了几分钟穿过长长的公路隧道，随后拐进了一条更小的通道，如果你不知道这条路，很容易就会开过。我们面前就是地下实验室的入口，在阿尔多按响对讲机后，一扇巨大的不锈钢门缓缓打开。这整个过程就像进入邦德电影里反派的山洞一样。

我们把车停在一条边隧道里。一下车，扑面而来的是凉爽的空气，还有那种只有在深洞里才能闻到的特别潮湿的矿物气味。我们走了一小段路来到保安处，水从布满苔藓的隧道墙壁上滴落下来。阿尔多登记了信息，递给我一顶相当吸引人的蓝色安全帽，随后领着我穿过另一条弯曲的长隧道，接着，我们又穿过一扇钢门，进入了一个很高的洞穴。我们走进C厅，这里就是硼实验的所在，它是一个巨大的筒状拱形的混凝土洞穴，宽20米，高18米高，长100米。机器发出的低沉嗡鸣不时被有节奏的高亢声响打断，就好像一些巨大的机械蟋蟀发出的求偶声。阿尔多让我放心，这只是真空泵的声音。

在我们面前是两个巨大的圆柱形罐，每个都有几层楼高，它们是供给硼实验的复杂管道系统的一部分。在我们走向庞大的机器时，阿尔多解释说，他和同事面临的关键挑战来自自然背景辐射。我们踏足的地面、周围的物体，甚至呼吸的空气，都含有微量的放射性元素，从铀和氚到碳14都有。这些物质会持续发射α粒子、电子和伽马射线，成为一种背景。如此低的水平对我们来说无伤大雅，但对像硼实验这样的实验来说却是致命的。

尽管硼实验的装置体积巨大，但由于中微子与普通物质的相互作用很弱，它每天只能观测到几十个中微子。如此微弱的信号会被正常水平的背景辐射完全淹没，因此阿尔多和同事要不停地和系统中放射性杂质做斗争。我们头顶的巨大储罐和管道网络的任务就是不停清洁和净化硼实验储罐内的各种液体，这些液体需要经过蒸馏，然后利用高纯度氮气气泡清除放射性的污染物，最后才能进入实验。除此之外，硼实验中的每个部件的材料都必须经过精心选择、制造和测试，以产生尽可能少的放射性。这种巨大努力的结果便是，它是地球上达到的辐射水平最低的环境之一。

我们爬上一个钢制门架，来到了硼实验的一间控制室，阿尔多停下来与一位正在忙着实验的同事交谈。我不知道他们在说什么，我的意大利语水平也就勉强可以点一杯咖啡，但他的同事似乎很激动。阿尔多后来解释，用来冷却读取数据的电子设备的系统坏了，他们正在努力尽快恢复设备。当你在研究如此罕见的事件时，每天收集的数据都是非常宝贵的，硼实验的团队正在与时间赛跑。

就在几个月前，也就是2018年年底，硼实验合作组发表了一篇关于质子–质子链反应产生的中微子的综合研究，这一反应为太阳提供了99%的能量。当质子–质子链反应缓慢地利用氢生成氦时，中微子被释放，其能量揭示了中微子产生过程中所处的阶段。在对到达地球的中微子数量和能量进行了近20年细致测量之后，硼实验的科学家发现，1938年汉斯·贝特和查尔斯·克里奇菲尔德首次提出的聚变反应正在太阳中心发生，正如他们所预测的那样。

然而，谜团的一部分仍然没有解开，那就是CNO循环，在这种聚变反应中，碳逐渐吞下质子，然后吐出一个完全形成的氦核。第二个反应只产生了1%的太阳能量，这使得它更难被观测到。但回报是巨大的。如果阿尔多和他的同事能够探测到来自CNO循环的中微子，这将是对科学中最古老的谜团之一的最终验证，也就是说，我们知道了太阳为什么会发光。更重要的是，由于CNO循环被认为是质量大于1.2倍太阳质量的恒星的主要能量来源，因此实时观测它的自然过程将是一次惊人的壮举。[1]

不幸的是，2019年年初，硼实验遇到了一个出乎意料的潜在终端

---

① 2020年，硼实验合作组已经完成了这一目标，他们首次直接探测到了由太阳内部CNO循环产生的中微子。论文已发表在《自然》杂志上。—— 译者注

问题。注意，这不是一个科学问题，而是一个法律问题，这个问题可以追溯到2002年。那年夏天，人为错误导致探测器中使用的一些液态碳氢化合物泄漏到了地下水中。从那时起，实验室的环境安全标准和程序就已大大收紧，和我聊到这个问题的所有人都相信，现在类似事件的风险绝对非常小。但当地的社区关系受到了损害。就在我到访前两个月，一些环保积极分子发起了一场为期十年的坚定的运动达到了高潮，当时宣布，LNGS的三名高管将面临刑事起诉。这一案件的另一个后果是，所有新的实验工作已经被暂停，硼实验可能将在不到两年的时间内关闭。①

因此，他们是在和时间赛跑。研究人员心中的一个大问题是，两年的时间是否足以观测到来自CNO循环的中微子。CNO中微子的稀有性意味着，要想有机会发现它们，硼实验的团队必须将放射性背景控制在前所未有的低水平。

我们继续沿着洞穴地面上方几米处的门架走，经过控制室，朝实验大厅后面走去。机器发出的噪声越来越响，直到我们终于走到了硼实验的面前，它是一个17米高的半球形储罐，上面覆盖着银色绝缘箔，它们在人造光下柔和地闪烁着光芒。在顶部，一圈圈蓝色的管道环绕着它直径达18米的一周。整个场景看起来就像是19世纪所想象的某些版本的外星飞船。阿尔多告诉我，这种闪亮的隔热层和蓝色的管道是最近才加上去的，希望这能让观测CNO中微子成为可能。

早在20世纪90年代，当硼实验首次被提出时，没有人认为它有机会观测到来自CNO循环的中微子。因为这种信号太弱了，而辐射背景又太高了。但最近几年，研究团队意识到，地下环境的一种独有的特征

---

① 截至2021年，硼实验合作组仍在继续运转。但有新闻报道称实验将在不久的将来关闭。——译者注

或许有机会使它成为可能。

周围的山岩使硼实验所在的洞穴底部保持着约8摄氏度的恒定温度。事实证明，这比储罐顶部17米高的平均温度要低。由于热升冷降，结果便是，硼实验内的液体几乎是完全静止的。关键在于，这样就能让任何从储罐内球形尼龙容器中渗出的放射性污染保持在它原本的位置上，而不会和用于检测中微子的液体混合。新的隔热层和蓝色水管的任务是尽可能维持稳定的温度，这反过来会阻止内部液体流动，这可能，仅仅是可能，将给硼实验一个战斗的机会，发现太阳制造氦的最后一个缺失的反应。

我们爬下楼梯，来到高耸的探测器脚下的平台。这是迄今为止我见过的最奇怪的天文台，它像一位沉默寡言的巨人，深藏在山之下，耐心地等待来自太阳中心的幽灵使者的低语。当我们离开C厅回到车上时，我问阿尔多，在他看来，在硼实验结束前观测到CNO循环的概率有多大。他斜着眼看我。"我们拭目以待……我觉得，今年年底前。"

在我去意大利旅行的两周前，我和被亲切地称为"硼实验之父"的詹保罗·贝里尼（Gianpaolo Bellini）打了一通网络电话，他正在位于意大利乡村的度假别墅里。虽然现在已经年过八旬，也已经退休了（至少据官方说法是这样），但他仍然对他在20世纪90年代初首次设想的实验所取得的成功充满了热情和喜悦。最后，捕捉到CNO循环将是他漫长职业生涯的甜蜜结尾，也是对不懈地努力完善天文台的优秀团队的一种奖励。一旦硼实验在两年之内下线，就没有具有类似功能的新探测器在进行研究了。如果硼实验没有观测到CNO循环，或许就没人看到了。

那天晚上在我住的酒店，我本想开车上山去看日落，但最后我放弃了，我累了，是时候喝杯啤酒，吃块比萨饼了。你看过一次日落，你就知道了所有日落的样子，而且在任何情况下，中微子都和阳光不一样，当太阳落下，中微子也不会被阻挡，它们仍然一成不变地强势穿过地球。当我坐在酒店的阳台上，在越来越暗的光线下喝着啤酒时，我试着想象有一股无形的中微子洪流，无数强大的中微子正流过我的身体，这是它们从太阳中心到太空深处漫长旅程中的短暂一刻。

第 6 章

星尘

碳的配方 / 微妙的平衡状态 / 恒星的一生

　　自从我第一次乘火车到父母家，开始执行将吉卜林先生的布拉姆利苹果派分解成化学元素的任务以来，已经过去了几个月的时间。我把这些密封试管里的产物放在家里的桌子上，提醒自己，不管我们对粒子物理学那个陌生且抽象世界有多么深入的了解，我们最终还是在追寻普通物质的起源。它们研究起来也非常有趣。

　　我最喜欢的是苹果派烧焦后留下的炭块，它们坚硬而凹凸不平，黑乎乎的，还有能反射光线的小块反射面。在所有元素中，碳一定是最有魅力的。从木炭到钻石，它多元而迥异的形象使它成了元素周期表里的大卫·鲍伊（David Bowie）[①]，但它真正的神秘性来自它作为生命的关键

――――――――――――

① 英国音乐家、制作人，他的形象和风格十分多变。——译者注

组成部分的角色。从苹果树到吉卜林先生本人①，所有生物都是由包含碳骨架的分子构成的。

组成那一小块炭的原子确实很古老。它们是在很久很久以前，在第一个生物出现之前，在地球形成之前，甚至在太阳第一次闪耀光芒之前，在宇宙某个遥远的地方被锻造出来的。问题是，在哪里呢？

我们已经朝着苹果派中元素的配方迈出了第一步。多亏了天文学家和物理学家一个多世纪以来的研究，我们知道，像太阳这样的恒星是巨大的热核炉，数十亿年来用氢烹饪氦。如果恒星可以利用氢制造氦，那么它们或许也能制造更重的元素。因为一个普通的碳核是由6个质子和6个中子组成的，所以制造一个碳核应该是将三个氦核结合在一起的简单过程。

事实上，汉斯·贝特在1939年发表他有关恒星发光的著名论文时，就提出了这个想法。然而，他遇到了和亚瑟·爱丁顿在首次提出太阳可能通过聚变氢形成氦来提供能量时遇到的一样的问题，那就是，恒星似乎不够热。正如我们在上一章里所看到的，让两个质子聚变意味着要找到一种方法来克服两个带正电的粒子之间巨大的电斥力。伽莫夫、豪特曼斯和阿特金森为这种情况提供了解决方案，他们证明量子力学允许质子发生量子隧穿，通过核堡垒周围的墙壁，从而允许聚变在太阳和恒星中心的那种温度下进行。

不幸的是，使三个氦核结合在一起生成碳则更具挑战性。氦核的电

---

① 至少我原本是这么以为的。事实证明吉卜林先生根本就不存在。他是一个冒牌货，一个骗子，就像《绿野仙踪》或者罗纳德·麦当劳（Ronald McDonald），是由品牌顾问为了销售烘焙食品在20世纪60年代创造出来的。即便如此，品牌顾问仍然是碳基的生命形式（我的兄弟就是其中之一），所以这一点仍然成立。

荷是+2，这意味着三个氦核之间的排斥力远强于氢核。汉斯·贝特意识到，要让氦聚变，需要数亿甚至数十亿度的温度，这远高于任何人想象的恒星内部可能存在的温度。

但是如果恒星炉的温度不足以烹饪重元素，那么这些重元素来自哪里呢？乔治·伽莫夫和他的博士生拉尔夫·阿尔菲（Ralph Alpher）在1948年提出了一个大胆的想法。如果排在氢之后的元素不是由恒星产生的，那么可以想到的足够热的熔炉只有另一种了，那就是宇宙黎明时期的原始火球。

自20世纪20年代起，宇宙起源于大爆炸的观点开始得到广泛的支持，当时，天文学家发现宇宙似乎在膨胀。如果把时间往回拨，这就意味着，宇宙在过去一定更小。如果你回溯到足够遥远的过去，就会发现一切曾被挤压成一个点。

根据伽莫夫和阿尔菲的理论，数十亿年前，整个宇宙被浓缩成一个微小且超乎想象地炽热的团，其中充满了过热的中子气体。由于某些未知的原因，这个小团开始迅速膨胀，随着它不断变大并冷却，中子不停地相互碰撞，在疯狂的核反应中形成一个接一个的元素，从氢开始，一直沿着元素周期表走下去。

不幸的是，人们很快就发现，这个理论有一个致命的缺陷。自然中没有质量为5的化学元素。这意味着，一旦你制造出了氦（质量为4），这条路径就被阻断了。在氦中加入另一个中子会导致核变得极其不稳定，在大约一仄秒[①]的时间里解体，这一时间对于另一个中子来说太短了，完全没有机会撞击它，并形成质量为6的核。想要跨越质量为5

---

① 即10^{-21}秒。——译者注

的鸿沟，一种方法或许是让两个氦核碰撞，形成质量为8的原子核，但是，由此产生的原子核的寿命也非常短暂，大约只有0.1飞秒[1]，因此也没有足够的时间跳到下一个质量为9的稳定元素上。

伽莫夫和阿尔菲的大爆炸设想已经彻底失败了。但我们确实生活在一个有碳、氧、铁和铀的宇宙中。它们一定是从什么地方来的，但是到底从哪里来的呢？

幸运的是，就在伽莫夫和阿尔菲在美国研究他们的理论的同时，一位来自英国的年轻理论物理学家弗雷德·霍伊尔（Fred Hoyle）也被相同的问题困扰着。

碳的配方

弗雷德·霍伊尔是20世纪最有影响力，也是最具争议的天文学家之一。他出生于英格兰北部的约克郡，来自一个以卖羊毛为生的贫穷家庭。他在迷上科学之前经常逃课，直到他从当地图书馆借了亚瑟·爱丁顿的书《恒星与原子》（*Stars and Atoms*），后来，这两门学科将主宰他的一生。在很大程度上，多亏了一位敬业的老师的不懈努力，弗雷德获得了剑桥大学的奖学金，并"歪打正着"地最终成了已知宇宙中最伟大的量子物理学家保罗·狄拉克（Paul Dirac）的博士生。20世纪30年代中期，狄拉克相当不愿意当导师，他给了霍伊尔一条改变一生轨迹的建议：物理学的辉煌时代已经结束了，量子革命已经完成，而取得新突破的时机尚未成熟，如果这个野心勃勃的年轻人想在科学上有所建树，他

---

[1]　即10^{-16}秒。——译者注

应该去别处看看。于是，弗雷德·霍伊尔把注意力转向了恒星。

在霍伊尔漫长而不拘一格的职业生涯中，他一向以叛逆且有时古怪的科学观点而闻名，并且出了名的喜欢和其他学者激烈争论，同时他还是一位才华横溢的科幻作家，包括为英国广播公司（BBC）创作了红极一时的电视连续剧《仙女座》（*A for Andromeda*）。如今，他或许是最著名的大爆炸理论的坚定反对者，他认为大爆炸理论是伪科学，因为这个理论无法解释最初到底是什么导致了大爆炸的发生。①

然而，尽管霍伊尔制造了各种喧嚣和愤怒，毫无疑问的是，他是一位杰出的科学家。事实上，他成功的一个关键因素是，他同样愿意反对有时给他带来麻烦的正统思想。对霍伊尔来说，"有趣但错误总比无聊且正确好"[1]。但是有一个主题后来被他证明，既有趣又正确，这就是化学元素的起源。

1944年年末，霍伊尔有机会离开被阴霾笼罩的战争中的英国，前往美国参加一场雷达技术会议。在美国期间，他趁机拜访了加利福尼亚州的威尔逊山天文台，并在返回帕萨迪纳时搭上了那个时代最伟大的观测天文学家瓦尔特·巴德（Walter Baade）的顺风车。很快，巴德和霍伊尔就开始聊起已知宇宙中能量最强的爆发事件，也就是超新星。这些剧烈的恒星爆炸会在很短时间里释放出比一个星系中数千亿颗恒星加起来还要多的能量。那时，没人能解释超新星惊人能量的来源，但霍伊尔在蒙特利尔等待回家的航班时遇到了一位前同事，他的大脑开始飞速思考起来。

这位前同事名叫莫里斯·普赖斯（Maurice Pryce），是一位英国物

---

① 霍伊尔在1949年接受BBC的一次电台采访时提出了"大爆炸"一词。一些人说这个词的本意是一种羞辱，但霍伊尔坚称他只是想勾勒出一番引人注目的景象。

理学家，在同年早些时候，普赖斯从霍伊尔所在的朴次茅斯的雷达局神秘消失了。尽管普赖斯和他的同事在蒙特利尔所做的事情是严格保密的，但关键性的核物理学家出现在了乔克河实验室附近，让霍伊尔不禁怀疑，他们正在研制原子弹。

在交谈中，霍伊尔发现了有关他们正在研究的问题的一点线索。他们的目标是设计一种使用放射性同位素钚239作为核爆炸物的炸弹。为了引发核连锁反应，乔克河的科学家和工程师试图找到一种方法把钚球挤压至自身内部，换句话说，就是制造内爆。如果钚内爆得足够快，就会产生难以控制的核反应，释放出比爆炸大得多的巨大的破坏力。[①]

回到英国后，霍伊尔开始好奇，想要知道一种类似的过程是否有可能是超新星爆发的原因。随着恒星年龄的增长，它逐渐将其中的氢燃料燃烧殆尽，直到最后，整个核都转变成了氦。霍伊尔意识到，如果失去保持恒星膨胀的热源，它的核就会在自身引力的压力下开始坍缩。当恒星内爆时，这口巨大的引力井将转化成热能，使恒星中心的温度急剧上升，最终导致超乎想象的剧烈爆炸，也就是超新星爆发。大约一年后，霍伊尔计算出，一颗正在坍缩的恒星原则上可以产生超过40亿摄氏度的高温，这比任何人之前想象的都要高出数百倍。也许，只是也许，恒星就是制造化学元素的宇宙炊具。

1945年，霍伊尔从战时的工作中脱手，回到了剑桥，回归天文学界。尽管他已经提出了关于元素如何在坍缩恒星中形成的理论，但有许多细节仍需解决，而且如果没有从氦到较重元素的具体配方，这个理论就会像伽莫夫和阿尔菲的理论那样注定失败。

---

① 1945年7月16日，一枚钚内爆弹在新墨西哥的沙漠中试验成功。几周后，8月9日，另一枚钚弹在日本长崎市爆炸，造成39 000~80 000人死亡。

回到贝特在1939年发表的关于核聚变的开创性论文，霍伊尔突然有了一个想法，他想重新用到所谓的"3氦过程"，也就是三个氦核结合形成一个碳12核的反应。贝特最初没有考虑这一反应，原因有两个：首先，它需要极高的温度，超过了任何恒星所能达到的温度；其次，三个氦核在同一个瞬间相互碰撞的概率微乎其微。

霍伊尔对坍缩恒星的研究已经排除了第一个反对条件，他认为他也可以找到一种克服第二个反对条件的方法。如果两个氦核先碰撞形成一个铍8核（4个质子和4个中子），然后再被第三个氦原子撞上，生成碳12，那会怎么样？先等等，我们不是已经说过没有质量为8的稳定元素了吗？这是真的。铍8在分裂成两个氦核之前，仅仅能存活0.1飞秒。但霍伊尔意识到这可能并不是一个无法克服的问题。在一颗温度和密度合适的恒星中，会有足够多的氦原子核相互碰撞，从而制造出足够的铍8来抵消它们不断分裂的事实。这种创造与毁灭的平衡意味着，即使单个原子核的存在如此短暂，在恒星内部也能始终存在稳定浓度的铍8。

问题是，在任何时候都会存在足够多的铍8，从而使得合适数量的铍能被另一个氦击中并产生碳12吗？1949年，霍伊尔把这个问题交给了他的一位博士生。如果答案如他希望的那样出现，那么元素周期表中所有元素的聚变之门就会打开。

不幸的是，事实证明，把这个问题交给那位学生是一个大错。大约度过了2/3的研究历程后，这位学生受够了，也投降了。我自己经历过三年过山车一般的生活，伴随着孤独、困惑和挫折，这就是现代博士研究。在这三年里，我和一位朋友经常幻想去开一家面包店，因此我完全可以理解这位学生。问题是，根据剑桥相当过时的制度，霍伊尔将问题不可撤回地"送给"了这位学生，除非这位学生注销他的博士研究生学籍，否则霍伊尔无法自己解决问题。

对霍伊尔来说不幸的是，在5 500英里外阳光明媚的加利福尼亚州，汉斯·贝特团队年轻的博士后埃德·萨尔皮特（Ed Salpeter）也在思考同样的问题。1951年夏天，萨尔皮特从纽约州北部的康奈尔大学公休①，与来自俄亥俄州身材魁梧、性格外向的威利·福勒（Willy Fowler）一起在加州理工学院凯洛格辐射实验室工作。福勒当时已经以"实验天体物理学之父"的身份为人所知，他在实验室里利用粒子加速器再现了为太阳和恒星提供能量的反应。而萨尔皮特是一位急需数据的理论学家。尤其是，他需要知道铍8核的精确能量。他来对了地方。

幸运的是，福勒的团队已经完成了萨尔皮特需要的测量工作。战争结束后不久，他们用质子加速器将铍9核击碎，短暂地制造出了铍8，随后铍8很快分裂成两个氦核。福勒将从碰撞中呼啸而出的两个氦核的能量相加，就能准确地测出铍8的能量。让萨尔皮特高兴的是，它几乎拥有恰到好处的值来大幅提高3氦过程的速率。更重要的是，萨尔皮特清楚地认识到，氦与碳12的聚变可以在比以前想象的低得多的温度下进行，所需的温度从几十亿度降低到了数亿度。

回到剑桥，霍伊尔读到了萨尔皮特关于氦聚变的论文，他越来越沮丧。你几乎可以想象得到，他猛捶桌子，诅咒剑桥陈旧的规章制度。他真的被萨尔皮特和福勒这对充满活力的二人组刺激到了。不过，霍伊尔并没有绝望地就此放弃，而是将愤怒转化为一种新的决心，这一决心很快就会带来丰硕的成果。

1952年年末，霍伊尔受邀在次年春天前往加州理工学院授课。这

① 许多大学允许教师每隔一段时间选择暂停日常工作，前往其他学术机构进行短期研究或旅行。——译者注

样一来，战后英国的阴沉和定量配给就变成了加利福尼亚州南部沐浴在阳光中的橙子果园，这样的景象太诱人了，而且霍伊尔在1944年的美国之行中已经尝到了美好生活的滋味。在准备授课时，霍伊尔回顾了萨尔皮特提出的反应，并逐渐意识到其中存在严重的问题。

一旦在恒星内部制造出了碳12，它几乎会立即撞击到另一个氦核中，生成氧16。这本身不是问题，毕竟氧是一种宇宙的重要组成部分，但问题是，反应速度太快了，几乎不会留下任何碳来制造生物（或者苹果派）。作为碳基生命形式存在的霍伊尔此时此刻能思考这些问题，这一事实已经表明，一定还有其他过程在起作用，它们阻止了所有碳被燃烧殆尽。

霍伊尔想到的解决办法既巧妙又绝对大胆。他发现，只有当碳12核具有某种非常特殊的性质时，它才能在恒星内部形成。

现在，就像原子中的电子一样，原子核内的质子和中子可以以各种不同的状态存在，这些状态被称为能级。你可以把这些能级想象成一家大型多层酒店里的房间。当原子核处于最低的能量态时，质子和中子会填满离一楼最近的房间，只有在楼下没有空房的情况下，它们才会占据更高楼层的房间。但如果你猛击一个原子核，或许是向它发射伽马射线，质子和中子就会进入激发态，也许可以这么类比：酒店前台发生了火灾，所有住客都惊慌失措地跑上楼，最后住进了更高楼层的房间。无论如何，在一个原子核中，有一组定义明确的激发态，它们是由质子和中子之间的作用力以及量子力学定律决定的。

霍伊尔发现，如果碳12中有一个激发态的能量与一颗恒星内铍8和氦核之间典型碰撞的能量相同，碳12的生成速率就会被大幅提升，其数量就能远超过之后生成氧16反应所需的数量。他甚至能计算出这种特殊状态的能量，它需要非常接近 7.65 兆电子伏特（MeV）[1]。

当霍伊尔来到加州理工学院时，他非常希望和威利·福勒聊聊他发现的特殊的碳状态。但当霍伊尔想在为他安排的酒会上强迫福勒听听他的想法时，福勒并不想谈工作，这使得霍伊尔只能和加州理工学院的其他教员闲聊。然而，霍伊尔是一个带着任务来的人，第二天，他没有提前打招呼就径直闯进了福勒的办公室，要求他们放下手头的工作，用粒子加速器寻找他所预测的激发态。[2]

往轻里说，福勒对此持怀疑态度。这个操着陌生口音的好笑的小个子男人大胆地宣称他能预测原子核的能级，即使是当时最优秀的核物理理论学家也做不到这一点。霍伊尔的说法显然有些荒唐，他显然对核物理一无所知，而且，他们已经测试过了碳 12 的能级，并没有发现霍伊尔设想的那些状态的迹象。福勒对他不屑一顾，但霍伊尔就是不肯罢休，最终设法攻破了一位初级博士后沃德·惠林（Ward Whaling），并说服他再看一下。

做实验是一项严肃的任务。除了在实验室制造核反应所带来的常见技术挑战之外，为了让实验顺利进行，惠林和同事不得不在一条狭窄的走廊上操纵一台重达数吨的谱仪，让它在由数百个网球组成的底座上移动，一群本科生需要快速地把球从后面运到前面。实验在凯洛格实验室昏暗的半地下室进行，霍伊尔焦急地看着，周围是电缆和呼呼作响的机器。他后来写道，他感觉自己像是一名受审的被告，但和罪犯不一样，他并不知道自己是无辜的还是有罪的。[3]

几天紧张的等待过去了，仍旧颗粒无收，霍伊尔一次又一次地来到

———————

[1] 一兆电子伏特（MeV）就是当你用 100 万伏特的电压击中一个电子时，电子所获得的能量。

闷热狭窄的地下室，每天晚上，他都会回到加利福尼亚的空气中缓一口气。[4]他敏锐地意识到，如果他让惠林和团队陷入了一场白费力气的追逐，他最后看起来会有多么蠢。然而，经过大约两周的艰苦工作，惠林给了他一个非同寻常的结论：他们发现霍伊尔认为的碳12激发态确实如他所说的那样。包括霍伊尔在内的所有人都惊呆了，特别是福勒，他对这位来自英国的死缠烂打的小个子男人一直非常怀疑，但他被霍伊尔的成果彻底打动了，于是他安排第二年前往大洋彼岸，要与霍伊尔一起在剑桥进行研究。

霍伊尔兴高采烈地回到了家。几个月后，惠林发表了他的结果，他把霍伊尔的名字放在了第一作者的位置。鉴于霍伊尔在做实验时并没有实际参与，这是一种巨大的肯定。霍伊尔静下来后，他对这种使宇宙中生命存在成为可能的不稳定状态感到一丝敬畏。除了碳12这种赋予生命的特殊状态外，他还发现，如果氧16具有能量为7.19 MeV[5]的类似状态，那么恒星内部产生的所有碳都会立即被转化为氧。当他查阅氧16核的性质时，他发现了一个非常接近危险范围的状态，其能量是7.12 MeV。与之类似，如果铍8是稳定的，不会立即分裂成两个氦核，那么氦将燃烧得十分剧烈，从而使得恒星在能够聚变出相当数量的碳或者任何其他重元素之前，就把自己炸得粉身碎骨。

宇宙中的生命似乎处于一种非常微妙的平衡状态。只要把铍、碳或氧中的任何一种状态朝着错误的方向移动一点点，你就会得到一个不存在碳的宇宙，也就是一个没有生命存在的宇宙，或者至少是没有我们所知的生命的宇宙。这就好像某个伟大的宇宙工匠精心安排了各种元素微妙的核属性，让足够多的原子能够在恒星内部被锻造出来，随后喷射到整个宇宙中，再通过数十亿年间一系列的随机偶然事件聚集在一起，形成一种会行走、能谈论原子的集合，这些原子集合还会花一些时间思考它们是如何走到这一步的。换句话说，核物理学似乎为了生命的出现进行了微调。

如果你觉得这一切有些令人不安，你绝对不是一个人。微调是当代物理学中最具争议的话题之一，原因显而易见。一旦你接受了这个前提，几乎就不可避免地会被引到一些相当"不科学"的想法中，比如神、多元宇宙、巨大的宇宙模拟等。（整个话题稍后会再次出现。）

请暂时抛开任何存在主义的担心，我们已经到了从头开始做苹果派的重要时刻。我们终于找到了我在车库实验中的两种主要产物的配方。首先：

—— 碳的配方 ——

3 氦过程

第一步：在恒星内部深处让两个氦核撞击，形成一个极不稳定的铍 8 核。

第二步：现在，快，我指的是在大约 0.1 飞秒的时间里，发射另一个氦核，然后祝自己好运。

第三步：如果你够幸运，氦核会在铍 8 自发分裂之前与它发生聚变，在弗雷德·霍伊尔的特殊激发态下产生一个碳 12 核。

第四步：是时候再次祝自己好运了。有些情况下，被激发的碳 12 核会再次分裂，留下三个氦核。但如果运气好一点儿，激发态会通过发射两条伽马射线而退激发，给我们留下一个新制造出的传统的碳 12 核。

借助这个配方，我们可以跨越周期表中质量为5和8的巨大缺口，让我们从质量为4的氦，一路来到质量为12的碳。由于我们身后存在着之前无法逾越的鸿沟，我们可以将从碳到铀的所有化学元素聚变在一起。下一站近在眼前，它就是氧16，到达那里的方法非常简单：

———— 氧的配方 ————

氦核作用

第一步：取一个新鲜出炉的碳12核，用氦4核撞击它。

第二步：瞧！氧16（外加一点儿多余的伽马射线形式的核能）。

有了这两种配方在手，我们终于可以做苹果派的两种主要原料了。当然，我们还没有弄清楚这些反应究竟是如何发生，又是在哪里发生的。虽然霍伊尔有充分的理由怀疑，碳和氧是在耗尽了氢的恒星内部产生的，但关于这一过程如何发生以及为什么发生的故事，可谓错综复杂、戏剧性十足，而且完美无缺。更重要的是，化学元素的恒星起源还远未确定。世界各地的天文学家仍在继续思考和探索宇宙的最深处，寻找着构成我们世界的成分的那些恒星炉。

恒星的生命

阿帕契点天文台白色的圆顶矗立在萨克拉门托山脉一个高耸的山头上，周围是散发着香气的松树和冷杉。山脊向西一直穿过茂密的森林，延伸到一英里之下的图拉罗萨盆地，以及白沙国家公园眼花缭乱的石膏小丘。19世纪中叶，这里是传说中的旧西部，阿帕契部落占据着一片广阔而肥沃的山谷，直到他们被美国牧场主取代，牧民们在这里过度放牧，将土地变成了干旱的沙漠。如今，新墨西哥州这个角落的大片土地都成了美军的靶场，而西北部的山脉后就是1945年7月世界上第一颗原子弹被引爆的地方。

阿帕契点的望远镜被用来观测那些距离更远、威力更大的核火球。天文学家从山上的这个视野宽阔的绝佳地点，观测银河系中数十万颗恒星发出的光，并试图揭开我们这个星系的演化历史和化学元素的起源。

我从阿拉莫戈多的汽车旅馆出发，从沙漠向东爬上了群山，经过克劳德克罗夫特可爱的村庄，穿过高大的针叶林，一路向上。当我靠近天文台时，一块警示牌警告我不应该在夜间驾驶汽车。当天文学家观星时，汽车大灯的眩光是他们最不想见到的东西。

下午三点，我在单层的控制大楼前停了下来。我在那里见到了凯伦·杵鞭（Karen Kinemuchi），她是阿帕契点的一位专业观测人员，她慷慨地同意让我在下一次夜班的时候来陪她工作。我在巨大的2.5米口径的斯隆望远镜的观测平台上发现了她，这台望远镜危悬在下方山坡的一个陡坡上，她正在和一位同事一道解决一处电气故障。

她微笑着和我握手致意，并率真而骄傲地比画了个手势，展示着盆地到远处圣安德烈山脉的壮观景色。对于日常上班来说，这个地方确实棒极了。在欣赏了几分钟美景后，我打开了话匣子，开始聊天气，这对英国人来说非常自然。阳光明媚，但西南方有一层朦胧的云层，尽管天气预报说白天晴朗，晚间月明星稀，但整个下午云层一直在形成。不过，凯伦似乎并不太担心。这台望远镜利用红外光扫描天空，只要云层不是特别厚，它就可以轻松地透过云层观测。无论如何，我们到了控制室就可以查看雷达图。

我造访阿帕契点的灵感来自几周前我和另一位天文学家的网络通话。俄亥俄州立大学的天文学教授詹妮弗·约翰逊（Jennifer Johnson）正利用斯隆望远镜的数据研究不同的恒星过程是如何在周期表中锻造90多个自然产生的元素的。这是一个引人入胜又相当复杂的故事，尽管自从埃德·萨尔皮特、弗雷德·霍伊尔和沃德·惠林于20世纪50年代初解开了碳的配方以来，这一领域取得了诸多进展，但故事仍在续写。

詹妮弗坐在俄亥俄州哥伦布的办公室里，周围都是图书和天文收藏品，她兴高采烈地向我讲述了我们对化学元素起源的最新理解，在说到她和同事遇到的一些特别棘手的挑战时，她常常会突然笑起来。她研究的主题被称为"恒星核合成"，也就是恒星中原子核的诞生，这一领域的基础可以追溯到霍伊尔在1953年对加州理工学院的访问。霍伊尔对碳的起源的魔术师一般的预测，让核物理学家兼凯洛格辐射实验室的负责人威利·福勒大吃一惊，并决定在剑桥度过之后的一年。在那里，他遇到了天文学界的颇具实力夫妇玛格丽特（Margaret）和杰弗里·伯比奇（Geoffrey Burbidge），这三位天文学家和霍伊尔组成了一支强大的四人团队。

1957年，他们的合作带来了天体物理学历史上最重要的论文之一。这篇论文因4位作者的名字常被通俗地称为 B^2FH，它是一本核烹饪书，里面列出了一个复杂的反应网络，它可以在各种不同的恒星炉中产生自然界中几乎所有元素。然而，恒星和普通厨房烤箱之间的关键区别在于，恒星的能量来自核烹饪的过程本身，而恒星内部不断变化的化学成分最终决定了它的演化，决定了它诞生于一团坍缩的尘埃和气体中，到壮观的垂死挣扎，这一整个过程。

根据 B^2FH 的说法，宇宙中没有任何一个地方可以制造出所有化学元素。相反，存在一系列不同的恒星熔炉，每一个熔炉都用不同的化学元素丰富着星际空间。像我们的太阳这样的小型恒星，会在外层慢慢剥落中死亡，巨大的恒星则会在壮观的超新星爆发中自我毁灭，而白矮星是死亡恒星的外壳，这些恒星从它们的伴星身上吞下太多气体后发生了猛烈爆炸。

詹妮弗的任务是尝试将所有这些不同的过程整合在一起，创建出元素起源的完整图景。她在研究过程中制作了一张用漂亮的颜色区分的元素周期表，其中每个化学元素都被涂上了颜色，它的颜色取决于我们目前认为它来自哪里。[6]不同颜色分散在表中，许多元素被涂上了不止一种颜色，让我们看到我们赖以生存的物质漫长、多样而相互关联的演化历史。

但是在我们介绍一些硬核的恒星物理学前，让我们缓一缓，想想我们是如何了解恒星的。1835年，法国哲学家奥古斯特·孔德（Auguste Comte）[7]宣称，我们永远不会知道恒星是由什么组成的。现在，说"我们永远不会知道什么事情"真的只是自找麻烦，你只会被证明是错的，但另一方面，考虑到恒星离我们是那么遥远，这也并非一个毫无根据的说法。你不可能突然到一颗恒星上去取样。但在短短的几十年里，由于一项革命性的新技术，也就是光谱学的意外出现，可怜的老孔德颜面尽失。

光谱学诞生于一个重要的发现，也就是不同化学元素会吸收和发射特定颜色的光，或者更严格地说，是特定频率的光。如果你在学校学过化学，那你可能曾经把金属粉末扔进本生灯的火焰中，那会产生一种短暂而鲜亮的彩色火焰。例如，锶能让火焰变成深红色，而铜能产生一种浅淡的绿色。焰火的颜色其实就来自相同的效果。某种元素吸收和发射的一组频率是这种元素独有的，它就像一种独特的指纹一样，可以用来辨别元素在本生灯火焰或者烟火中的存在，实际上，它也可以用来辨别这种元素在遥远恒星的炽热大气中的存在。[①]

如果你用棱镜把阳光分解成彩虹光谱，非常仔细地观察，需要用到显微镜的那种观察，就会发现彩虹带上布满了暗线，和条形码没什么两样。这些暗线直接对应着太阳上层大气中的化学元素，这些元素吸收了来自它下面发光表面的光。光谱学的发现令人耳目一新，它改变了我们对天空的理解，这是自17世纪初望远镜发明以来前所未见的，它也预示着天体物理学的诞生。

阿帕契点的斯隆望远镜正是利用这一技术，破译着隐藏在星光中的密码，揭示了银河系中恒星的组成。那天下午晚些时候，当太阳开始缓缓向圣安德烈斯山脉下沉时，凯伦给我指了指望远镜平台下方的一间小房间，那里有一台被称为阿帕契点星系演化实验（APOGEE）的仪器。成束的光纤电缆直接把APOGEE和上面的望远镜相连，它可以同时分析来自1 000多个目标的光，让哥伦布的詹妮弗这样的科学家能弄清恒星是由什么构成的。

控制室里，凯伦被一排屏幕包围着，屏幕上显示着当地的天气图、

---

① 不同的化学元素吸收和发射光的特征频率的原因来自原子的量子结构。正如我们在第3章里讨论的，电子以离散的、量子化的能级围绕着原子核运行，这是每种化学元素所特有的。当电子使量子跃迁到不同的能级时，它必须吸收或者发射光子，而光子的能量一定等于两个能级之间的能量差。为了跃迁到更高的能级，电子必须要吸收一个光子，而当降到更低的能级时，它会发射一个光子。既然光子的能量直接取决于它的频率（更高的频率＝更多的能量），因此给定的原子将吸收和发射特定频率的光子，这种频率就和它独特的能级塔的排列相匹配。

望远镜的实时数据以及各种监测其性能的图表，凯伦向我详细解释了夜班的安排。斯隆望远镜由两位天文学家操作，这两人分别被称为"温暖观测者"和听起来不太妙的"寒冷观测者"。温暖观测者的工作是将望远镜指向一系列目标恒星和星系，同时确保它的性能符合预期，所有这些工作都是在相对舒适的有暖气的控制室中进行的。与此同时，没那么走运的寒冷观测者不得不多次往返于冰冷的黑暗中，更换直接插入望远镜底座的150千克重的暗盒，每个暗盒装有一个金属盘，它起到星图的作用，在目标恒星或星系的位置会钻有数百个孔，望远镜连接着光纤电缆，将星光的数据传送到APOGEE仪器上。

今晚，幸运的凯伦是温暖观察者，但即使待在室内，值夜班也是一项艰巨的任务。在之前一次轮班后，她早上7点才上床睡觉，下午1点起床，开始为下一晚做检查。直到日出之后，她才能回到小屋再睡一会儿。现在是11月下旬，随着冬天临近，夜班只会变得更长、更暗，也更冷。

回到外面，当我们朝望远镜走去时，我犯了一个错误，我想问一个略长且复杂的问题，但很快就发现自己在大口喘气。当我回过神时，凯伦揶揄一笑。阿帕契点的海拔近3 000米，那里的空气比我通常习惯的要稀薄25%。在这里，你要么走路，要么说话，但"鱼和熊掌，不可兼得"。

此时，太阳已经低垂在远处的群山处，一种明显的寒意在空气中弥散开来。下午早些时候引起一丝担忧的云层正在消散，在淡蓝的夜空下，只有几缕余晖发出橙粉色的光芒。这会是一个美丽而明朗的夜晚，对观星来说非常完美。

检查了一番望远镜之后，是时候打开它了。只需按下一个按钮，在一阵短促的警报声后，遮蔽着望远镜的巨大白色建筑物开始沿着一组轨道向后滑动，直到望远镜独自立在宽阔的平台边缘，它和风景之间没有任何东西存在，天空就在上方。然后，它的巨大管筒缓慢而安静地向天空方向升起，在一个意想不到的戏剧性时刻，保护罩像花瓣迎接太阳一样打开。

我发现自己几乎被这一幕震住了。广袤的风景和头顶上鲜艳的色彩，从橙色到粉色，再到深蓝和墨黑，金星和木星的璀璨亮点追逐着太阳，在太阳走向地平线的轨迹上移动，在天空之下是一台无声的望远镜，它伸进寒冷而稀薄的空气中，向上凝视着逐渐变暗的天空。这一定是最浪漫的科学。就连曾无数次地目睹过这一幕的凯伦也对我说，这种魔力永远不会消失。

当她回到控制室准备第一次观测时，我在外面多待了一会儿欣赏日落。渐渐地，星星开始一颗接一颗地出现，每颗星都有自己的故事、自己的过去和未来。按照人类的标准，恒星的寿命长得难以想象，随着岁月流逝，它们大多微不可察地变化着。幸运的是，银河系为我们提供了数亿颗恒星供我们研究，让天文学家得以了解它们在不同的演化阶段如何生存和死亡。

恒星的寿命受发生在核深处的核过程主导。以我们的太阳为例，正如我们发现的，太阳目前正在将氢聚变成氦，这个过程还将持续50亿年。然而，它不会无限期地继续下去。太阳会一点儿一点儿地燃烧尽其中的氢，同时核中的氦变得越来越丰富，就像壁炉里的灰烬一样不断堆积。最终，太阳的氢将被耗尽，当这种情况发生时，事情就开始变得有趣起来。

当它没了内部热源之后，核将在引力的压力下开始自行坍缩，并在坍缩过程中不断变热，直到它变得非常热，导致燃烧的氢在富氦核周围一层的薄球层中被点燃。这将释放出大量的光进入恒星受压的气体中，把它吹得巨大，这就把太阳变成了一个膨胀的红巨星。

这对地球来说是一个坏消息，因为地球很有可能会被太阳炙热的大气吞没。[①] 与此同时，充满惰性氦的核将继续收缩并被加热，直到温度达到一亿度 [8]，这种高温让萨尔皮特和霍伊尔的3氦过程得以启动，并开始将氦聚变成碳。这将导致剧烈的氦闪，它在煮熟一个鸡蛋所需的时间里释放出的能量，相当于太阳在两亿年内所辐射的能量。

现在，太阳在核中燃烧氦，在外面的一层燃烧氢，太阳的体积将再次收缩1/50，变为现在体积的10倍，同时它慢慢制造碳，其中一些碳通过捕获另一个氦核转化成氧，并产生我们苹果派中的两种关键成分。

但这一阶段不会持续太久，至少和恒星的寿命相比是如此。再过一亿年，氦也将耗尽，导致核重新向内坍缩，而氦和氢继续在外面的同心层中燃烧。这些层之间的混合还可以让一些碳和氢聚变，生成氮（我们所需的另一种元素）。

现在太阳正在垂死挣扎，它将经历最后一系列的震荡，逐渐将外层吹向太空，使星系中充满碳和氮。最终，它的最后一层大气也将被吹走，暴露出一个几乎完全由碳和氧构成的炽热而致密的核，也就是一颗白矮星。

这是太阳生命的尽头。随着最后一次核反应的耗尽，剩下的只是一个地球大小的发光的余烬，周围环绕着一个不断膨胀的发光云，这是

---

① 然而，地球上的生命在这之前很久就会非常难熬，因为随着太阳年龄的增长，它会变得越来越小，越来越热，假设人为因素没有让地球变得非常热的话，再过约10亿年，地球也将变得非常热，海洋都会沸腾。

残存的太阳大气。白矮星本身密度惊人，一块方糖大小的团块重约一吨[9]，唯一阻止它进一步坍缩的是量子力学定律，它禁止所有原子在同时处于同一位置。

我们知道这一切在很大程度上要归功于用APOGEE等仪器进行的光谱研究。类似太阳的恒星表面发出的光，可以揭示其内部深处正在进行的过程的信息，特别是在它生命的后期，当一些核聚变产物通过旋涡的对流上涌到表面时更是如此。然而，天文学家也从利用一般可见光进行的旧式观测中发现很多东西。

那天夜里晚些时候，银河系超凡脱俗的光芒笼罩着漆黑无月的天空，我得到了一个完全出乎意料的难得机会，可以通过阿帕契点最大的仪器进行观测。巨大的3.5米口径的ARC望远镜位于斯隆望远镜不远处的一栋高耸的天文台大楼内。通常，它通过互联网进行远程控制，让观测者可以在世界上任何地方研究天空。然而，今晚它被安装上了目镜，让弗吉尼亚大学的博士生访问团队获得一些一手的观星体验。控制室里一片寂静，所以凯伦建议我跟着他们亲眼去看看。

天文台里又黑又冷，只有大楼前面狭窄的开口照射进的一点点星光。ARC望远镜的观测者坎迪斯·格雷（Candace Gray）用房间后方的一台计算机操控着这台巨大的仪器。当她选择第一个目标进行检查时，我感觉整个建筑物开始在我脚下旋转，看到星星穿过前面的开口，同时望远镜旋转对准了计算机给出的精确坐标。

为了保持悬念，坎迪斯给了学生们关于晚上第一个目标的一条线索。"第11位医生。"她揶揄地说，但换来了一片寂静。这些20多岁的美国年轻人显然不是《神秘博士》的剧迷。"当然是马特·史密斯（Matt Smith），"我对自己相当满意，"布莫让星云！"

轮到我的时候，我花了一点儿时间让我的眼睛适应，但在这个时候，一个光芒微弱而柔和的物体出现在我的视野中。我当时正在观察一颗类太阳恒星的残骸，天文学家相当有误导性地称之为行星状星云。[①]它的中心是一颗明亮的白矮星，周围环绕着两瓣鼓起的发光气体。如果你加上一点儿想象力，它看起来确实有点儿像一个系得很糟的领结，因此它的昵称是领结星云。我愣了一会儿，我以前从未亲眼见过一颗垂死的恒星，更重要的是，正是这类天体产生了我们周围世界中的大部分碳。

　　但是氧呢？类太阳恒星确实在它们生命终结时会产生氧，但对行星状星云的光谱研究表明，几乎所有氧都被锁在了致密的白矮星中，从未逃逸到更广阔的宇宙中来。参考詹妮弗·约翰逊涂色的元素周期表就会发现，我们必须在别处寻找苹果派中的氧。

　　回到户外寒冷的夜色中，明月高悬，与之前的黑暗相比，它的光芒几乎令人眼花缭乱。银河系已经消失在视野中，只有最明亮的恒星仍然可见。天空东方升起的是猎户座，三颗明亮的恒星组成了它独特的"腰带"，让人们立刻就能认出来。根据古希腊人的说法，猎户座是一个会进行各种恶作剧的猎人，比如他会在水上行走，会在醉酒后袭击公主，还威胁要杀死地球上的所有动物（他听起来像个了不起的家伙），最后他在和一只硕大的蝎子搏斗时惨败，并被宙斯放在了天空上。无论如何，如果你好好想象一番，且不太在意细节的话，猎户座的恒星应该看起来就像这位猎人。

　　从猎户座的腰带一直到它的左肩位置，你会发现一颗特别明亮的恒

---

① "行星状星云"这一术语是在18世纪末发明的，当时天文学家对他们所看到的东西没有太多认识，误认为它们类似正在走向衰弱的行星。

星发出一种独特的红色光芒。它叫参宿四,是一个绝对的怪物,天文学家称之为红巨星。如果你把参宿四放在我们太阳系的中心,它巨大的气体体积将吞没包括地球和火星在内的所有靠内的行星,一直延伸到木星轨道的位置。参宿四的生命即将终结,展现出了50亿年后我们太阳的超大版景象。不过,它的最终命运将更加绚丽。

在其他条件相同的情况下,恒星的寿命由其质量决定。恒星的质量越大,其核被引力压迫的程度就越高,而核被压迫的程度越高,温度也就越高。正如我们所看到的,在更高的温度下,原子核会更快地飞速移动,这也代表着它们可以更容易地克服电斥力并聚变。所有这一切都意味着,一颗更重的恒星比一颗轻一些的恒星燃烧核燃料的速度更快,正如俗话所说,"揣而锐之,不可长保"[①]。就恒星而言,太阳相对比较小,因此需要总共约10亿年来燃烧其中的氢。而参宿四的质量是太阳的10~20倍,尽管它只存在了大约800万年,但它已经把氢消耗光了,它就像一位硕大无比、胃口奇大的小孩,膨胀成了一颗红巨星。

我们无法确定,但天文学家的计算结果是,参宿四最多还有100万年的时间,到那时,它的氦也会被耗尽,只留下一个碳和氧的核。尽管这也将是太阳生命的终章,但参宿四的巨大体型会让一些不寻常的事情发生。

一旦氦的燃烧停止,碳-氧核将在其巨大的重量下开始坍缩,并升温到5亿多摄氏度。在这样恶劣的温度下,碳核移动得非常之快,从而克服巨大的电斥力,发生聚变,形成更重的元素,包括氖、镁、钠

---

① 原文为 The star that shines twice as bright shines half as long,字面意思是"两倍亮的星星,寿命往往只有一半长",这句话常被认为是对老子《道德经》中"揣而锐之,不可长保"的一种翻译,意指过于显露锋芒,势头就难保长久。——译者注

和氧。

碳燃烧的这个阶段只会持续 1 000 年，用恒星的时间尺度来衡量那就是眨眼之间。一旦碳耗尽，核会经历一系列坍缩，每个阶段都会升温并点燃新的核燃料，首先是氖，然后是氧。在这段短暂的时间里，恒星就像一个热核洋葱，随着你向核移动，同心层聚变出了越来越重的元素。在恒星生命的最后一刻，核已经被加热到 30 亿摄氏度，引发了最后的核反应：将硅聚变成铁和镍。而这将持续仅仅一天。

一旦恒星的核转化为铁和镍，游戏就结束了。它们是元素周期表中最稳定的原子核，这意味着，将镍和铁聚变成更重的元素实际上会消耗能量。这颗恒星已经精疲力竭了。由于没有热源来对抗引力，核开始了一场最终不可避免的灾难性的坍缩。

核内爆，密度越来越大，它不可避免地走向湮没。原子核被迫聚集在一起，直到恒星的整个中心达到与原子核相同的密度。现在质子和中子并不喜欢比在原子核里靠得更近，所以当这种情况发生时，强核力就会反击，内落的物质有效反弹，发出一种灾难性的冲击波，一路向上撕裂恒星。与此同时，电子和质子被迫结合形成中子，释放出巨大的中微子波，其强度是如此之大，将恒星的大部分的内落物质向外喷射到了太空中。

而这一过程的后果便是宇宙中最强大的事件之一，一次超新星爆发。当这颗恒星被撕裂时，它向太空输送的能量比一个星系中数千亿颗恒星加起来都要多。当参宿四在未来 100 万年后的某个时刻变成超新星时，它将比满月更耀眼，甚至在白天都很容易被看到。[1]幸运的是，参

---

[1] 在我访问阿帕契点后不久，一种狂热的猜测甚嚣尘上，认为参宿四可能会在 2019—2020 年冬天意外变暗后爆发，但这最终被归因于尘埃挡住了它的光线。

宿四离地球足够远，它不会带来任何严重的风险，但那肯定会是一场精彩绝伦的表演。同时，猎户座也将失去它的左肩，虽然它可能是罪有应得。

超新星在创造让生命存在的关键元素方面有着举足轻重的作用。我们的苹果派中的氧、钠、镁和铁都是数十亿年前这种巨星在灾难性的死亡中锻造的。它们激烈的结局使宇宙中的重元素变得丰富起来，这些重元素和太阳这类较小的恒星的残骸混合在一起，最终形成了我们赖以生存的行星。卡尔·萨根拥有一种几乎无可匹敌的能力，他能用最抒情的方式传达科学，他讲得很唯美："我们DNA中的氮，我们牙齿中的钙，我们血液中的铁，我们吃下的苹果派中的碳，都来自坍缩恒星的内部，而我们就来自星尘。"

虽然我刚才分享的很多故事都在1957年的 B^2FH 论文中有过阐述，但对于化学元素的起源，我们仍然有很多不了解的地方。"钠是一场彻头彻尾的灾难。"詹妮弗在我们的网络通话中对我说，"我们不知道谁是罪魁祸首。"理论学家过去认为，所有一切都是由超新星产生的，但问题是，超新星应该一起制造镁和钠，也就是说，你在整个星系中看到的镁和钠的数量应该是密切相关的。奇怪的是，詹妮弗和她的同事并不认为这两种元素之间存在预期的那种紧密的相关性，这似乎意味着至少有一些钠一定是在其他地方制造出来的。

然而，对我们认识元素起源的最大挑战可能就在几年前。2017年8月17日，LIGO[①]合作组，也就是位于华盛顿州和路易斯安那州相距3 000千米的天文台，探测到了两个超致密天体（即中子星）之间剧烈

---

① LIGO是"激光干涉引力波天文台"（Laser Interferometer Gravitational-Wave Observatory）的英文缩写。

碰撞产生的引力波。不可否认，这句话里有很多东西需要解释。什么是引力波？你可以这么问。更详细地说，引力波这个概念太大也太重要了，仅仅顺口一提是不够的，我们稍后会更详细地介绍，但简而言之，它们是超大质量天体相互碰撞时产生的时空结构中的涟漪。

而中子星可能是超新星带来的最终结果。如果垂死的恒星有些重，但又没那么重（大约为8~29个太阳质量），那么当核坍缩时，电子将被迫进入原子核，并在这个过程中将所有质子转化为中子，最终形成一个完全由中子构成的巨大原子核。当超新星将恒星其余的部分喷射到太空后，剩下的就是一颗非常小、密度极高的中子星，它的质量在一两个太阳质量之间，但直径只约有20千米。如果你认为白矮星是致密的，那么我告诉你，半杯中子星物质就和珠穆朗玛峰一样重。

如果两颗产生的中子星距离足够近，它们最终可能发生碰撞，在时空中发出强烈的涟漪。当LIGO第一次探测到其中一个信号时，世界各地的天文观测站调转望远镜，指向引力波来源的那片天空。非同寻常的是，他们观测到了光，当他们用光谱法分析这些光时，发现了从金到铀的大量重金属被制造出来的证据。事实上，根据一项研究估计，这次碰撞产生的金足以形成30颗地球这么大的固体金的行星。但在你打电话给埃隆·马斯克告诉他一项快速致富计划前，你应该意识到，这次碰撞发生在1.3亿光年之外的一个星系中，即使是最快的火箭，也需要很长的时间才能飞过去。

几十年来，人们一直认为宇宙中的重元素是在超新星爆发中产生的，但詹妮弗和她的同事现在怀疑，大部分元素来自这些灾难性的中子星碰撞。一件平平无奇的首饰里的大部分金实际上是一颗中子星的一小部分，这太不可思议了。（诚然，苹果派里没有多少黄金，但也许我们可以把它做成一个别致的派，在上面放一点可食用的金叶。）

在阿帕契点，凯伦不知疲倦地彻夜工作，一个目标接一个目标地观测，同时确保斯隆望远镜和APOGEE正常运行。每当他们在某一片天空收集到了足够的光时，寒冷观测者维克多只能拿着一个小手电筒冲进黑暗中，卸下150千克的暗盒并安装下一个。凌晨一点，我困到不行，去附近的宿舍楼里悄悄睡了几个小时，然后又在早上5点起床快日出的时候回去见凯伦。

我发现她手里捧着茶，看上去有点儿睡眼惺忪，但对过去的一夜非常满意。观测条件近乎完美，斯隆望远镜也运行顺利。短短几个小时之后，全世界数百名参与斯隆数字巡天的科学家就可以得到夜间的观测结果。

对詹妮弗和她的同事来说，寻找宇宙中最古老的恒星的工作现在正在进行。随着宇宙演化，恒星越来越多地用天文学家口中的"金属"来丰富星际空间，这里的金属指的是任何比氢重的元素。因此，较年轻的恒星往往富含金属，而最古老的那些恒星则缺乏金属。因此，利用APOGEE来确定恒星大气中存在哪些元素，天文学家就能推断它们的年龄。天文学家的梦想是找到一颗恒星充满了未受污染的原始气体的恒星，这些气体在第一批恒星发光之前充斥着宇宙。

如果这样一颗恒星被发现，它将是宇宙诞生时的古老遗迹，当时的宇宙由大约75%的氢和25%的氦组成。然而，这本身带来了一个问题。在过去约130亿年的时间里，几代恒星仅仅将宇宙中2%的物质转化成了较重的元素。如果真是这样的话，假设所有物质都是从最简单的氢元素开始的，那么所有的氦是从哪里来的呢？对这个问题，弗雷德·霍伊尔和他的合作者在20世纪50年代并没有找到答案。

在室外寒冷而凉爽的空气中，一道微弱的光在东边树木繁茂的山脊背后越来越亮。凯伦和我静静地走到斯隆望远镜前，它站在那里凝视着夜晚的最后一个目标。凯伦关上望远镜时，我问她，是如何在离家这么远的地方熬过这么多不眠之夜的。她转过身，对着眼前的景色比了个手势。穿过图拉罗萨盆地，阿拉莫戈多的灯光在清晨的空气中柔和地闪烁着，圣安德烈斯山脉的山尖碰到了初升太阳的第一缕光。她说："就是这些，让一切都是值得的。"

第 7 章

终极宇宙炊具

🍎

我们与恒星的故事/大爆炸的最初

构成我们身体的原子是数十亿年前在恒星深处锻造而成的。

这一定是来自科学的最富诗意的想法了。它将我们平凡的生活和宇宙联系在了一起。我们，以及我们周围所见的一切，包括苹果派，都是恒星生死故事的一部分。毫不奇怪，我们来自天体的发现很快吸引了艺术家、作家和音乐家的想象力。1969 年，琼尼·米歇尔（Joni Mitchell）将这一想法融入了她的反主流文化的歌曲《伍德斯托克》，表达了年青一代渴望与自身和大自然达到更完美的和谐状态的愿望："我们是星尘（10 亿年前的碳）/我们是金色的（被魔鬼交易困住）/我们已经开始认识自己/必须回到花园。"他们歌唱着，并且在田野中忘乎所以。当然，这确实提出了另一个问题，那就是，恒星的物质最终是从哪里来的？在某种程度上，答案是其他恒星，它们死亡后将其中的物质吹向了太空，然后与其他尘埃和气体混合形成更多的恒星。但在某一点上，这条逻辑链必须打破。

宇宙中仍然存在大量氢的事实，意味着两种可能中的一种。如果宇宙无限古老，恒星不断地将氢转化为重元素，那么新的氢一定会以某种方式被创造出来，从而补充恒星的消耗。另一种可能是，宇宙并非无限古老的，而恒星的形成始于过去的某个时刻，也许是数十亿年前，但肯定不是无限久远的过去。

因此，制造恒星的物质从何而来的问题不可避免地和一个更深奥的问题绑在了一起，而这个问题可以说是科学家提出过的最深奥的问题：宇宙有开端吗？

当琼尼·米歇尔唱着那些星尘的歌词时，一场关于宇宙（有没有）起源的高潮迭起的长期争论即将结束。一方面，有人认为宇宙一直存在，尽管我们在天空中看到了许多动态的过程，但在最大的尺度上，宇宙终究是不变且永恒的，它没有开始也没有结束。以习惯性的反主流人士兼恒星核合成的设计师弗雷德·霍伊尔为代表的科学家，是这种稳态宇宙的支持者。

反对霍伊尔及其合作者的是霍伊尔本人命名的"大爆炸"理论的支持者，这一派认为宇宙诞生于数十亿年前，它从一个密度超乎想象的点爆发出来，并在这个过程中创造了空间、时间、光和物质。

霍伊尔不喜欢大爆炸的想法。在他眼里，这是不科学的，因为它涉及一个终极原因永远无法用科学进行探索的创世时刻。更糟糕的是，作为一位公开的无神论者，这一理论带有一些令他不舒服的宗教气息。让宇宙有一个开始，就打开了通向各种关于这个开始是如何发生的神秘学胡扯的大门。

然而，正如我们很快就会看到的，大爆炸和稳态其实都涉及这样或那样的创世时刻。大爆炸在宇宙诞生之初的时刻一次性完成了所有的创造。而稳态则需要无穷多个微观创造时刻，物质的单个粒子在整个时空里不断涌现。

　　我相信你知道这场辩论是如何结束的，毕竟没有一部情景喜剧叫《生活稳态》（*The Steady State Theory*）[1]，但是引出大爆炸和稳态理论的发现，以及最终让大爆炸理论获胜的观测结果，都对我们探索物质起源至关重要。从现在开始，当我们把化学元素抛在身后，深入探索物质结构时，我们会发现只有一个烤箱是最重要的，那就是宇宙起源之时。

宇宙爆炸

　　几年前，我参加了在澳大利亚墨尔本郊外举行的一次粒子物理学会议。这是一场有点儿浪漫的演出（但学术界没人这么说），因为会议地点位于海边度假胜地托基，这里是冲浪者的圣地，也是通向大洋路的门户，大洋路是一段151英里长的奇特的沥青公路，它一路蜿蜒向西，穿过陡峭的石灰岩悬崖、长长的白沙和茂盛的雨林。在一周紧张的幻灯片演讲开始之前，我租了一辆车，花了几天时间探索这条著名的路线，沿途在美丽的海滨小镇略作逗留。

　　一天晚上，在湖上度过了一个略微失望的傍晚后，我驱车返回旅店，在傍晚那场号称"观鸭嘴兽之旅"的行程中，鸭嘴兽显然缺席了。那条没有灯光的公路从森林里延伸出来，沿着海岸蜿蜒，直通到我入住

---

[1]　作者在这里根据著名美剧《生活大爆炸》（*The Big Bang Theory*）杜撰了稳态理论获胜可能出现的剧名。——译者注

的阿波罗湾的旅馆。那是一个格外晴朗的夜晚，我离最近的城镇还有好几英里远，我决定停下车看看夜空。

我关掉大灯，走下车抬头看着天空。我看到的景象让我头晕目眩。我头顶上是银河，成千上万颗星星比我以前见过的都更亮。突然一阵眩晕的感觉上了头，我一下子失去了平衡，伸手扶住车才能让自己保持平衡。

我一生中的大部分时间都生活在大城市或者大城市附近，只见过几次银河浅浅的身影，但在一个无月的夜晚，远离任何光污染源，银河主宰了天空。我头顶上方是星系核心的发光球，环绕在大裂谷的巨大阴影中，一条巨大的分子尘埃的飘带像烟雾一般悬挂在后面的星系上。在一侧是两块发光的斑块，分别是大麦哲伦云和小麦哲伦云，它们是两个环绕着大得多的银河系运行的矮星系。我在伦敦家中看到的夜空是二维的，就像一片黑暗的平板被几道光线穿过，但眼前的这一幕却如此灿烂，包含这么多细节，以至于我第一次感觉好像在看一个巨大的三维物体。

那一刻是我第一次感到真正意义上的敬畏，那是一种惊奇、喜悦和恐惧的混合。银河系若隐若现的样子让我觉得自己无足轻重，但同时又感到兴奋。这段经历让我想起了道格拉斯·亚当斯（Douglas Adams）的《银河系漫游指南》中的"绝对透视旋涡"，那是一个酷刑装置，向不幸的受害者展示宇宙深不可测的浩瀚，并用一个极小的点标出"你在这里"，用这样的方法把人折磨疯。

20世纪20年代之前，大多数天文学家都认为银河系就是整个宇宙，就像一个巨大的恒星岛，独自处于无尽的黑暗中。然而，有一场高潮迭起的辩论出现了，辩论的焦点是旋涡星云（也就是分散在夜空中暗淡的旋涡状光点）究竟是银河系中的尘埃和气体云，还是远远超出我们银河系边界的独立的岛宇宙。困难在于，在美国天文学先驱亨丽埃塔·斯旺·莱维特（Henrietta Swan Leavitt）取得重大突破之前，人们无法测量它们离地球有多远。

1904年，莱维特在小麦哲伦云中发现了一些亮度微弱的恒星，它们的亮度似乎随着时间在变化。在接下来的几年里，她又发现了数百颗这样的变星，直到1912年，她已经注意到它们的亮度和它们明暗变化的速率之间存在一种明确的关系。平均来说，恒星越亮，它的脉冲越慢。

莱维特定律后来变得众所周知，它是一条至关重要的线索，让天文学家第一次能够测量我们银河系附近物体之间的距离。通过测量其中一颗变星的脉冲，天文学家可以计算出它闪烁的亮度，如果将这种亮度与它看起来的亮度进行比较（距离较远的恒星看起来会比距离近的恒星更暗），你就能知道它究竟有多远。

1923年，美国天文学家埃德温·哈勃（Edwin Hubble）在夜空中最大的旋涡星云，也就是仙女星云中发现了一颗变星。利用莱维特法则，哈勃估计，仙女星云距离地球近100万光年[①]，鉴于当时整个宇宙的大小被估计只有1 000光年，这绝对是个惊人的数字。宇宙猛然间大了1 000倍。

在短短几年内，人们想象宇宙的方式发生了转变。旋涡星云显然不是银河系中的尘埃和气体云，而是包含数十亿颗恒星的星系，这些恒星的位置远远超出我们星系的边缘。宇宙突然变成了一个更大的地方，但一个更重要的发现还在后面。

---

① 如今人们发现这个数字甚至更大，是250万光年。一光年是光在一年内传播的距离，大约9.5万亿千米，是地球到太阳距离的6万多倍。

就在 10 年前，维斯托·斯里弗（Vesto Sliper）做出了一项惊人的发现，虽然他的名字听起来像《星球大战》中的一个角色[①]，但他是亚利桑那州洛厄尔天文台一位真实存在的天文学家。斯里弗发现，仙女星云似乎正以每秒 300 千米的速度向地球移动。他在研究其他星云时，发现它们似乎都在移动，但大多数实际上都在远离地球，有些甚至正以每秒 1 000 多千米的惊人速度移动。起初，斯里弗想通过银河系本身可能在相对于星云的空间中漂移的想法来理解这些运动，但如果不知道它们离我们有多远，就不可能得出确切的结论。

有了莱维特法则，哈勃现在准备攻克斯里弗的谜题。哈勃在加利福尼亚州威尔逊山天文台工作，他仔细研究了银河系外 24 个星系中的变星，并计算了它们的距离。他将结果与斯里弗对它们速度的估计进行比较，从中发现了一个有趣的规律。除了像仙女星系这样的离银河系最近的星系之外，夜空中的所有星系似乎都在远离地球，而且它们距离地球越远，后退的速度就越快。似乎整个宇宙都在膨胀远离我们，但哈勃在 1929 年发表他的研究结果时，他谨慎地没有做出如此大胆的论断。

起初，一些人质疑哈勃的结果是否可靠，但到 1931 年，他已经进行了新的测量，包括一亿多光年之外的星系。新的数据没有留下多少令人质疑的余地，结果是真实的。更重要的是，星系的速度与其距离之间存在着明显的线性关系，换句话说，如果一个星系和地球的距离是另一个星系的两倍，那么它的移动速度也将是另一个星系的两倍。颇具争议的一点是如何解释这种现象。包括爱因斯坦在内的许多物理学家都坚信一个静态的、不变的且永恒的宇宙。承认宇宙可能正在膨胀，开启了一

---

① 《星球大战》中一位缪恩的分析专家与之同名。—— 译者注

种可能性，那就是宇宙拥有开端，这个想法让许多物理学家和天文学家都感到不适。

比利时物理学家兼天主教牧师乔治·勒梅特（Georges Lemaître）并没有对此感到不安。勒梅特不仅认为宇宙正在膨胀，而且将这一观点推向了逻辑上的极致：如果宇宙在变大，那么在过去它一定比现在要小，如果你把时钟一直往回拨，那么最终你就会到达一点，宇宙中的一切都被挤压成一个难以想象的致密物体，勒梅特称之为"原初原子"。

勒梅特受到放射性的启发，将原初原子想象成一个原子核，那是一个非常非常重的原子核，重量相当于整个宇宙。根据勒梅特的说法，宇宙起源于这个宇宙核突然像烟花一样的爆炸，变成恒星大小的原子，这些原子继续分裂成越来越小的碎片，最终形成了我们周围的一切。

但与烟花不同的是，勒梅特的原初原子并没有爆炸到已经存在的空间，而爆炸出的正是空间。在这场烟花之前，所有空间都被挤压在原初原子的内部，之后，是空间本身发生了膨胀。勒梅特所说的烟花没有中心，爆炸同时发生在宇宙中的所有地方。一切都在原初原子的内部，原始原子就是所有地方。的确，天空中几乎所有星系都在远离我们，但与此同时，它们实际上并没有真的在太空中移动。是这两个星系之间的空间越来越大，将每个星系带到了更遥远的地方，就像它们坐在某个巨大的膨胀气球的表面上一样。

虽然烟花宇宙令勒梅特在某种程度上成了名人，但实话实说，他的理论并没有在科学界得到普遍的认可。许多人对创世时刻的想法感到诧异，特别是它可能给创世者的角色留下了余地。亚瑟·爱丁顿对他有才华的前学生非常尊敬，但他称这个想法"令人反感"[1]。然而，一直因为努力维持一个静态宇宙而备受困扰的爱因斯坦被说服了，他将勒梅特的理论形容为"我听过的对创世最美的、最令人满意的解释"[2]。

问题在于，勒梅特的理论只是描述宇宙演化的众多可能的方式之一。到了20世纪30年代，所有这些宇宙学模型都是基于爱因斯坦广义相对论提供的强大框架。这一宝石般的理论是爱因斯坦的杰作，是对我们所说的空间、时间和引力的优雅而高度数学化的重新想象。广义相对论使我们有可能写出一个描述整个宇宙的大小、形状和演化的方程，它有效地创造了现代宇宙学，也就是对整个宇宙的研究。然而，并不是只有一个独一无二的方程，而是有很多个，每一个都描述着一个不同的宇宙，每一个都有着不同的历史和未来。勒梅特的烟花宇宙只是其中之一，虽然它解释了为什么几乎所有星系都在远离我们，但也有其他理论可以完成同样的事情，且不需要拥有一个在哲学上令人不安的创世时刻。

在大多数情况下，这种深奥的宇宙学辩论仍然是广义相对论爱好者的专利，其中包括爱因斯坦、勒梅特和爱丁顿。然而，在20世纪30年代末，核物理学家开始对勒梅特的烟花宇宙产生兴趣，它不再是解决天文学问题本身的一种方式，而成了解开化学元素起源的一种方式。当时，人们认为恒星的温度不足以制造重元素，但有一个地方肯定可以，也就是时间黎明时的终极热核炉。

爆燃的氦

大爆炸的想法无法归功于某一个人。这个理论是断断续续地逐渐形成的，它是许多人的工作。即便如此，确实有一位科学家为了推动整个进程做出了大量贡献，他就是乔治·伽莫夫。

伽莫夫并没有想要提出宇宙起源的理论。在探索元素起源的过程中，他几乎是意外地被带到了大爆炸理论的面前，这一系列研究可以追溯到1928年夏天，他与弗里茨·豪特曼斯一边喝咖啡一边热烈讨论。伽莫夫具备了充分的条件能将宇宙看作一个整体。作为彼得格勒大学的一名年轻学生，他师从历史上最伟大的科学家之一——苏联物理学家兼数学家亚历山大·弗里德曼（Alexander Friedmann）学习了广义相对论，弗里德曼是第一个用爱因斯坦的理论写下描述膨胀宇宙的方程的人。

当汉斯·贝特在1939年提出恒星的温度不足以聚变出氢之后的元素时，伽莫夫开始怀疑膨胀宇宙的开始是否有合适的条件来完成这项任务。与他的许多同事不同，伽莫夫发现他自己在第二次世界大战期间被排除在了原子弹研究之外。也许是美国政府担心他的俄国血统，也可能是因为他不拘小节，总喜欢在一两杯马提尼酒下肚之后讲个好故事。无论如何，他有了足够的时间来发展自己的思想，到战争结束时，他已经有了一个理论框架。

伽莫夫的大爆炸起源于一个小得令人难以置信且密度极高的宇宙，里面充满了低温但格外浓稠的中子汤，每立方厘米里就有一吨中子。根据弗里德曼和勒梅特发现的方程式，宇宙随后突然膨胀，在一秒钟多一点儿的时间里，其体积增加了10倍。随着空间扩大，中子融合在一起，或者像伽莫夫所说的"凝结"，形成了由中子构成的更大的原子核。同时，一些中子衰变成质子，将这些只有中子的核转变为既有质子又有中子的核，最终就是我们熟悉的所有化学元素。

伽莫夫提出的机制非常雄心勃勃，他的目标是在时间黎明的时刻，在一次全能的爆炸中制造出每一种化学元素。要想找到任何合适的时机，就需要准确地重现我们在周围世界中发现的每种元素的相对数量。

幸运的是，就在"二战"前，挪威瑞士裔地球化学家维克托·戈德施密特（Victor Goldschmidt）发表了一项基于对岩石、陨石和星光光谱比较测量的元素丰度的广泛调查结果。戈德施密特的数据是一个考古宝库，它捕捉到了这些元素完整的宇宙历史。如果伽莫夫的大爆炸能够复制戈德施密特的数据，他就将成为赢家。

伽莫夫或许有着惊人的想象力，但他对计算其疯狂想法的详细结果的艰苦研究并没有多少热情。相反，他把预测宇宙大爆炸中每种元素有多少的问题交给了他的博士生拉尔夫·阿尔珀（Ralph Alpher）。阿尔珀在核物理领域还是个新手，当他沮丧地发现他花了一年时间研究的论文主题已经由另一位物理学家发表后，他才真的进入了这一领域。[①]当时，伽莫夫正在研究一些"细枝末节"，阿尔珀因此认为，至少这里竞争相对少一些。

在阿尔珀博士研究期间，他在约翰·霍普金斯应用物理实验室里进行一周40个小时的军事研究，并在晚上在乔治·华盛顿大学兼职和伽莫夫一起研究物理。他们会在伽莫夫最喜欢的华盛顿小维也纳餐厅见面，讨论研究进展。[3]在那里，阿尔珀会在工作间隙吃几口饭，而嗜酒的伽莫夫则一杯接一杯地喝着马提尼。很快，阿尔珀和邻居约翰·霍普金斯大学的罗伯特·赫尔曼（Robert Herman）进行了一些更清醒的探讨，赫尔曼对阿尔珀和伽莫夫的理论非常着迷，不久后就作为合作者加入了他们的研究。

当阿尔珀碰巧听到物理学家唐纳德·休斯（Donald Hughes）发表了关于他向不同元素发射中子的实验的演讲时，阿尔珀迎来了一个重大突

---

① 事实上，他非常生气，他把一年的笔记撕碎冲到了厕所里。

破。休斯对不同的材料在核反应堆的恶劣环境中的表现很感兴趣，因此他尽可能地用中子轰击各种他能得到的元素。阿尔珀立刻意识到，休斯的数据正是他需要的。

通过比较休斯的中子数据和戈德施密特的元素丰度的数据，阿尔珀发现了一种规律。更容易吞下中子的元素往往更稀少，反之亦然，如果你稍微思考一下，这是有道理的。在伽莫夫的大爆炸理论中，一种善于吞下中子的元素会转化为较重的元素，而只留下相对较少的原始元素。另一方面，一种不太容易吸收中子的元素一旦被制造出来后，就更倾向于四处徘徊，这也导致它们会有更高的丰度。这只是一种暗示，但似乎表明伽莫夫可能说对了什么。

阿尔珀于1948年夏天完成了他的博士论文。在这个过程中，他和赫尔曼意识到伽莫夫最初关于冷中子汤的假设是错误的。相反，早期的宇宙并不是由中子主宰的，而是由光主导的，并且非常炽热，在最初几分钟里形成的任何元素都会被高能光子的撞击并再次分崩离析。在修改后的模型中，宇宙烹饪过程只有在宇宙膨胀了约5分钟，并冷却到10亿度时才开始。

但中子在衰变成质子、电子和中微子之前，平均只能存在15分钟，因此许多中子会在最初的5分钟内消失。这就导致第一次核反应将涉及一个质子和一个中子聚变，形成氢的重同位素氘。一些氘一旦形成，它就可以吞下另一个中子或质子，制造出氚（一种氢的重同位素，由一个质子和两个中子组成）或氦3（由两个质子和一个中子组成）。然后这些元素会聚变成氦4，氦4则能吞下更多的中子，直到你最终制造出了元素周期表中的所有元素。令阿尔珀高兴的是，当他计算出大爆炸所预测的元素丰度时，他的结果与戈德施密特的数据相当吻合。

1948年春天，阿尔珀和伽莫夫发表了一份有关这一理论的大纲，在媒体上引起了轰动。一位当地记者写的文章在全国范围内引起了广泛关注，《华盛顿邮报》报道称"世界诞生于5分钟内"。伽莫夫用典型的个人风格将它描述得更加生动："元素的产生时间比烹饪鸭子和烤土豆所需的时间还要短。"[4]

几位记者抓住了大爆炸创造性的热核爆炸和核武器破坏性的爆炸之间的对称。其他一些人则走入了宗教领域，尽管阿尔珀一直小心翼翼地避免提及上帝，但他还是收到了几封关注这一研究的基督徒的来信，为他的灵魂祈祷。媒体的狂热让阿尔珀在做他的博士学位答辩时，约300人涌进了乔治·华盛顿大学的教室，聆听宇宙是如何开始的。

在接下来的几年里，阿尔珀和赫尔曼奋发图强，将大爆炸发展成了一个恰当的、定量的科学理论。然而，整个研究很快就碰到了阻碍。一个相当令人尴尬的问题已经持续存在了近20年，那就是宇宙的年龄问题。宇宙学家可以利用哈勃对宇宙膨胀速度的测量拨回时钟，计算出大爆炸发生的时间。答案是约20亿年，可这个数字太短了，因为放射性定年法表明，地球的年龄都已经超过了40亿岁。宇宙怎么可能比地球还年轻呢？

我相信你也同意这绝不是一个小问题，但伽莫夫并没有退缩。1949年，他展示了对宇宙学方程进行一点点明智的调整就可以尽可能地延长宇宙年龄。然而，这涉及一些相当无耻的把戏，爱因斯坦和其他人对此非常不满。

阿尔珀–伽莫夫–赫尔曼理论中更严重的缺陷，与恒星物理学家一直在努力解决的问题是一样的，那就是，不存在质量为5或者8的稳定的核。一旦你在大爆炸中制造出了氦4，就陷入了死胡同。添加另一个中子或者将两个氦核聚变都于事无补。阿尔珀、赫尔曼和其他一些物理学家，包括伟大的意大利物理学家恩里科·费米（Enrico Fermi），都想找到一条跨越质量缺口的路线，但徒劳无功，每次他们认为他们成功架起了一座通向更重的元素的摇摇晃晃的桥时，整个路径最终都会崩溃。

大爆炸理论看似走到了尽头，它的主要反对者之一弗雷德·霍伊尔非常乐意再给出临门一脚。出于对创世时刻深深的厌恶，他和位于大西洋彼岸剑桥的合作者赫尔曼·邦迪（Hermann Bondi）和托马斯·戈尔德（Thomas Gold）一直在发展一种全新的宇宙历史，即稳态宇宙，他们认为宇宙一直存在，也将永远存在，尽管恒星的诞生和死亡是无尽的循环，但宇宙是不变的。

问题是，你怎么才能有一个看起来一直不变的膨胀的宇宙？戈尔德想到了一种方法，那就是物质的自发性创造。随着宇宙膨胀，星系之间的距离越来越远，戈尔德认为原子可能会不断地出现来填补空缺。随着古老恒星的老化和消失，这种新的物质最终会聚集在一起，形成新的恒星和星系，让宇宙看起来永远不变。

乍一看，这是个相当疯狂的想法。首先，让物质"无中生有"违反了能量守恒定律。但另一方面，你只需要极少量的物质创造来保持宇宙稳定，霍伊尔生动地表示，这相当于"大约每个世纪在体积相当于帝国大厦的空间里一个原子"[5]。

当伽莫夫和他的同事努力在大爆炸中"制造"重元素时，稳态理论在1957年取得了重大胜利，当时，霍伊尔、福勒和伯比奇夫妇发表了他们关于恒星如何烹饪化学元素的绝妙论文，也就是人们熟知的B^2FH。大爆炸最初存在的理由一下就被击碎了。没有必要用大爆炸来制造重元素，恒星自己就可以做得很好，谢谢。

可是，即使稳态理论处于上升状态，它衰落的预兆也开始在天空中出现。对空间膨胀改进后的测量方法逐渐延长了宇宙的年龄，到1958年，宇宙的年龄已经被延长到了130亿年，远远超过地球上发现的最古老的岩石。与此同时，对来自深空的X射线和射电波的新测量对稳态理论的一些基本原理提出了挑战，甚至一些支持者也开始放弃这个理论。

B^2FH发表时，另一个奇怪地被忽视了的问题是棘手的氦问题。氦是宇宙中次丰富的元素，占所有原子总质量的25%，而氢占75%，剩下只存在很少的较重的元素。其他一切，包括我们骨骼中的碳、我们呼吸的氧、我们血液中的铁、我们苹果派上的可食用金箔叶子，只不过是一块巨大的氢氦蛋糕上一层薄薄的糖霜。然而，由于恒星制造了氦和其他所有元素，恒星不可能制造出如此大量的氦，而其余元素却如此少。假设所有物质最初都是氢，那么宇宙中的大部分氦肯定来自其他地方。但是是来自哪里呢？

霍伊尔对稳态的信念近乎狂热，他试图通过提出巨型黑星的存在来回避这个问题，这种黑星是比太阳重数千倍，甚至数百万倍的巨大天体，它能轻易地隐藏在巨大的气体云中，让我们看不见它们。由于它们的巨大体积，这些巨星将经历一系列剧烈的爆炸和探索，有点儿像它们自身的微型“大爆炸”，并在它们的核中产生数百亿度的温度，将大量的氢聚变成氦。对霍伊尔来说不幸的是，没有任何证据表明这些黑星真的存在于宇宙中，他的许多同事将它视为挽救一个垂死的理论的绝望尝试。

相反，大爆炸似乎符合这一要求。尽管无法制造重元素，但这个理论在制造氦的方面一点儿问题也没有。问题是，在一次炽热的大爆炸中，你期望聚变形成多少氦，并且至关重要的是，这与我们在周围这个宇宙中看到的情况一致吗？

要回答这个问题，我们需要回到宇宙历史的最初几分钟，那时，整个空间充满了炽热的粒子等离子体。如今，我们的宇宙充斥着物质，包括气体、尘埃、恒星和暗物质[①]，这些物质分散在一片空旷的虚空中，但在当时，宇宙是由光主宰的。你甚至可以说宇宙是由光构成的。物质粒子，也就是后来继续构成我们周围所看到的一切的质子、中子和电子，只不过是在光子的沸腾海洋中漂浮的泡沫而已。

在最初的几分钟里，这种原初光太强烈了，以至于一个光子携带的能量就足以将原子核粉碎。结果便是，几乎没有任何核形成。如果一个质子和一个中子成功地聚变成氘，它们会立即被一个高能光子的碰撞而再次分裂。然而，在最初的几分钟里，宇宙膨胀得非常快，随着不断的膨胀，它也渐渐冷却了下来。大约三分钟后，宇宙烤箱冷却到几十亿摄氏度，光子不再有足够的能量来摧毁氘核。突然间，宇宙中的氘含量猛增，宇宙烹饪过程开始工作。

在不到一分钟的时间里，暴风雪般的核反应将氘转化为氦和氦3，然后再转化为氦4。大约100秒后，几乎所有可用的中子都被消耗殆尽，一切都结束了。在接下来的一段时间里，一些核反应以相当混乱的速率进行着，但就在大爆炸发生后20分钟，宇宙烤箱已经变得太冷了，热核烹饪结束，宇宙中氦的数量也随之确定下来。

但有，氦的数量是多少呢？惊人的是，答案仅仅取决于一个单一的比率，也就是核聚变开始时每个质子对应的中子数。因为几乎所有中子最终都会被转化成氦，氦包含两个中子和两个质子，这个简单的比率告诉了我们氦的生成量。中子的数量主要取决于第一秒发生的事情。

---

① 如果你不知道什么是暗物质，别担心，物理学家也不知道。我们稍后会说到这个问题……

在宇宙时间的第一秒里，原初火球中粒子的能量非常高，让中子和质子通过与高能粒子的碰撞而不断相互转换。起初，将质子转化为中子的反应和将中子转化为质子的逆向反应的速率相同。等式为王。

但随着宇宙的冷却，中子比质子稍重的事实开始打破平衡。将质子转化为中子所需的额外能量开始使反应发生的可能性比它的逆向反应要小一些，中子相比于质子的数量也减少了。当第一秒结束时，宇宙的温度下降到了粒子不再有足够的能量将质子转化为中子的程度，中子的数量被固定下来，变成每6个质子对应约一个中子。

我们现在要做的就是等几分钟，让宇宙冷却到足以让核聚变开始的程度。然而，在这段时间里，另一个因素开始发挥作用，那就是中子是不稳定的，在它衰变成质子、电子和反中微子之前，平均只会存在约15分钟。结果，在这几分钟的等待里，相当一部分中子衰变了质子，在聚变开始时，只剩下每7个质子对应一个中子。

在接下来的几分钟里，几乎所有中子都变成了氦4，正如我们所说，氦4是由两个中子和两个质子组成。所以如果我们从每两个中子对应14个质子开始，每生成一个氦核，我们预计会剩下12个质子。因为氦的重量是质子的4倍，所以氦和氢的比例是4:12。换句话说，大爆炸理论预测，宇宙中25%的原子质量最终应为氦，剩下的75%是未聚变的氢。这正是我们今天在宇宙中所看到的！

我为在这里需要的心算而道歉，但我希望最后传递的信息足够清楚：大爆炸理论在预测天文学家望向太空时看到的氢和氦的数量方面做得很好。霍伊尔本人在1964年与一位年轻的同事罗杰·泰勒（Roger Tayler）发表的一篇论文中得到了同样的结论。然而，尽管泰勒认为这是大爆炸的明确证据，但教条的霍伊尔仍不肯放弃稳态理论，他固执地抓住那些看不见的黑星不放。

到了20世纪60年代中期，围绕宇宙历史的大战基本上落下了帷幕。

1965年，致命的一击来了，两位美国射电天文学家阿诺·彭齐亚斯（Arno Penzias）和罗伯特·威尔逊（Robert Wilson）发现了一道微弱的微波光辉从整个天空弥散出来。这两人曾计划在新泽西州贝尔实验室使用一个大型天线来研究银河系天体的射电发射。然而，当他们校准设备时，却被一种低水平的微波噪声所困扰，他们似乎无法摆脱这种噪声。他们知道噪声会影响精确的天文观测，就花了一年的大部分时间试图找出噪声的来源。

他们排除了在太空和地球上的一系列潜在的来源，包括来自几英里之外下湾的纽约市偶然的无线电广播。事实上，无论他们将天线指向何处，噪声始终保持不变。在经历了许多不知道怎么办的时刻，并对巨大的射电喇叭进行无休止的检查，包括驱逐一些筑巢的鸽子并清理它们留下的"白色介电材料"之后，他们才意识到这一发现的重要性。微弱的微波信号不是什么鸽子屎，而是创世的余辉。

几乎所有人都忘记了，早在1948年，阿尔珀和赫尔曼就预言，主宰大爆炸的早期火球那极大的光时至今日应该仍然存在。在时间起点之后约38万年，宇宙应该已经冷却到足以使带负电荷的电子与带正电荷的原子核结合，形成第一个中性原子。在宇宙历史上的这一关键时刻之前，光子不可能在太空中传得很远，而不和原初火球中的带电粒子碰撞。然而，随着第一批中性原子的形成，宇宙从炽热的等离子体变成了氢和氦的透明气体。突然，光子可以在太空中自由地穿梭。

从那以后，光一直在宇宙中传播。当它行进时，空间的扩张逐渐将最初约3 000摄氏度的短波可见光拉长到了微弱的微波信号，仅仅比绝对零度高 2.7 摄氏度。彭齐亚斯和威尔逊偶然发现的正是炽热的宇宙诞生时微弱的光辉。它似乎来自整个天空，因为宇宙大爆炸无处不在，或者换一种说法，每一处都曾经位于那个古老的火球之中。

现在被称为"宇宙微波背景"的发现是让宇宙学家确信我们的宇宙确实始于大爆炸的最后一个证据。我想象不出任何比这更深刻的科学发现了。在短短几十年的时间里，我们已经从认为银河系是整个宇宙，变成了凝视着一个不断膨胀的巨大宇宙，它的起源可以追溯到 138 亿年前发生的一次难以想象的激烈事件。彭齐亚斯和威尔逊获得诺贝尔奖理由充分，因为他们的辛勤工作使这一发现成为可能，这是一个很好的例子，它说明严格的实验检查或许能带来重大的发现。正如科幻作家艾萨克·阿西莫夫曾经写的："在科学中听到的最激动人心的短语，也就是那些预示着新发现的短语，不是'尤里卡！[①]'（我发现了！），而是'这很有趣……'"[6]

但是，伽莫夫、阿尔珀和赫尔曼感到不是滋味。他们最初对宇宙微波背景的预测几乎被忽略了。是普林斯顿的物理学家罗伯特·迪克（Robert Dicke）和吉姆·皮布尔斯（Jim Peebles）发现了彭齐亚斯和威尔逊的微波噪声的重要性，但当他们发表论文时，他们完全没有意识到伽莫夫、阿尔珀和赫尔曼在近 20 年前做出了同样的预测。事实上，尽管乔治·伽莫夫和弗雷德·霍伊尔在我们理解元素、恒星和宇宙本身的起源这些方面做出了许多贡献，但他们都没有获得诺贝尔奖。也许是伽莫夫拒绝严肃对待任何事情，以及他醉酒后喜欢做出令人尴尬的荒唐举动在某种程度上让他被忽略了。而对霍伊尔来说，他十足的粗鲁和晚年

---

① 传说阿基米德在洗澡时想到如何称量皇冠后，便跳出浴盆跑到街上大喊"尤里卡！"。这一短语后来被用来指代"我发现了"或灵光乍现的时刻。—— 译者注

越来越疯狂的科学观点已经让他和许多同事完全疏远了，他的观点包括流感暴发是由从外太空来的微生物引起的，还有类似鸟类的恐龙始祖鸟化石是假的。

无论伽莫夫和霍伊尔是否得到了嘉奖，他们都确实共同奠定了我们理解化学元素起源的基础，具有讽刺意味的是，他们既是对的也是错的。这些元素并非都像霍伊尔热切希望的那样是在恒星里产生的，也并非全都形成于伽莫夫提出的大爆炸的炽热旋涡中。它们都是由两种方法共同制造的。大爆炸孕育了我们的宇宙，在这一过程中，空间诞生，同时孕育了氢和氦[①]，并最终形成了第一批恒星。它们又反过来聚变产生了其他所有物质，从苹果派中的碳到加热地核的铀。我们，以及我们周遭的一切，都是这些惊人事件的产物。我们是宇宙大爆炸和恒星的孩子。

我们已经到达了宇宙烹饪故事的一个转折点。最后，我们知道了从之前那个愚蠢的苹果派实验中冒出来的化学元素来自哪里。碳是由像太阳这样的恒星在生命尽头时产生的，而氧则会被惊心动魄的超新星爆发喷射进太空中。反过来，恒星最终由大爆炸留下的氢和氦形成。但是有一种苹果派成分的起源我们还没有解释，它是最简单的一种，并且是其他所有元素的原料，那就是氢。

从某种意义上来说，我们已经知道了氢的来源：第一批氢原子是在宇宙大爆炸后的38万年形成的，当时质子和电子首次聚集在一起。当我说我们还不知道氢从哪里来时，我真正想说的是，我们不知道质子和电子是从哪里来的。要回答这个问题，我们必须把化学元素抛在脑后，深入奇妙的粒子世界，同时不断深入研究宇宙历史上的第一秒。

---

① 以及非常少量的第三种元素，锂。

第 8 章

如何烹饪一个质子

●

新粒子与植物学家 / 逃离动物园 / 万亿度的汤

我第一次见到 LHC 的数据，是在 2010 年 4 月一个阴沉的周五早晨。当时我坐在新卡文迪许实验室的办公桌旁，这是一栋单调的混凝土建筑，建于 20 世纪 70 年代，当时，吱吱作响的市中心建筑已经容不下这个著名实验室了，实验室搬到了剑桥边缘的一片迎风的地方。

我和另外两名研究生共用一间没有窗户的办公室。其中一人是一位压抑的意大利人，他大部分时间都在哀叹英国管道系统的落后——"为什么你们没有混合型的水龙头？"是他的口头禅。"我洗脸时，要么被冻僵，要么烫伤自己。它不适合人类生活……"这话来自一个爱讽刺人的即将毕业的学生，正在写论文，她的黑色幽默让我和意大利人对未来煎熬的日子感到害怕。

我刚刚回到剑桥，之前的一个冬天，我一直在 CERN 准备在 LHC

上进行第一次高能对撞。在过去的几周里，我一直生活在一种轻微的恐惧之中，因为我可能会被召集到控制室去处理一个我不知道该如何解决的问题，对撞机的延迟意味着，就在第一批质子在LHCb探测器内对撞的时候，我正好离开了日内瓦。几乎就在接到消息的同时，我的导师就给我发了一封电子邮件，询问我是否看到了数据。

用来筛选对撞数据并搜索我们感兴趣的特定粒子的算法已经编写并准备好了。按下运行键并开始等待可以算是一项简单的工作。自3月30日第一次对撞以来，数据一直在稳步积累，每次对撞都会给亚原子世界的信息库增加一点新信息，而信息库虽然不大，但增长迅速。

如今运行庞大的LHCb数据集需要数周的时间，但在早期，记录下的对撞太少了，以至于我在设置算法运行后的一个多小时就得到了结果。我打开数据文件，匆匆浏览了一下关键图表，我知道它会告诉我们我们是否得到了想要的。

我颤颤巍巍地双击了质谱，看到一个清晰的高峰在低水平的背景噪声的上方凸起，这是我们正在寻找的粒子的明确特征。我记得当时感到一阵兴奋。在那天之前，我都只研究过计算机模拟，但那一刻，在我的屏幕上，一清二楚的数据证明这些粒子确实存在于现实世界中。不仅如此，我所看到的是有史以来最雄心勃勃的科学项目的结果，这是一个花了几十年设计并建造的城市大小的粒子对撞机，一个由700多名科学家组成的国际合作团队组装而成的、复杂得不可思议的探测器，一个由计算机场组成的全球网格，在全球范围内存储、处理并分发数据，最后是我编写的小算法。一切以某种奇迹般的方式奏效了。

我给我的导师、剑桥组的负责人瓦尔·吉布森（Val Gibson）发了一封令人激动的电子邮件，附上了一份能直接说明问题的图表。这个高峰是一个明显的信号，表明在我们探测器中心的对撞中产生了D介子，这种奇异粒子大约是质子的两倍重。看到D介子本身一点儿也不具有开创性，这种粒子最早于20世纪70年代已经被发现，但我们现在可以开始一系列详细的研究，希望看到它们行为异常的证据，至少是就我们公认的粒子物理理论而言出现的"异常"。

D介子的寿命仅50万亿分之一秒左右，因此它们不会存在于更广阔的世界中。它们是LHC中两个对撞质子的巨大动能转化为新物质时产生的。伴随着这种粒子出现的还有其他粒子的"满汉全席"，这些粒子像烟花的余烬一样从对撞点飞出。在数百种不同类型的粒子中，既有我们熟悉的质子、中子和电子，也有名字稀奇古怪的，比如π介子、K介子、Λ粒子、Δ粒子、η′介子、ρ介子、Σ粒子、ψ介子、φ介子、Υ介子、Ξ粒子、Ω粒子。一次典型的碰撞看起来就像是有人在希腊字母汤的罐头里塞了一根炸药。

这些粒子都是什么？它们又来自哪里？问题的答案与我们对苹果派终极配方的探索息息相关。事实证明，构成我们的质子和中子只是一个更大的相关粒子家族中的两个成员，这个家族从20世纪30年代开始逐渐在实验中现身。它们的到来没那么受欢迎，至少在一开始是这样的，并且多年来一直在造成无穷无尽的混乱。但慢慢地，一种似乎暗示着更基本结构的模式开始出现。对这种模式之下的粒子的发现将为更深入地理解物质的本质开辟道路，并将揭开构成我们宇宙的质子的最终起源的秘密。

这是谁点的？

从我在卡文迪许的办公室出门的拐角处有一条走廊，走廊两旁排列着木柜，里面塞满了东西，这些东西看起来很像你爷爷的小木棚里堆的那种垃圾。事实上，如果粒子物理学有一个名人堂，那就是这里了。在这些历史古董中，有J. J. 汤姆孙曾经用来发现电子的阴极射线管，有查德威克揭示中子存在的旧铜管，在遥远的一端，还有首次粉碎原子核的粒子加速器的一个大灯泡。在所有这些实验古董中，很容易被忽略的是一个毫不起眼的黄铜和玻璃的奇特装置，它为粒子物理学带来了一场革命，它就是第一个云室。

顾名思义，云室最初是用来制造实验室中的人工云的，它的发明者、苏格兰物理学家查尔斯·威尔逊（Charles Wilson）爱上了在苏格兰高地本尼维斯山顶工作时所看到的戏剧性的大气效应，因而设计出了这种实验室。为了验证水蒸气附着在空气中的尘埃颗粒上而形成云的想法，他建造了一个充满水蒸气且尽可能没有污染的小房间，他认为如果没有任何尘埃颗粒作为种子，云就应该无法形成。然而，在检查房间时，他惊讶地看到细小的水滴向各个方向流动，就像一队小型喷气式客机留下的轨迹。（但当时是1895年，他并不会想到这种类比。）

威尔逊完全出于偶然地发明了第一台能够让单个亚原子粒子肉眼可见的仪器。每个稍纵即逝的轨迹都是由一个带电粒子快速穿过云室，并在行进过程中击落气体分子中的电子造成的，它们在身后留下了一串带正电和负电的离子。这些离子将水分子从蒸汽中吸引出来，并不断增长，直到形成足够大的水滴轨迹。

云室真正带来了发现。物理学家第一次拥有了一扇观察隐藏的原子和粒子世界的窗口，得以观察甚至拍摄粒子原本看不见的行为。欧内斯特·卢瑟福称之为"科学史上最原始，也是最奇妙的仪器"[1]，它成了20世纪上半叶亚原子物理学的主要工具，直接促成了三项诺贝尔奖的获奖发现。

美国物理学家卡尔·安德森（Carl Anderson）是一位无可争议的云室摄影大师。安德森在20世纪30年代的大部分时间里，都在用云室拍摄宇宙射线的照片，这些射线是从外太空降落到地球的粒子。1932年，当他拍摄到第一个反粒子的照片时，他在物理学界引起了震动，这种粒子是电子的镜像粒子，带正电，也被称为正电子。

正电子并非完全出乎意料的发现，英国理论物理学家保罗·狄拉克早在三年前就预言了正电子的存在。但在1936年，安德森和同事塞斯·尼德迈耶（Seth Neddermeyer）发现了另一种粒子，它确实带来了不小的麻烦。一年前，为了获得更好的宇宙射线图像，他们需要更接近射线的来源，二人因此决定把云室装到了一辆从帕萨迪纳加州理工学院实验室附近的一个二手车停车场买来的平板拖车上，出发前往科罗拉多州的落基山脉。他们在派克峰的山顶上架设了装备。派克峰位于科罗拉多的斯普林斯附近，是一座4 300米高的粉红色花岗岩山。他们每晚都在半山腰的一个工棚里露营。在几个月没日没夜的高海拔工作后，他们回到帕萨迪纳冲洗照片并分析结果。通过观察优美的云室轨迹，每一条轨迹都显示出几十个粒子轨迹在强大的磁场中的优雅弯曲，他们发现了一种前所未见的粒子。

他们确信这些新粒子既不是轻量级的电子，也不是相对笨重的质子。事实上，他们粗略的测量表明，这些粒子的质量介于两者之间，大约是电子质量的200倍，或者质子质量的1/10。考虑这种介于两者之间的质量，安德森和尼德迈耶创造了"mesotron"（介子）这一术语，其中"mesos"是希腊语"中间"的意思，但今天我们称它为μ子。

μ子好像不是原子的组成部分，它似乎只在宇宙射线中被发现，那么它的作用又是什么呢？好吧，至少一开始，它看起来与日本理论学家汤川秀树（Hideki Yukawa）所预言的粒子很匹配，汤川一直在思考使质子和中子在原子核内聚在一起的力。由于质子都带正电，当它们被挤压到像原子核一样狭小的空间里时，它们会对彼此产生巨大的排斥力。原子核能够结合在一起的唯一方法是，它们的成分之间存在一种更强大的吸引力压倒了电斥力。众所周知，非常令人费解的是，这种"强核力"直到两个质子或中子几乎要接触时，才会产生影响。当距离超过约一飞米时，力似乎就消失得无影无踪了。

如何解释强核力的这种独特的短程特点？汤川的绝妙想法是，质子和中子之间的作用力是通过交换一种新型的"重粒子"（汤川是这么称呼它的）来传递的。关键在于，他提出的粒子非常重。粒子的巨大质量意味着，它只能移动很短的距离[1]，这严重限制了强核力的范围。根据对质子、中子和原子核相互反弹的测量，汤川计算出他提出的粒子质量需要达到100 MeV。作为参考，电子的质量是0.5 MeV，而质子的质量为938 MeV。

起初，安德森和尼德迈耶似乎已经将汤川的重粒子收入囊中，其质量似乎与汤川的预测几乎完全一致。一股兴奋席卷了物理学界。终于，强核力的神秘性质似乎已然触手可及。然而，怀疑的声音很快开始形成。首先，他们发现的粒子穿透金属板的距离似乎比想象中的强核力粒子要远得多，强核力粒子应该会和原子核发生强烈的相互作用，并且更突然地停止。其次，安德森和尼德迈耶的粒子在衰变前的寿命比汤川所预测的要长得多。

---

[1] 其中的原因与量子力学中海森堡不确定性原理有关，这对于我们现在的故事来说并无过多关联。我们会再次说到它的。

这种混乱还需要10多年的时间才被消除。1947年，布里斯托大学的塞西尔·鲍威尔（Cecil Powell）领导的一个小组使用了一种完全不同的技术，这种技术将照相底片暴露在宇宙射线中，从而发现了一种新的带电粒子，他们称之为"π meson"（π介子），但今天通常被缩写为"pion"①。这才是汤川所预测的强核力的载体！事实上，有三种类型的π介子，一种带正电，一种带负电，几年后还发现了一种电中性π介子。很快，汤川因为他的大胆预测而获得了诺贝尔奖，而鲍威尔获得诺贝尔奖则是因为实验发现。

物质的构成的放大图正浮出水面。电子围绕着由质子和中子构成的原子核运行，这些质子和中子通过三种π介子的疯狂交换而结合在一起。令人高兴的是，这意味着我们的苹果派部分是由π介子构成的。安德森和尼德迈耶的μ子仍然尴尬地独自徘徊着，看起来很像一个电子的沉重而不稳定的版本，但没有任何人发现它具有有用的功能。物理学家伊西多·拉比（Isidor Rabi）用了一个简洁的句子"这是谁点的？"²来描述μ子引起的混乱，它就好像一个意外被送来的比萨饼。

π介子的出现引起了大量新发现。同年，乔治·罗切斯特（George Rochester）和克利福德·巴特勒（Clifford Butler）组成的曼彻斯特二人组在他们的云室中发现了奇怪的成对分叉轨迹，这些轨迹似乎是由一个比电子重1 000倍的新粒子衰变产生的。由于其独特的V形衰变，它最初被称为V粒子，如今被称为K介子。不久，物理学家就面临着大量出现的新粒子，它们中的一些粒子比质子和中子轻，另一些粒子则比质子和中子要重。

---

① 中文仍为π介子。——译者注

这些新粒子是干什么用的？人们毫无头绪。一位物理学家面对这种令人疑惑的现象打趣地说道："过去，一个新的基本粒子的发现者会被授予诺贝尔奖，但现在这样的发现应该被处以一万美元的罚款。"[3] 物理学似乎面临着一种转变的风险，它要从一个只有少数几种成分、仅仅被少数几则统一的原理主导的简洁学科，变成一个更类似动物学的领域，各种令人困惑的物种在一个不断扩张的粒子动物园里互相争夺着空间。物理学家常说他们记不住任何平庸的东西，比如一系列事实、日期或名字，并往往以此为傲，而如今他们对这种现状感到震惊。恩里科·费米有一句名言："如果我能记住所有粒子的名字，我就是一名植物学家了！"[4]

在混乱之中，物理学家们竭尽全力来建立某种秩序。有一些线索可以追查。首先，除了 μ 子之外，所有这些新粒子都受到了强核力的巨大拉力。为了将它们与那些没有受到强核力的粒子区分开来，比如电子、μ 子或光子，物理学家将这些受到强相互作用的新粒子家族称为强子。强子可以进一步大致分成两类，那些质量介于电子和质子之间的粒子被称为介子，而那些比质子更重的则被归类为重子。

根据强子的基本性质或量子数对强子分类，可以收集到更多的信息。我们已经遇到的一个例子是电荷，质子的电荷为 +1，而罗切斯特和巴特勒发现的 K 介子的电荷为 0。另一个非常重要的性质是粒子的角动量，也叫自旋。如果动量是粒子沿直线运动时所拥有的性质的量，那么角动量就是粒子旋转时所携带的性质的量化。量子力学自旋以 1/2 大小的离散块出现，也就是说，只能取 0、1/2、1、3/2、2、5/2……这一数列中的值。人们花了很大力气弄清实验中不断出现的粒子的自旋。起初，介子的自旋似乎都是 0，重子的自旋为 1/2，但不久之后，人们也发现了自旋为1的介子和自旋为3/2的重子。

到了20世纪50年代，物理学家不再满足于等待粒子从外太空进入云室。现在，钟摆指向了巨型加速器，它通过将质子或电子发射到合适的目标上，在这个过程中将它们的动能转化成新的粒子，就可以根据需要产生奇异粒子。1953年，一台巨大的环形粒子加速器Cosmotron在纽约长岛的布鲁克海文国家实验室正式投入使用。Cosmotron是第一台突破10亿伏特势垒的加速器，它使用了一系列强大的磁铁引导质子束在一个圈里运行，这样一来，质子束每次绕环运行时都可以被反复加速，达到足够高的能量，从而产生以前只能在宇宙射线中见到的全部粒子。

Cosmotron的成就之一是帮助确定了一些粒子拥有的另一种特性。粒子动物园的某些成员在衰变前的寿命比理论学家根据理论得到的预期值要长得多，而且这些粒子似乎总是成对产生的。1953年，理论物理学家西岛和彦（Kazuhiko Nishijima）和默里·盖尔曼（Murray Gell-Mann）各自独立提出，这些粒子之所以能存在得格外长久，是因为它们具有一种新的量子性质，鉴于它们奇异的行为，他们将这种性质称为奇异数，这一术语一直沿用至今。Cosmotron可以将质子的能量提升到足够高，从而可以重现迄今为止在宇宙射线中发现的所有奇异粒子，以及一个前所未见的新的奇异介子。

Cosmotron得到了一种全新的探测器的帮助，这种探测器使物理学家能够以前所未有的细节记录衰变粒子的级联。这些气泡室是由云室派生出的，但它们并没有充满气体，而是充满了极低温的液体，通常是液态氢、氟利昂或者丙烷。液体一直被维持在沸点以下，直到物理学家准备向气泡室发射一束粒子，此时压强会骤然降低，导致小气泡沿着带电粒子的路径喷发。在同一刻，一道闪光穿过气泡室，照亮了美丽的气泡轨迹，就这样，通过气泡室边缘舷窗窥视的摄像机就能捕捉到这些轨迹。

破纪录的能量和崭新的气泡室的成功组合，让Cosmotron得以在竞争对手面前先发制人，但它的成功也引发了一场粒子加速器的军备竞赛。体积越来越大、能量越来越高的机器很快在出现在世界各地，其中许多都有刺激的未来风格的名字。在旧金山的海湾的伯克利，也就是20世纪30年代最初发明第一台圆形粒子加速器的地方，Bevatron打破了Cosmotron的纪录，达到了6.2千兆电子伏特（GeV）[1]的束流能量，并于1955发现了反质子。苏联也不遑多让，很快，它就在莫斯科附近的杜布纳建起了名为Synchrophasotron的超级同步加速器，其峰值能量为10 GeV，这让美国的机器望尘莫及。1959年，当CERN启动28 GeV的质子同步加速器时，欧洲曾一度处于领先地位，直到1961年美国在布鲁克黑文建造起了交替梯度同步加速器（AGS）后，它才失去了榜首宝座。

更高能量的竞赛带来了大量新粒子，将这些巨大的加速器复合体变成了粒子物理学的新兴城市，这里挤满了雄心勃勃的研究人员，希望从亚核碎片中筛选出一些崭新的粒子。粒子动物园继续快速扩张，然而，起初看似不相关的碎片开始慢慢被拼凑在一起，揭示出一种潜在的秩序。尽管如此，大块的部分仍然没有被找到，而这些数据之间的关系也由于实验数据的混乱而蒙上了一层阴影。要想透过迷雾看到下面宝石般的对称，需要一个具有非凡远见和清晰认识的头脑。幸运的是，这样一个人出现了，他就是默里·盖尔曼。

---

[1] 一千兆电子伏特是10亿电子伏特，也就是一个电子经过10亿伏特加速后的动能。

逃出动物园

默里·盖尔曼成长于20世纪三四十年代的曼哈顿，他的父母是来自奥匈帝国的犹太移民。他的哥哥本在他三岁时用一个阳光饼干盒教他识字，并让他对观察鸟类和哺乳动物、植物学和收集昆虫产生了兴趣。[5] 小时候，默里和本会在纽约市四处游荡，寻找一些未受破坏的大自然的角落，在那里，他们可能会看见有趣的动物或植物。默里井然有序的思维令他很喜欢把所有不同的生物分类成不同物种，并将它们在进化树上联系在一起。

1960年，盖尔曼已经成了世界上最受尊敬的理论学家之一，他的洞察力最终揭开了粒子动物园的神秘面纱。就像一位动物学家会将不同物种分列入不同的属和科一样，盖尔曼首先将已知的强子分成各自的大类，包括自旋为0的介子和自旋为1/2的重子，然后在各个成员之间寻找更深层次的联系。质子和中子似乎是一对完美的组合，它们的质量几乎相同，但电荷不同，而且由于自旋都是1/2，它们显然同属重子。接着是π介子，它分为带正电的、带负电的以及电中性的三种，还有两个奇怪的K介子，分别带正电和负电，它们都是自旋为0的介子。

在进行他的粒子分类游戏时，盖尔曼确信在表面之下隐藏着一种深刻的对称性。为了寻找一种结构来描述他所看到的模式，他转而进入了之前一直相对被忽视的数学领域——群论。

群论的众多应用之一就是用来描述对称性。简单地说，当你对一个系统做一些事情却不会改变它时，这里就存在着对称性。以一个普通的立方体为例，因为立方体具有高度对称性，所以有很多方法可以在旋转它之后让它看起来和之前一样。这些旋转形成了所谓的群，群就是旋转立方体同时使它保持不变的方式的集合。

当盖尔曼对强子感到困惑时，他认为自己发现了一个更为抽象的数学群的特征，这个群被称为SU(3)。不幸的是，没有一种容易想象的方法能脱离数学来描述SU(3)，但重要的是，盖尔曼意识到可以利用SU(3)群的对称性，根据强子的自旋、电荷和奇异数，将强子排列在网格上形成六边形，六边形的每个角上都有一个粒子，中间则有两个。

盖尔曼以这种方式对强子进行了排序，就像一个世纪前德米特里·门捷列夫对化学元素所做的那样。门捷列夫从他的元素周期表的缺口出发预测了新元素的存在，类似，盖尔曼也能够预测出新强子的存在。SU(3)群的对称性要求应该有8个自旋为0的介子和8个自旋为1/2的重子，但迄今为止人们只发现了7个自旋为0的介子。

当盖尔曼在1961年发表他的理论时，他发现伦敦帝国理工学院的另一位物理学家尤瓦尔·尼曼（Yuval Ne'eman）几乎在同一时间提出了同样的想法。然而，尼曼相对来说默默无闻，他前不久才离开以色列军队进入物理世界，而盖尔曼已经是一位大名鼎鼎的人物，除此之外，盖尔曼还非常擅长沟通，这确保了他提出的理论版本能够传递给广泛的受众。

盖尔曼既博学又聪明，他不羞于宣扬自己的理论，还引用古老的佛教教义为自己的理论取了一个名字，他称之为"八重法"，就像那条将人们从无尽的死亡和重生循环中解放出来的路。几个月后，伯克利的研究团队发现了缺失的第8个介子，将它命名为η介子，物理学家开始相信盖尔曼可能找到了通往强子涅槃的道路。

然而，随着一系列新的，甚至更重的粒子的发现，决定性的证据才真正出现。除了预测自旋为0的介子和自旋为1/2的重子各有8个之外，八重法还要求应当有10个自旋为3/2的重子。当这些自旋为3/2的粒子排列在相同的电荷与奇异数的网格上时，它们描绘出了棱锥的形状。在盖尔曼和尼曼发表他们的理论时，只有4个已知的这类粒子，也就是奇异数为0的Δ粒子，它们大致构成了棱锥的底部。然后，1962年7月，物理学家聚集在CERN召开了一次重要会议，会上，粒子猎手宣布了发现三个奇异数为–1的新Σ*粒子，还有一对奇异数为–2的Ξ粒子的确凿证据。

盖尔曼和尼曼迅速意识到，这5个新粒子一定会形成棱锥的下面两层。在这些发现公布后，盖尔曼大胆预测了第10个，也是最后一个缺失粒子的存在，它就是奇异数为–3的金字塔的顶石，他以希腊字母表的最后一个字母将其命名为Ω粒子。尼曼也举起了手想要发言，但他坐在大厅最后更远的地方，只能沮丧地看着盖尔曼说出了他想提出的预测。

后来，盖尔曼与来自布鲁克海文国家实验室的两位年轻实验者尼古拉斯·塞缪斯（Nicholas Samios）和杰克·莱特纳（Jack Leitner）共进午餐时，他抓起一张餐巾，勾勒出了如何通过寻找可能的衰变产物来发现Ω粒子。两人把这张餐巾带回了布鲁克海文国家实验室，并用它说服实验室主任给他们时间在当时世界上最强大的粒子加速器AGS上实验。团队花了一年多时间让加速器和气泡室正常运转后，他们从圣诞节前开始收集数据，连轴转地狂热工作到了新年。塞缪斯仔细研究了数万张气泡室照片，每张照片上都包含了无数的粒子轨迹，他注意到了一张包含多个奇异粒子的图像，所有这些粒子都指向一个共同的原点，它是Ω粒子的确凿证据。

Ω粒子的发现使八重法"功成名就"。到了1964年，人们已经强烈地感觉到，我们对亚原子世界的理解正在发生另一场伟大的革命。粒子动物园终于被驯服了。

但这一切意味着什么？正如我们所看到的，门捷列夫的元素周期表中的模式是最初的线索，它假定不可分割的原子实际上存在一种内部结构，这种结构最终决定了每种化学元素的独特性质。或许八重法也暗示着类似的事情吗？所有这些强子，包括构成化学元素的质子和中子，会是由更小的东西组成的吗？

这不一定。当时关于强子存在的最主流的解释消除了没有内部结构的基本粒子和由更小物体构成的复合粒子之间的区别。相反，美国理论物理学家杰弗里·丘（Geoffrey Chew）主张所谓的"核民主"，也就是说，我们不能认为任何粒子比其他粒子更基本。根据丘的主张，每个强子都是其他所有强子的混合。

这个不可思议的反直觉的想法为人所知的名字叫自举模型[1]，因为它涉及强子有效地让自己存在，就像"用自己的靴袢把自己举起来"的荒谬习语一样。[2]自举理论家最大的愿望是，或许只有一组可能的强子能够使它们自己存在，在这种情况下，你会得到一种非常经济的理论来解释所有已知的粒子，而不需要任何外部输入。也许八重法是自举模型提供的更深层次的真理的产物，许多人希望这种模型很快就会出现。

然而，自举模型并不是唯一的选择。在过去的几年里，默里·盖尔曼一直在思考这样一种想法：如果你认为强子是由更小的东西组成的，那么他在强子中发现的对称性就可以解释得通。他从来没有把这个想法

---

① 又称靴袢模型。——译者注

② 文中的习语指的是英语中的"pull yourself up by your own bootstraps"，引申意为"自力更生"。——译者注

推进得非常深入，部分原因是他认为这种想法与更优美的自举模型不兼容，还有一部分原因是他正忙于解决其他更紧迫的问题。此外，无论这些更小的东西是什么，都需要有电子的1/3或2/3的这种分数的电荷，但到目前为止，自然界中看到的所有粒子的电荷都是整数。

1963年3月，盖尔曼与纽约哥伦比亚大学的一些同事共进午餐，席间，他与物理学家罗伯特·塞伯尔（Robert Serber）聊天，塞伯尔也在思考亚强子的基本构成单位的问题。当塞伯尔在午餐时问盖尔曼对这个想法有何看法时，盖尔曼不屑一顾，但那天晚上晚些时候，他们的谈话让盖尔曼开始思考，如果这些带分数电荷的小块一直被锁在强子内部，永远无法逃入外部世界，那会怎么样？如果这是真的，那么人们珍视的核民主原则就能得以保留，而自举模型仍然是可行的。

盖尔曼在创造令人难忘的名字方面极具天赋，他将这些无法探测的小粒子称为"qwork"，这是一种刘易斯·卡罗尔（Lewis Carroll）[1]风格的无意义词汇。几个月后，当读到了詹姆斯·乔伊斯（James Joyce）的小说《芬尼根的守灵夜》时，他的目光落在了乔伊斯胡言乱语的"三呼夸克"这句话上。盖尔曼立即想到，他已经找到了一个完美的机会，可以给这些微小的基本单位一些文学的馈赠，更重要的是，用如此难懂的作品给它们取名字，只会让他的同事更加深刻地感受到他有多么博览群书，多么聪明。就这样，"qwork"变成了"quark"（夸克）。

根据盖尔曼的说法，如果有三个这样的夸克，就可以解释强子中的对称性，他称这三个夸克分别为"上""下"和"奇"。上夸克的电荷为+2/3，而下夸克和奇夸克的电荷都是–1/3。通过结合这三种粒子（还

---

[1]　英国作家，代表作《爱丽丝梦游仙境》。——译者注

有它们的反粒子），你就能解释所有已知强子的性质。像π介子或K介子这样的介子是一个夸克和一个反夸克的配对，而重子则是由三个夸克组成的。最重要的是，质子可以被认为是由两个上夸克和一个下夸克组成，而中子则是由两个下夸克和一个上夸克组成的。

同时，在数千千米之外的日内瓦附近的CERN，一位年轻的俄罗斯博士后、盖尔曼的前博士生乔治·茨威格（George Zweig）也有类似的想法。茨威格完全独立地意识到，如果存在三个电荷分别为+2/3、−1/3和−1/3的基本单元，那么八重法的对称性就完全可以解释得通了，他把这些基本单元称为"艾斯"（Ace）。

然而，虽然这两种观点在解释强子对称性时是一样的，但茨威格和盖尔曼对这一切的实际意义却有着截然不同的理解。盖尔曼喜欢将夸克看作数学上的便捷方法，而不是一种真正的物理实体。在他看来，强子真正的基本成分是它们服从的数学对称性。夸克只是一种追踪这些基本对称性的方便方法，在现实世界中可能永远无法观察到。

另一方面，对茨威格来说，夸克（或者说艾斯）可能与质子、中子和电子一样真实。对这位年轻的物理学家来说不幸的是，这种想法在奇怪却简洁的自举模型是主流时非常不受欢迎的。强子是由更小的东西组成的观点似乎简单直接，甚至有些幼稚。盖尔曼戏谑地称茨威格的艾斯是"混凝土块模型"[6]。因此，盖尔曼在一份高质量的杂志上发表夸克理论时毫无障碍，但茨威格却面临着来自审稿人的一系列批评，茨威格的论文除了发表在CERN的一份无足轻重的预印本之外，从未受到任何关注，这篇预印本的论文只是一篇由实验室自己发表的文章，并没有发表在权威杂志上。

然而，尽管一些理论家对夸克的概念嗤之以鼻，但对许多实验学家来说，发现新一层的现实的前景绝对不能错过。物理学家开始仔细研究数以万计的气泡室旧照片，寻找他们可能错过的带分数电荷的粒子。CERN和布鲁克海文急忙准备了新的粒子束实验，希望发现夸克脱离强子的痕迹。甚至一些保守的宇宙射线物理学家也参与其中，在从天而降的粒子雨中寻找夸克。

但夸克却无处可寻。到了1966年，先后20项实验对它们进行了搜索，结果都是空手而归。盖尔曼在当年的伦敦皇家学会上发表演讲，他亲口表示："我们必须面对夸克并不存在的可能性。"[7]

有用的线索来自一个意外的来源。在加利福尼亚州北部的斯坦福大学，当时世界上最大且最昂贵的粒子加速器添上了点睛之笔。斯坦福直线加速器延伸3.2千米，穿过斯坦福大学校园起伏的开阔草地，直接穿过280号州际公路，它实际上是一门巨大的粒子炮，能够将电子加速到惊人的20 GeV。它巨大的规模和一亿美元的造价为其赢得了"怪兽"的绰号，而建造它就花费了10多年的规划、设计和施工，更不用说让这个项目在美国国会上通过了。

当大多数物理学家把注意力放在CERN和布鲁克海文高能质子加速器的令人兴奋的新发现时，"怪兽"有点儿奇怪。其他圆形的粒子加速器的工作原理是控制质子束围绕一个环运动，并在每绕行一圈时对它们进行加速。但和它们不同的是，"怪兽"是向一条3.2千米长的笔直管道①发射电子，并在过程中让电子一路加速，直到它们迎头撞上管道尽头的目标。随后，高耸的谱仪会记录下这些碰撞的结果，并测量散射电子的能量和方向。

---

① 当时它被称为世界上最直的物体。

事实上，"怪兽"是一个巨大的显微镜，能对质子直接放大，以前所未有的细节研究质子的大小和形状。电子束的能量越高，它能探测的距离就越短，分辨出的细节就越精细。越高能的粒子可以让你探索的距离越短的原因在于波粒二象性的量子力学现象，具体来说，如果你以正确的方式设置实验，像电子这样的粒子可以被捕捉到波一样的行为。电子或任何粒子的波长与粒子的动量成反比，换句话说，粒子移动得越快，它的波长越短。

当斯坦福"怪兽"在1966年开始发射电子时，它可以将电子加速到光速的99.999 999 97%，使它们的波长约达到6×10^{-17}米（60阿米）。实验表明，质子和中子宽约1×10^{-15}米，因此原则上，"怪兽"的电子束可以分辨出远小于这些原子的最基本组成部分的东西。

在20世纪60年代中期，理论学家把质子想象成一个没有内部结构的非实体的模糊球体。因此，当他们向质子发射超高能电子束时，利用"怪兽"进行研究的团队预计大部分电子几乎可以畅通无阻地通过。这让你想起什么了吗？

早在20世纪初，物理学家就把原子想象成一个类似于布丁的非实体物体，这就是为什么当α粒子从金原子上反弹回来时，欧内斯特·卢瑟福会大吃一惊。这个著名的结果彻底改变了我们对原子的理解，最终让这位充满活力的新西兰人得出结论，原子的核心中存在着一个微小的原子核。

斯坦福大学即将发生一件类似的神秘事件：他们的巨型加速器就像放大版的卢瑟福的金箔实验，尽管它的规模在1908年是完全无法想象的。在发现原子核60年后，物理学家仍在使用卢瑟福的反复经过检验的技术，向目标发射粒子，观察粒子如何反弹。

斯坦福大学甚至也有一位自己的"翻版卢瑟福",他就是可怕的理查德·泰勒（Richard Taylor），他是一位高大的人物，走廊里经常回荡着他愤怒而洪亮的声音。在1966年第一组电子散射实验结束后，泰勒负责斯坦福大学和麻省理工学院的一个联合团队，该团队开始对质子进行更深入的探测。1967年，他们得到了一些初步的线索，表明怪事正在发生。电子通过质子时损失的能量似乎比预期的要多得多。

起初这种影响被认为是噪声，但到了1968年年初，研究团队已经确信他们所看到的是真实的。就像卢瑟福的α粒子一样，如果质子真的只是一个弥散的电荷球，那么电子被散射的角度会比你想的要大得多。似乎只有一种解释：电子被质子内部难以想象的微小物体反弹了。

与任何人的期望相反，这台巨大的加速器已经深入观察了物质最基本的组成部分，并瞥见了一个全新的现实层面。尽管像自举模型这样的奇思妙想广受欢迎，但古老而久经考验的原子物质观似乎再次胜出。质子、中子和粒子动物园里的所有强子似乎都是由更小的粒子构成的。

然而，斯坦福大学–麻省理工学院的团队进行了一场斗争，他们要说服人们他们真的看见了夸克。由于自举模型的影响，最初大家对他们的电子散射结果并没有什么兴趣。还需要许多年的实验和理论研究，更不用说还得有物理学最有魅力的传播者理查德·费曼的热情宣传了，才能让世界相信怪兽确实看到了质子的基本构造。

1973年，在CERN名为加尔加梅勒的巨大气泡室发现中微子从质子内部的点状物体上反弹后，夸克的证据变得确凿无疑。通过比较加尔加梅勒和"怪兽"的实验结果，物理学家在质子中识别出了三种这样的粒子。更重要的是，这些粒子似乎带有分数电荷，就像盖尔曼和茨威格所预测的那样。尽管盖尔曼对自己的创造的真实性持怀疑态度，但夸克最终成了物理学家可以开始相信的真实的物理对象。

好吧，在某种程度上是这样的。一个巨大的谜团仍然存在，那就是没有人真正看到了夸克。它们存在的所有证据都来自强子反弹的粒子。无论加速器有多强大，还没有一台加速器能够从强子囚室中释放出一个单个的夸克。夸克似乎就被无情地锁在里面。

事实证明，背后的原因与强子内部将夸克结合在一起的力有关。这种力被称为强力，是迄今为止发现的最强大的吸引力。将质子和中子聚集在原子核内的强核力是这个强大得多的力的一种"回声"。想要打破强力的束缚，并将夸克从质子和中子内部释放出来，需要比最热的恒星还要高得多的温度，这种温度要高达数万亿度。

自从大爆炸后的100万分之一秒之后，宇宙中从未见过这样的温度。正是在宇宙时间的第一微秒里，我们赖以生存的质子和中子形成了。为了找到物质的最终起源，我们需要找到一种方法来探测这个万亿度的宇宙的物理性质。令人难以置信的是，这样的温度如今在地球上经常得到重现，就在离繁华的纽约市中心只有几英里的地方。

万亿度的汤

对于一个以无拘无束、"自由灯塔"、"别让政府来管我"以及"联邦政府是哪根葱想来管我不能拥有地对空导弹？"这种气质而自豪的国家来说，美国其实出人意料地好管闲事。在我访问布鲁克海文国家实验室之前，我被要求填写一份好几页的在线申请表，然后和他们（永远乐于助人的）行政人员就我的访问目的进行了相当长的沟通。关键是，我被告知在进入美国时，我应该非常小心地在入境时获得正确的签章，如果我弄错了，我将得不到访问实验室的许可。于是，我与两位看上去有些困惑的边境处官员进行了一次迂回的谈话，告诉他们我在他们国家到底要做什么，其间我试图解释我只是想参观一些政府实验室，并以一种完全无害、非间谍的方式和一些科学家交流，同时竭尽全力避免说出"核"这个词。相比之下，过去人们可以向一位看上去不感兴趣的保安挥舞乐购超市会员卡就进入CERN。①

因此，我怀着惴惴不安的心情，出现在通往布鲁克海文国家实验室林荫大道的保安小屋前，挥舞着我的护照，上面有一个略显模糊的入境章。桌前的女人用怀疑的眼光看着它。"我想他们的墨水用完了。"我勉强地笑着说道。经过几声啧啧以及在电脑上轻敲几下后，她的脸亮了起来，这让我松了一口气，她把护照还给了我。"欢迎来到布鲁克海文。"

布鲁克海文国家实验室在粒子物理学领域里有着悠久而辉煌的历史。它于1947年建在一个美国陆军训练营的旧址上，它的第一个主要设施是一个实验性的核反应堆，后来在1953年，它迎来了一台数十亿伏特的Cosmotron加速器，这台加速器在粒子动物园的探索中发挥了主导作用。然后，在1960年，AGS横空出世，在将近10年的时间里，它一直占据着世界上能量最高的加速器的宝座。

在AGS的众多成就中，有一项重大发现使粒子物理学家在1974年陷入了狂热的兴奋。布鲁克海文的丁肇中团队在他们的数据中发现了一个惊人的新峰值，其能量约3.1 GeV，刚刚超过质子质量的三倍，至此，在这一领域称为"11月革命"的大事件开始了。与此同时，在4 000千米之外的加利福尼亚州，伯顿·里希特（Burton Richter）的研究团队正

---

① 在你想闯进CERN之前，我应该补充一点，从那之后管理已经变得有些严格了。

在利用斯坦福"怪兽"进行研究，他们惊讶地注视着完全相同的峰值。这两个团队于11月11日宣布了他们的发现。这一峰值证明强子是由一种全新的、前所未见的夸克类型构成的，这种夸克被称为粲夸克。粲夸克是质子和中子中发现的带正电的上夸克的更重的表亲。①

AGS的发现消除了所有关于夸克存在的疑问，并为我们当前的粒子物理学理论奠定了基础。如今，这台古老的加速器仍在运行，作为一台更巨大、更强大的原子加速器——相对论重离子对撞机（RHIC）的供给装置。我就是来参观这台机器的。

为了理解RHIC的科学家在研究什么，我们需要深入探究构成质子和中子的夸克的物理。在20世纪70年代初，夸克的真实性被接受的同时，物理学家在试图理解将夸克锁在强子内部的神秘的强力。

到1973年，一种候选理论出现了，它是基于SU(3)，也就是盖尔曼和尼曼在八重法中对强子进行分类的同一个对称群。但这一次，对称性描述了强力本身。

正如质子和电子由于电荷相反而通过电磁力相互吸引，夸克也因为它们携带着强作用力的等价"电荷"而相互吸引。然而，尽管只有一种电荷，它可以是正电荷，也可以是负电荷，但SU(3)对称性规定，强力应该有三种不同类型的电荷，每种电荷都有各自的正和负版本。盖尔曼再次展示了他在挑选令人印象深刻的术语方面的神奇天赋，他将这三种强力的电荷称为"色"。不要将它与我们平时所说的颜色混淆，比如我的毛衣的颜色（如果你想知道的话，是橙色的），夸克的色只是一个描述电荷的词，它决定了物体对强力的感受。最初，盖尔曼爱国地建议将

_____

① 如今，我们知道一共有6种夸克，上夸克、粲夸克和顶夸克带有+2/3的电荷，而下夸克、奇夸克和底夸克带有−1/3的电荷。

这三种色分别称为红、白和蓝[1]，但如今物理学家通常选用更中性的红、绿和蓝。

如果夸克被分为红、绿和蓝三色，而反夸克则被分为反红、反绿和反蓝，并且和电荷一样，相似的色相互排斥，而相反的色则会相互吸引。所以两个红夸克会互相排斥，而一个绿夸克和一个反绿的反夸克会想聚在一起。使强力比电磁力更复杂的一个因素是，三种不同的色也会相互吸引，因此红的上夸克、绿的上夸克和蓝的下夸克将相互吸引，形成质子。（由夸克构成的）强子整体总是无色的。一种色在介子中与其反色配对，或者三种色在重子中混合在一起。多亏了色这种性质，这个理论有了一个听起来很酷的名字——量子色动力学（QCD），也就是色的量子理论。

QCD不仅告诉了我们夸克有三种色，它还告诉我们，强力是由一种被称为胶子的粒子传递的，正是它们将夸克"胶合"在一起。乍一看，胶子很像光子，也就是电磁力的载体。与光子一样，它们的质量为0，自旋为1。然而，SU(3)对称群的特殊要求意味着，虽然只有一种光子，却存在8种不同类型的胶子。而且，关键是光子不带电荷，而胶子是有色的。正是这一决定性的事实解释了为什么直到今天，还没有人见过单独的夸克。

原因是这样的。光子仅仅与质子和电子等带电粒子直接发生相互作用。由于光子是电中性的，这意味着，如果你相对发射两个光子，它们（几乎）总是快速地从对方身边擦肩而过，而不会发生任何逗留。它们经过彼此犹如夜间海上的船。

---

[1]　美国国旗的颜色。——译者注

胶子的情况则截然不同。每个胶子携带着色和反色的组合，由于胶子被有色粒子吸引，它们实际上会发生相互作用。这意味着，两个夸克之间的强力与质子和电子之间的电磁力完全不同。

我们很快就会明白，为什么没有人见过单独的夸克了，很快了，请耐心听我说。想象一个电子和一个质子相隔不远在一起，就像它们在氢原子中那样。它们之间的电磁力可以想象成质子和电子都在向各个方向发射光子①，它们有点儿像20世纪80年代风格的迪斯科舞厅中你如今偶尔仍然能看到的球灯。由于质子和电子靠得很近，电子发射的大量光子将被质子吸引并被吸收，反之亦然。正是这种光子的交换在两个带电粒子之间产生了吸引力。

现在想象一下，我们抓住电子和质子，并开始把它们分开。随着它们之间的距离增加，能被对方吸收的发射光子越来越少，电子和质子之间的吸引力也越来越弱。起初，你必须努力克服吸引力，但随着你逐渐拉开这两个粒子，事情变得越来越容易，直到最终，剩下了一个自由电子和一个自由质子。

现在，让我们考虑两个夸克的类似情况。这两个夸克现在向各个方向发射胶子，而不是光子。向另一个夸克方向射出的胶子被吸引并吸收，产生一种吸引力，就像质子和电子一样。然而，这里就是胶子携带色的事实开始让事情变得不一样的地方。胶子的交换为两个夸克之间的

---

① 这里有一个微妙之处。在这个例子中，粒子发射的光子与灯泡产生的真实的可见光子并不同。相反，它们是我们所说的"虚拟"粒子。虚拟粒子是完全无法探测的，实际上只是辅助思考力在粒子之间如何传递的工具。老实说，我并不认为虚拟粒子的概念特别有用，一种更好的解释涉及被称为"量子场"的物理实体，我们很快就会讲到，但虚拟粒子在这个类比中很有用。

区域带来了更多色。你可以把在两个夸克之间来回流动的胶子想象成一条红、绿和蓝色的管道，管道两端各有一个夸克。这种多色的管道会吸引附近的其他胶子，将它们吸引到间隙中，让管道变得更加致密，也具有更多色。最终，管道中有太多颜色了，以至于两个夸克发射的所有胶子都被吸进管道，在两个夸克之间形成了一种强大的多色连接。

现在，让我们假设我们决定尝试分离两个夸克。我们抓住它们并将它们拉开，这是一项极其艰苦的工作，但夸克逐渐开始分离。然而，由于所有胶子仍然集中在两个夸克之间的管道中，我们要对抗的力丝毫没有减弱。相反，胶子管像皮筋一样被拉伸，和皮筋一样，当我们拉伸它时，越来越多的能量被储存在管道的张力中。现在到了有趣的部分，一旦胶子管的拉伸中储存的能量等于一个新的夸克–反夸克对的质量，胶子管道就会灾难性地断裂，但最后并不是以两个自由夸克结束，而是从被拉伸的胶子管道储存的能量中创造出一个新的夸克和反夸克，每个都连接到一个断裂的端口。我们得到的是两对夸克，它们中的每一对都仍然牢牢地锁在一起。

这就是我们从未见过单独的夸克的原因。想要从强子中拉出一个夸克，就像一位魔术师从袖子中拉出手帕一样，你反而会得到一条不断增长的强子链，你拉得越用力，这条链就会变得越来越长。当我们在LHC上对撞质子时，我们并没有将夸克砸出来，我们最终得到的是包含数十个强子的巨大喷流，这些强子都是由将原始的夸克分离的初始对撞的能量产生的。

从这种观点来看，夸克似乎注定永远被困在强子中。但在1973年，理论学家戴维·格罗斯（David Gross）、弗兰克·维尔切克（Frank Wilczek）和戴维·波利策（David Politzer）对强力的本质有了惊人的发现。他们计算出，当你以更高的能量碰撞强子时，强力牢固的控制应该就会开始减弱。这暗示着，在足够高的能量下，强力会变得足够微弱，从而能让强子有效地熔化，变成由自由夸克和胶子组成的过热气体。

这种过热的物质被称为夸克胶子等离子体，这是一种极其炽热和致密的物质状态，夸克和胶子最终可以在单个强子的范围之外自由穿梭。想要创造这样一种状态，所需的温度和密度远远超出了20世纪70年代中期的实验室所能达到的条件。事实上，在宇宙的历史上，只有一次极端的条件足以产生夸克胶子等离子体，那是大爆炸后关键的百万分之一秒。

那个时候，宇宙是如此炽热而致密，以至于没有强子可以形成。整个空间充满了这种夸克和胶子的翻腾物质。然而，随着宇宙膨胀，它冷却了，大约一微秒后，温度下降到足以让夸克和胶子融合在一起，形成第一批质子和中子。这意味着如果物理学家想了解物质的最终起源，他们需要找到一种在实验室中研究夸克胶子等离子体的方法。

我进入了RHIC，这是一台4 000米长的对撞机，它埋在穿过长岛软沙土的浅隧道中。RHIC的原理和其他任何对撞机都类似：两束粒子围绕大致六边形的环发射，一束顺时针运动，另一束则逆时针运动，由强大的电磁铁让它们保持在轨道上。每绕一圈，高压电场会在粒子经过时给它们一个冲击，逐渐增加它们的能量。一旦粒子达到了所需的能量，磁铁将调整两束粒子的路径，让它们在大型探测器内迎面相撞，探测器的工作是记录下碰撞后飞出的亚原子碎片。

RHIC与其他对撞机的不同之处在于它使用的抛体。正如"相对论重离子对撞机"这个名字所表明的那样，RHIC的主要目标是对撞重元素的离子[1]，包括铝、铜、铀，还有最吸引人的金。这些元素的核包含数百个质子和中子，因此当它们对撞时，会产生巨大的密度，可能高到足以产生夸克胶子等离子体的情况。

我来到布鲁克海文是为了见海伦·凯恩斯（Helen Caines）和许长补，他们两位是STAR[2]实验团队的领导，也被称为发言人。它是这里的两个大型探测器之一，用于研究RHIC产生的对撞。我们在布鲁克海文入口附近的一座大型接待大楼里见面并喝了杯咖啡，布鲁克海文有许多办公楼和实验大厅，占地21平方千米，四周是茂密的林地。

布鲁克海文的工作人员在这里摄入他们一天中的第一杯咖啡因，在熙熙攘攘的喧闹声中，海伦和长补向我讲述了20年来研究宇宙中物质最极端的状态的起起伏伏。海伦曾在伯明翰大学攻读博士学位，1996年，她来到大洋彼岸进行第一份研究工作。对那些对夸克胶子等离子体感兴趣的人来说，在20世纪90年代末，没有比美国更好的地方了。当时，距离RHIC进行第一次碰撞只有几年的时间了，海伦作为一名年轻的研究人员进入了这一领域，一到美国就加入了STAR合作组织。当时，她未来的共同发言人长补正在耶鲁大学攻读博士学位，更早时他曾在中国学习物理。当RHIC开始收集数据时，这两位年轻的物理学家将非常适合领导探索夸克胶子等离子体。

然而，在实验开始之前，RHIC的物理学家发现自己不得不面对夏威夷居民瓦尔特·L. 瓦格纳（Walter L. Wagner）向媒体提供的出人意料的头条新闻。瓦格纳担心RHIC的高能碰撞可能最终毁灭世界，并"热心"提供了一份末日菜单供大家选择。对撞机可能会产生一个能吞噬地

---

① 这里的离子指的是被剥夺了一些电子的原子，让离子整体带正电。

② 如果你对缩写感兴趣，STAR代表RHIC的螺线管跟踪器。

球的微小黑洞，或者会合成一种新形式的"奇异物质"，将整个星球转化成一个没有形状的水滴。最令人兴奋的一种可能是，它会创造一个具有不同物理定律的泡沫宇宙，它将以光速膨胀，不仅会毁灭我们的星球，而且会毁灭整个宇宙。

理论物理学家弗兰克·维尔切克出面打消了瓦格纳的担忧，但这似乎只是激起了媒体更大的兴趣，最终布鲁克海文国家实验室被迫撰写了一份长篇报告，详细解释了他们的新对撞机不太可能带来末日的原因。[①]之后事件平息下来，但这并没有阻止瓦格纳在纽约和旧金山分别提起了两起诉讼，试图阻止对撞的开始。幸运的是，2000年6月12日，当第一对金核在布鲁克海文相互对撞时，世界仍在继续运转。

在数据收集开始后的最初几天，一些理论学家热衷于宣称根据STAR和当时运行的其他三台探测器的测量结果，RHIC已经创造出了夸克胶子等离子体。然而，海伦、长补和他们的实验团队同事则更加谨慎。

想要知道你是否制造出了夸克胶子等离子体，最大的挑战是不可能直接测量它的性质。当两个金核在RHIC碰撞时，它们形成的过热物质团只存在于一瞬间。在仅仅0.1幺秒[②]后，这个微小的火球膨胀并冷却，转变成数千个强子的爆炸，它们以接近光速的速度在探测器中爆炸。

这些强子就是STAR看到的全部。只有通过研究它们的性质，才能推断夸克胶子等离子体是否真的形成了。不过，随着时间的推移，

---

① RHIC不太可能毁灭世界的主要原因是，数十亿年来，能量远高于RHIC碰撞的宇宙射线一直在轰击地球、月球和其他天体。假如制造毁灭世界的黑洞、奇异物质或泡沫宇宙是可能的，那么它早就已经发生了，我们也就不会在这里了。

② 即10^{-25}秒，1幺秒=10^{-24}秒。——译者注

RHIC 的物理学家开始看到一些标志性的迹象。首先，他们发现探测器在每次碰撞中看到的无数强子集体从撞击点流出，就像一群牛羚在平原上的运动一样，这强烈暗示它们都来自一个统一的物质团。更重要的是，每次碰撞产生的喷流量远低于预期，几乎就好像夸克在穿越厚厚的夸克胶子浆时被减速了，阻止了它们将动能转化为强子喷流。

RHIC 的物理学家花了 5 年时间才确定，而在 2005 年，他们准备好了向全世界宣布，他们成功了，创造出了自大爆炸以来宇宙中从未存在过的物质状态。他们估计，制造的夸克胶子等离子体的温度约两万亿摄氏度，这比太阳中心的温度还高 13 万倍，夸克胶子等离子体的密度约为每立方厘米 10 亿吨。

最不寻常的是，它的体积特性与他们预期的截然不同。它不是由自由夸克和胶子组成的气体，反而它的行为像一种液体，不仅仅是任何液体所具有的那种液体属性，而是一种近乎完美的液体。这种奇怪的物质在流动时似乎没有任何内阻或黏性（或者更严格地说，它的黏度几乎为零）。在第一微秒里，宇宙并不是被火球填满了，而是充满了一种万亿度的汤。

我们喝了咖啡，随后向长补道别，海伦带我去看 STAR 的"真身"。在路上，我们见到了她的同事兼实验技术协调员阮丽娟。和长补一样，丽娟也来自中国，2002 年，她作为一名年轻的研究生来到布鲁克海文国家实验室。从那以后，她一直深入参与实验的各个方面，特别喜欢亲力亲为。她对探测器的喜悦和自豪是显而易见的："只有亲手触碰到硬件，你才能真正开始感受整个仪器的工作原理。"

STAR 探测器所在的巨大大厅在校园的另一边，所以我们乘坐海伦的车，开了一小段路，沿途经过了名字恰如其分的汤姆孙大道和卢瑟福大道。第一站是控制室，这里是一间地堡一样的黑暗房间，有几十个看起来很古老的背投电脑屏幕，它们可以用来监控实验的执行情况。与LHC的明亮的现代感相比，这里整体上有一种明显的破旧感。对于一项即将迈入第三个10年的实验来说，这或许不足为奇。

我们从控制室走向一个大型机库，机库的一端有一堵巨大混凝土砌块制成的厚重的屏蔽墙。令我大吃一惊的是，接下来并没有虹膜扫描或者辐射程序，只要RHIC没有在运行，放射性水平一定在安全水平之内。在我还没意识到的时候，我就发现自己站在巨大的STAR探测器下面。

这台探测器重达1 200吨，有三层楼那么大，当你第一次站在它面前时，它会给人留下深刻的印象。桶形的探测器主体由一个巨大的电磁铁组成，当粒子从碰撞点飞出时，这个电磁铁会使粒子弯曲，使物理学家可以测量它们的动量。位于磁铁内部的是精密的STAR追踪系统，它重建了数千个带电粒子的轨迹，这些带电粒子在每个夸克胶子等离子体的小团膨胀和冷却时释放。在我参观的那天，STAR被打开了，让我有机会看到探测器的内部，这里还有闪烁的LED（发光二极管）灯，使它看起来像科幻电影里的东西。

当我们站在一个升高的门架上，看着探测器发光的内部时，海伦和丽娟告诉了我他们下一次运行RHIC和STAR实验的计划。现在，他们已经能够例行创造和研究夸克胶子等离子体，团队正在接近我们宇宙历史上的一个关键时刻，这也将是我们的故事中一个至关重要的时刻。在大爆炸后的约一微秒，宇宙的温度下降到足以使夸克胶子等离子体转变为第一批质子和中子。这就是物理学家所说的相变，这很像液体冻结形成固体的冰。下一次实验的运行计划是利用RHIC不断调整对撞的能量，这大致相当于改变夸克胶子等离子体的温度。对撞离子的能量越高，温度越高。

通过仔细浏览对撞能量，海伦和她的同事希望找到夸克胶子等离子体"冻结"形成强子的临界点。弄清这个过程是如何发生的，质子和中子是如何有效地在大爆炸中被烹饪出来的，将对我们理解第一种元素是如何形成的产生深远的影响。

在20世纪下半叶，RHIC在粒子物理学领域一直处于世界领先地位，现在它是美国仅存的粒子对撞机。几年来，人们一直严重怀疑，STAR及其友好的对手兼邻居PHENIX①所领导的研究项目是否会继续获得资助。在21世纪初，RHIC是唯一一项研究夸克胶子等离子体的项目，但在2010年，CERN的LHC通过它专门的重离子实验ALICE②参与了竞争。2012年，LHC的高得多的能量让ALICE打破了RHIC有史以来最高温度的纪录，LHC进行的铅离子对撞产生的夸克胶子等离子体的温度超过了5.5万亿度。

尽管LHC在体积和能量上可能让RHIC相形见绌，但RHIC仍有一些LHC无法匹敌的技巧。特别是，RHIC可以将其对撞能量降低到比LHC更低的值，这意味着，它是唯一能够搜索自由夸克和胶子融合形成强子的临界点的对撞机。至少在短期内，美国最后一台对撞机的资金状况看起来相当乐观。如果运气不错的话，海伦、长补、丽娟和他们的同事或许在不远的未来就能找到质子的终极配方。

---

① 想知道PHENIX代表什么吗？它是开创性高能核反应交互实验（Pioneering High Energy Nuclear Interaction eXperiment）的缩写。

② ALICE代表大型离子对撞实验（A Large Ion Collider Experiment），对于一个确实在运作的粒子物理学实验来说，这是一个并不常见的缩略词。

第 9 章

究竟什么是粒子？

天才狄拉克 / 爱丽丝和鲍勃 / 帝国理工地下室

我们的苹果派原料清单已经变短了。我们从一个装满了氧、碳、氢、钠、氮、磷、钙、氯、铁和其他很多元素的满满的食物柜开始，但现在只剩下了三样东西，那就是电子、上夸克和下夸克。这其实有点儿在作弊，因为要把这些物质粒子结合在一起形成原子，我们还需要电磁力和强力。因此应该将光子和胶子添加到列表中。不过，这是一份非常经济的基本原料清单，而你可以用它们制作任何东西，包括苹果派。

夸克和电子是粒子，我承认，到目前为止，这个术语用得太随意了，你可能会把它想象成一个小球一样的东西，也许有点儿像弹珠。随着我们对物质结构的深入研究，这种心理意象对我们很有帮助。在许多方面，粒子确实表现得像小硬球一样，它们会黏在一起形成原子核和原子。在 LHC 上，从碰撞中飞出的物体像微观①子弹一样穿过我们的探测器。当我们创作这些碰撞的图像（这些图像通常只是为了宣传目的，它们的数量太多了，我们无法画出每个粒子的路径）时，粒子就好像真的是一个定义明确的小块，正如这个词所暗示的那样。

这种物质的小块图片有很久远的起源，它可以追溯到约翰·道尔顿的原子理论，如果你想卖弄学识的话，你还可以继续追溯到古希腊哲学家德谟克利特（Democritus）和留基伯（Leucippus），他们最早提出物质是由不可分割的、坚硬的、粒子颗粒的东西构成的。然而，现代粒子的概念与道尔顿或者古代原子论学家的想象相去甚远。"粒子"这个词已经成了一座冰山，它的日常意义只是水面上可见的一小部分，而水面之下隐藏着大量的性质、概念和尚未被完全理解的现象，它们都是经过几十年的实验和理论研究而逐渐建立起来的。即使是粒子物理学家，在大多数情况下，他们对粒子一词的全部含义也只有模糊的认识。拿我个人来说，在日常工作时，我确实会把粒子想象成小弹珠。这种心理意象在大多数情况下都能正常运转。但这是错的。

这种简化的方式忽略了世界的怪异，是现代粒子物理学告诉我们世界最终是由什么构成的一种真正的复杂、美和彻头彻尾的怪异。只有在我们开始认真思考粒子时，这幅更深层次的图景才会显现。在这个过程中，我们将发现粒子根本不是自然界的基本组成部分。取而代之的是，一组新的物体出现了，它们远比我们日常生活中经历的任何事物都更加奇异，也远没有那么有形可感。即使是世界上最聪明的理论学

---

① 这是另一个被误用的词。"微"是指尺寸为百万分之一米的物体。而质子直径约为 10^{-15} 米（也就是 1 飞米），因此正确的术语应该是"飞观"。

家，对这些物体也只是一知半解，但它们似乎才是我们宇宙真正的组成部分。

创造和湮灭

几年前，我在伦敦科学博物馆策划了一个小型展览，它占据了熙熙攘攘的探索太空长廊角落的几个大陈列柜。一群吵闹的孩子在走廊里像一群兴奋的、穿着反光背心的大鹅一样挤在长廊里，在各种各样的物理学藏品中，很少有人注意到一摞装订松散的论文，那是保罗·狄拉克的博士论文，真迹。标题是用迷人地不整齐的大写字母手写的，题目很简单——《量子力学》。这对博士论文来说可谓言简意赅。[①]

保罗·狄拉克是20世纪最杰出的理论物理学家之一，大概仅次于阿尔伯特·爱因斯坦。给你举个例子让你感受一下他的非凡能力，在读到德国理论学家维尔纳·海森堡（Werner Heisenberg）首次阐述量子力学基础的论文仅仅三个月后，狄拉克就提出了一个全新的理论版本，他用一种更简洁的数学语言对海森堡的思想进行了重构和扩展。此时他仅仅23岁，正是这样的人让你意识到你的成就是多么的不值一提。

狄拉克也是物理学中最怪的人之一，如果你见过许多物理学家，你就会知道在这个领域里存在一些激烈的竞争。他不会社交，不善言辞，而且非常沉默寡言，他的同事把"一狄拉克"的单位定义成每小时说一个词。他就像一个来自另一个星球的游客一样，需要费力理解人类的许多常见消遣，尤其是诗歌，他把诗歌概括为明显而难以理解的描述，以

---

① 相比之下，我的博士论文标题是《在LHCb实验中对B_s^0到K^+K^-寿命的测量》。你可以猜猜哪一篇博士论文更有影响力。

及最糟糕的还有跳舞。在他的同事讲述的众多狄拉克故事中，有一次是他和海森堡在日本参加一次科学聚会，他问海森堡为什么喜欢跳舞。海森堡回答"和漂亮姑娘一起跳舞很开心"，狄拉克沉思了几分钟，然后回答说："海森堡，你怎么能事先知道姑娘一定漂亮？"[1]

然而，尽管狄拉克无法理解一般的人类行为，但在理解自然界最小成分的行为方面，他几乎无敌。在他的科学生涯的最初几年里，他将为所有的现代粒子物理学奠定基础。他的第一步是弄清光子诞生时发生了什么。

光子一直在被创造和摧毁。每次你轻按电灯开关或者随意轻敲手机时，都会产生无数光子，当它们撞击着你的眼睛、房间的墙壁或其他任何挡着它们的路的东西时，这些光子几乎会立即被摧毁。类似的，当一个绕着原子轨道运行的电子，从一个较高的能级下降到一个较低的能级时，就会产生一个光子，这个光子会带走两个能级之间的能量差。问题是，当光子被创造出来的时候，究竟发生了什么？

要回答这个问题，我们需要回到在量子力学之前有关光的观点，这一观点是基于19世纪电磁场的概念。我们在很大程度上要将这种想法的诞生归功于英国科学家迈克尔·法拉第（Michael Faraday），他花了数年时间亲身研究电磁现象，在伦敦皇家研究所的地下实验室里用磁铁、线圈和发电机进行实验。在这个过程中，他确信自己所研究的电力和磁力是通过看不见但确凿无疑的物理实体来传递的，它们就是电场和磁场。

从形式上讲，场是一个相当抽象的概念，它是一个数学对象，在空间的每一点上都有一个数值。然而，场不仅仅是数学上的抽象概念。如果你拿起两块磁铁，让它们的北极相对，再把它们推向一起，你会感觉到一股强大的力量往回推。稍微调整一下磁铁，这种力的强度和方向都会发生变化，就好像你感觉到了一些看不见的、具有排斥性的东西的边缘。你可以用尽全力盯着两块磁铁之间的空隙，除了空旷的空间，你什么也看不到，但你能感觉到那里有什么东西。你所感受到的是一个磁场，一旦你感受到了它，不可否认，它就是真实的。

法拉第发现他甚至可以让磁场变得可见。他把铁屑撒在一张置于磁铁之上的蜡纸上，得到了美丽的图像，描绘出了磁场原本看不见的影响。如果你来到伦敦阿尔伯马尔街皇家研究所并好好地提出请求，你仍然可以看到法拉第令人惊叹的场图。作为一位贫穷的铁匠学徒的儿子，法拉第没有接受过多少正规的数学教育，因此他根据磁力线绘制出了电场和磁场强大的视觉表示，并绘制了从磁北极向外流出，再向内流入磁南极的草图，或者从正电荷流向负电荷的示意图。你可能在学校里被要求画出这样的图，我自然是被要求过的。他把这些线想象成真实的物理物体，当磁铁或电荷移动时，这些线也会移动，甚至振动，就像你突然拨动绳子的一端，绳子就会出现波动并一直传递下去一样。

苏格兰物理学家詹姆斯·克拉克·麦克斯韦（James Clerk Maxwell）将法拉第对电磁现象的直观理解转成了数学语言。在这个过程中，他发现了一个方程，这个方程描述了电场和磁场交织在一起的一种波，它会在空间中飞舞。令人惊讶的是，当麦克斯韦计算波的速度时，他发现它与光速完全相同。麦克斯韦的理论似乎表明，光是统一电磁场中的一种波。

当狄拉克在20世纪20年代末成为一名年轻的科学家时，麦克斯韦提出的光的电磁理论已经取得了巨大的成功，尤其成了无线通信和无线电广播的基础。然而，麦克斯韦和法拉第的电磁场是一个连续的物体，而量子理论将光描述为单个光子的流动，很难看出两者要怎样才能调和。挑战在于让这两种对光的描述很好地契合。

1926年秋，狄拉克在哥本哈根尼尔斯·玻尔理论物理研究所待了6个月，在此期间，他取得了突破，这是在他的博士论文之后的又一进展。玻尔营造了一种开放而轻松的氛围，鼓励人们进行热烈的讨论，但狄拉克更喜欢独自工作。他白天把自己锁在图书馆里，天黑后则独自一人在城市里长时间地散步。参加研讨会时，他只会静静地坐着听，被点到名时，他也只会回答单音节的"是"或"否"。他的同事们，包括玻尔在内，都不知道该如何看待这个奇怪的英国人。

也许是在研究所图书馆的一个孤独的日子里，狄拉克开始思考制造光子的棘手问题。作为一名在量子革命的风暴中心进行研究的物理学家，你可能会认为狄拉克以光量子为出发点，尝试用大量微小的光子来构建电磁场，就像用大量单个水分子构成海洋一样。但他不是这么做的。相反，狄拉克认为电磁场是最基本的东西。光子则是由电磁场构成的，而不是反过来。狄拉克表示，光子只不过是一直存在的电磁场中的一个离散的而转瞬即逝的小波纹。

狄拉克发明了一种全新的物理实体，也就是量子场，它是法拉第的电磁场和爱因斯坦的光子的奇怪综合体。在许多方面，量子电磁场看起来很像法拉第的普通非量子或经典版本的场。两者都是看不见的，却充满了整个空间，它们都可以传递电力和磁力，如果你以正确的方式晃动它们，两者都可以维持以光的形式在磁场中传播的波。然而，狄拉克的量子场和旧的经典场之间有一个关键区别。在经典电磁场中，你可以产生任意尺寸的波，而在量子场论中，存在一个基本的最小波度的量。这就是我们所说的光子。

为了更好地理解这一点，想象有两位朋友，我们叫他们爱丽丝和鲍勃①，两人相隔几米站着，每人拿着一根绷紧的弹性蹦极绳的一端。在这个类比中，一维的蹦极绳代表了公认的三维电磁场，但我们不要把事情弄得太复杂。现在想象一下，爱丽丝开始以每秒三次摆动的速度上下摇动绳子的一端，而鲍勃则保持绳子的另一端不动。当爱丽丝移动她的手时，波浪开始沿着绳子起伏，直到到达了另一端的鲍勃那里。现在，由于这是一根普通的经典蹦极绳，爱丽丝可以选择以任意的幅度上下移动她的手，她可以轻微地晃动，制造出5厘米高的小波浪，或者也可以疯狂地挥手，制造出和她一样高的波浪，或者介于两者之间的任何大小的波浪。这与经典电磁场中光波的产生方式非常相似，你只需要用带电粒子，比如电子，代替爱丽丝的手就行了。

但现在，假设我们给了爱丽丝和鲍勃一根量子蹦极绳（要说明一下，并不存在这样的东西，但姑且这么想下去）。因为这根绳现在要遵守量子场论的定律，爱丽丝发现了一些奇怪的事情。她再也不能随心所欲地制造任何高度的波浪了。如果她仍然以每秒三次摆动的频率上下移动她的手5厘米，蹦极绳仍然神秘地保持静止。不管她怎么努力，都制造不出5厘米高的波浪，6厘米、7厘米或8厘米高的波浪也统统不行。然而，当她把手上下移动10厘米时，突然一道波浪就沿着绳子送了出去，也许把另一端的鲍勃从白日梦中一下惊醒了。在这个量子蹦极绳上，波似乎存在一个基本的最小振幅。在电磁场中，我们称这个可能的最小的波为光子，所以我猜在这个类比中，蹦极绳的量子也许可以被称

---

① 他们是许多物理类比的明星，在罗恩·李维斯特（Ron Rivest）、阿迪·沙米尔（Adi Shamir）和莱纳德·阿德尔曼（Leonard Adleman）于1978年关于密码学的论文中首次以虚构人物的身份出现。

为"蹦极子"。

量子电磁场同样如此。对于给定频率的光，你只能用离散的小块向电磁场中添加能量。场中可以没有光子，或者有一个光子、两个光子，或者一千万亿个光子在其中"荡漾"，但是你不能有一个光子中的一点点。它们必须是整数，或者用更科学的语言来表达，电磁场是量子化的。

狄拉克用更为抽象的术语描述了产生和湮灭光子的过程，他发明了被称作"产生算符"和"湮灭算符"的数学对象。顾名思义，产生算符是将一个光子注入电磁场，而湮灭算符则是将一个光子从电磁场中取出。狄拉克使用这种数学语言，能够计算出一个原子在特定情况下吸收或发射光子的可能性，他找到了与爱因斯坦10年前进行的更为特殊的计算完全一致的答案。

狄拉克的量子场论是一次胜利，他不仅比爱因斯坦做得好一些，而且他还相信自己已经平息了所有关于波粒二象性的争论。[①] 人们不再需要有时把光子看作波，有时又看作粒子。相反，它们可以被理解为一种统一物体的振动，也就是量子电磁场。

但狄拉克的理论只是故事的一半。也许你可以把光子想象成电磁场中的小涟漪，但是物质粒子呢？电子和质子似乎截然不同。当然，它们表现出与光子一样的波粒二象性，但所有人都知道，我们不可能创造或摧毁它们。与光子不同的是，电子和质子似乎是永恒的，但光子可以随意出现又消失不见。

为了理解物质粒子的诞生和消亡，我们需要介绍20世纪初另一个

---

① 但他没有。如今，还有一大群研究人员在努力思考这件事。

伟大的革命性理论，那就是狭义相对论。正如量子力学颠覆了支配原子和粒子的定律一样，狭义相对论重新定义了我们认为的空间和时间，同时也带来了一些令人欣喜的完全反直觉的结果。它的核心是爱因斯坦提出的原理，它说的是，无论你移动得有多快，物理定律还有最关键的光速都是一样的。事实证明，要让这个原理说得通，你必须自愿放弃大家普遍认为的空间和时间的通用定义。相反（由于非常难以解释的原因），空间和时间变成了相对的，我们测量的物体之间的距离，或是两个事件之间间隔的时间，取决于我们相对于彼此移动得有多快。

20世纪20年代中期的量子力学版本与狭义相对论并不一致。换句话说，两个以不同速度运动的观察者在量子力学定律是什么的问题上会存在分歧。很明显，这意味着量子力学至少是不完整的，但将它和狭义相对论相融合并非易事。

1926年夏天，大约有6位不同的物理学家认为他们已经找到了一个可能实现这一目标的方程。它被称为克莱因-戈尔登方程[以两位发现者奥斯卡·克莱因（Oskar Klein）和沃特尔·戈尔登（Walter Gordon）命名]，它似乎以一种符合狭义相对论要求的方式描述了接近光速的电子的量子行为。特别是，它包含了狭义相对论最著名的结果，也就是 $E = mc^2$ 所概括的质量和能量的等效性，将电子的质能作为一项纳入了方程中。

尼尔斯·玻尔也是其中之一，他认为找到电子的相对论性方程的问题已经解决了。但狄拉克并没有被说服。首先，克莱因-戈尔登方程的波函数不能像在普通量子力学中那样被简单地解释为在特定位置发现粒子的概率。狄拉克确信他可以做得更好。

狄拉克在与马克斯·玻恩、维尔纳·海森堡和帕斯夸尔·约尔旦

（Pascual Jordan）三位量子领域的重量级人物在迷人的中世纪风格的德国大学城哥廷根度过几个月后，于1927年秋天回到了剑桥，他带着一种稳重的决心开始攻克这个问题。此时的狄拉克不再是一位默默无名的博士生，而是圣约翰学院的一名院士，他在学院风景如画的卡姆河岸有了属于自己舒适的房间，尽管房间相当简朴。他像以往一样独自一人工作，从清晨到黄昏，在他的小书桌上潦草地写下满页的代数，只有在周日休息时，他会穿着一身三件套的西装在剑桥郡的乡间散步，偶尔爬爬树。

狄拉克知道，他不可能像爱因斯坦推导相对论那样，从某种深刻的宇宙原理中推导出电子的相对论性的方程。相反，就像物理学研究中经常发生的那样，他必须做出一系列有根据的猜测。然而，他知道方程需要具备一些特征，可以以此作为指导。首先，方程必须与狭义相对论相一致，这意味着无论观察者移动得多快，它都必须保持不变，并且还要囊括电子的质能。其次，在速度远低于光速的情况下，这个方程应类似于普通的标准量子力学。最后，为了确保电子的波函数可以直接用概率来解释，他相信这个方程需要在空间和时间上是"一阶"的，换句话说，方程要包含空间和时间本身，而不是克莱因–戈尔登方程中出现的平方（二阶）。

经过数月的猜测、测试和对可能的方程的排除，狄拉克终于找到了一个看起来很有希望的候选方程。它不仅符合相对论和量子力学，还自然地解释了电子迄今为止的一种神秘性质，那就是它表现得就像是在旋转一样。① 狄拉克通过求解他的方程，找到了两种解，一种描述了自旋向上的电子，另一种则是自旋向下的电子。狄拉克将量子力学和狭义相

---

① 包括电子在内的所有物质粒子的总自旋是1/2，这种自旋可以是"向上"（自旋+1/2）或"向下"（自旋–1/2）的。

对论统一了起来，电子的自旋几乎奇迹般地出现了。如果电子的自旋还没有在实验中被发现，狄拉克的方程也已经预言了它的存在。

狄拉克非常高兴。他不仅完成了理论物理学史上最伟大的壮举之一，还发现了一个拥有近乎无与伦比的美的方程。我们很难定义数学之美的概念，尽管许多数学家在看到它时会意识到它，这有点儿像你可能会意识到帆船上那种平滑而简洁的流线中的美。狄拉克的方程出奇的简单，但它同时解决了几个棘手的问题，并使用了绝对最少的额外点缀，就像一把锋利的刀片穿过茂密的灌木丛。这个方程有一些理论家所描述的一种必然性的感觉，因为它是如此简单，如此简洁，却又如此强大，以至于它不可能是其他模样的。我现在要犯一个科普写作的大忌，向你们展示我正喋喋不休地谈论的这个方程：

$$(i\gamma^{\mu}\partial_{\mu} - m)\psi = 0$$

这不是一个绝美的方程吗？即使看到代数让你感到头晕目眩，我希望能给你留下深刻的印象，感受到这个方程是多么的精巧和平均。[①] 它只有三个部分，第一项 $i\gamma^{\mu}\partial_{\mu}$ 描述了电子如何在空间和时间中变化，m 是它的质量，最后，ψ 是电子的波函数（这是一个数学对象，它告诉你在一个特定的位置或状态找到电子的概率），尽管如此简单，它却描述了过去或未来的每一个电子。

狄拉克在一个多月里对这个重大的发现保持沉默，一想到他美丽的方程在被迫面对实验现实时可能会被拆解，他偶尔会感到一阵强烈的恐慌。由于担心结果，他一直推迟检验方程是否能够准确地预测氢原子的

① 说句公道话，这个版本的方程用到了比狄拉克第一次写下的略微更吓人的版本更为简洁的符号，但方程中的物理学和结构是一样的。

能级，他知道这个方程必须通过这一测试。然而，当他最终亲自进行数学计算时，他发现方程不仅得到了正确答案，而且实际上比普通量子力学更接近实验数据。

1928年初，狄拉克终于将他的方程公之于众，轰动了物理学界。他在欧洲大陆的理论重镇中的对手对此表现得既惊讶又沮丧。帕斯夸尔·约尔旦一直在研究同一个问题，他非常低落，而海森堡谈到这位英国物理学家时则说他是那么的聪明，与他竞争可以说是毫无指望。

但在狄拉克的内心深处仍有一种折磨人的焦虑，他怀疑他的方程存在严重错误。他发现它并非有两个解，而是存在四个不同的解。前两个都很好，它们描述了电子已建立的自旋向上和自旋向下状态，但另两个解似乎描述了一些令人非常困扰的东西，那就是具有负能量（不要与负电荷混淆）的电子。

负能量电子的想法就好像说一片池塘中有负数只的鸭子。起初，狄拉克试图掩盖这些解，但他很快意识到，这些解不能被轻易忽视。如果这些负能量的状态存在，那么普通的正能量电子应该能够落入其中，就像一颗台球掉进袋中一样。

问题是，从来没有人见过一个进入负能量状态的电子。狄拉克决心挽救他美丽的方程，提出了一个相当"厚脸皮"的解：我们从未看到电子落入负能态的原因是负能态已经被占满了。一个试图从正能量状态跃迁到负能量状态的电子，会发现它的路径上被一个已有的电子阻挡了，就像一颗台球被一堆之前已经入袋的球挡在外面一样。

原则上，这意味着整个宇宙充斥着一片负能量电子的无尽海洋。这就带来了一个显而易见的问题：我们为什么没有注意到它们？如果我们一直都在无限多的电子中跋涉，这不应该是很明显的吗？但狄拉克说，这可不一定。只要这些负能量电子完全均匀地分布在整个空间中，它们就会隐于背景之中。

这个电子海的解决方案并没有结束狄拉克的痛苦。举个例子，如果一个光子撞击到其中一个负能量电子，并将其踢向正能量的状态，会怎么样？突然，我们会看到一个电子从水位线之下突然出现。同时，一个电子形状的空穴会留在海里，破坏了那种使它隐藏起来的完美的均匀性。然而，狄拉克并没有将其视为带负电的负能量的电子的无限海洋中的空穴，相反他发现，这个空穴的行为类似一个正能量的电子，但这个电子是带正电的。

这就是症结所在。迄今为止的所有实验都没有发现这种带正电的电子。我们所见过的每一个电子都是带负电的。起初，狄拉克试图证明这些带正电的空穴实际上可能是质子，但你会认为空穴的质量应当和电子质量相同，而质子的质量几乎是电子的 2 000 倍。更糟糕的是，如果质子真的是负能量海洋中的空穴，那么电子应该能够落入其中，将电子和质子都湮灭，让宇宙中的每个原子都瞬间毁灭。

尽管存在这些问题，而且他的许多同事都很沮丧，但狄拉克坚信自己的方程的正确性和美，丝毫没有动摇。到了1931年，在所有试图摆脱负能量态的尝试都失败之后，他准备好了做出他最大胆的预测：自然中一定存在带正电的电子。

接下来发生的事还是让我起鸡皮疙瘩。一年后，在数千英里外的加利福尼亚州，一个带正电的电子出现在一张云室照片中，这张照片是由年轻的美国实验物理学家卡尔·安德森拍摄的，他一直在研究从天而降的宇宙射线。紧随安德森论文之后，卡文迪许的物理学家帕特里克·布莱克特（Patrick Blackett）和朱塞佩·奥基亚利尼（Giuseppe Occhialini）

发现了更多正电子，这一次，当宇宙射线撞击云室中的原子时，正电子伴随着带负电的普通电子突然出现。而狄拉克是卡文迪许实验室的常客，当时实验室仍由声音洪亮的欧内斯特·卢瑟福管理。狄拉克很快就和布莱克特仔细研究了这些照片并进行了计算，用这些结果和他的方程比较。没过多久，人们就意识到，这些正电子正是狄拉克所预言的一定存在的粒子。

狄拉克取得了真正犹如奇迹的成就。他利用纯粹思想的力量，变出了一种自然中从未见过的物质形式。他通过将量子力学和狭义相对论结合起来，凭借直觉打开了一扇通向反物质世界的窗户，这是构成可见宇宙的普通物质的镜像。我们现在知道，每一种物质粒子都有一个反面的版本，它们具有完全相同的性质，但电荷相反。狄拉克的带正电的电子现在也被称为正电子或反电子。同时，质子也有一个带负电的版本，也就是反质子，还有反中子、反μ子、反夸克和反中微子。狄拉克仅仅通过非常努力地思考，就成功地预言了这样一件奇幻的事，毫无疑问，这被认为是科学史上最不可思议的壮举之一。

更重要的是，反物质的发现打破了物质是永恒的的观念。物质粒子现在可以通过一个粒子以足够的能量撞击另一个粒子，形成新的粒子-反粒子对而产生。反之亦然，如果一个粒子不幸遇到了它的反粒子，它们会发生湮灭，随着一道辐射的出现消失得无影无踪。

当然，这确实带来了一个问题：如果物质和反物质总是一起创造和毁灭，那么宇宙为什么仅仅由普通物质构成？正如我们稍后会看到的，这个相当棘手的难题将再次困扰我们。

狄拉克的研究中有一处没有经受住时间的考验，那就是反粒子是负能量海洋中的空穴的想法。短短几年内，物理学家发现了一种完全废除狄拉克海的方法，他们将电子和正电子描述为量子场的振动，就像光子一样。场与粒子、光与物质之间的界限终于消失了。

如今，我们物理学家用这种方式看待所有的粒子。到目前为止，我们在旅途中遇到的每个粒子都有一个对应的量子场。光子是电磁场中的小涟漪，电子和正电子也是所谓"电子场"中的涟漪。上夸克是上夸克场中的小涟漪，等等。当两个质子在LHC上对撞时，它们让自然的量子场如钟声般响起，向外送出一系列涟漪并通过我们的探测器，每一个都是量子力学交响乐中不同的音符。我们将这些涟漪解释为粒子，但我们认为我们真正看到的是量子场中短暂的晃动。

事实上，你甚至可能会说，根本就不存在粒子这样的东西。据我们所知，宇宙真正的基本组成部分是量子场，我们看不见、尝不到、摸不着的不可见的流体状物质，但它却在我们周围，从你所在位置的最小的原子深处，一直延伸到宇宙的最远处。量子场不是化学元素，也不是原子、电子或者夸克，它是物质真正的成分。我们在行走，交谈，思考着在无形的量子场中晃动的一束束自我持续的微小扰动。

当然，事情并没有那么简单。如果我们能把一个电子想象成电子场中的一个小涟漪，那非常好，也让人很舒服，但这实际上只是故事的一半。事实证明，即使像电子这样简单的物体也是一种极其复杂的东西，它不仅是电子场中的涟漪，还是自然中所有量子场的巴洛克式的混合。虽然这使得量子场论的计算变得极其困难，但它也为探索自然提供了机会，以单凭量子力学或者狭义相对论完全不可能做到的方式。特别是，对电子进行细致研究的实验有可能让我们了解电子本身，甚至还有我们从未见过的量子场。这样一项实验正在伦敦熙熙攘攘的街道之下进行着。

修饰电子

在伦敦市中心帝国理工学院的一个狭小的地下实验室里，科学家在进行一项实验，这项实验能够以千分之一的价格完成与LHC一样的任务。在伦敦雷鸣般的交通和涌向南肯辛顿博物馆的成千上万的游客和学童的脚步声之下几米的地方，一个物理学家小组正在对一个基本粒子进行有史以来最精细的测量。

他们的任务是测量电子的形状。一个基本粒子具有一个形状的想法可能看起来很奇怪，特别是考虑到我们刚才说的，粒子是量子场中改变形状的涟漪，但请暂停这种想法。真正令人惊讶的是，通过以惊人的精度测量电子的形状，帝国理工实验室的团队可以搜寻我们以前从未见过的量子场的线索，有可能发现质量非常大的粒子的证据，这种质量的粒子即使是LHC也无法产生。

测量一个微小电子的形状究竟怎么告诉我们关于质量巨大的粒子的任何信息呢？好吧，这一切都归结于这样一个事实，那就是，粒子真的只是量子场中的涟漪，这个事实对电子的性质产生了巨大的影响。为了真正理解帝国理工的物理学家在做什么，我们需要认真思考一下电子究竟是什么，相对地，也许最好的方法就是考虑什么是量子场论所说的空的空间，也就是物理学家口中的"真空"。

想象一下，在一小块空间里吸出所有原子、所有粒子，还有每一个游离的光子和中微子。这里还剩什么？如果没有粒子，那么答案大概是什么都没有。事实上，量子场论告诉我们，这个"空"的空间区域仍然是一个出乎意料地拥挤的地方，其中充满了量子场。可能这里没有剩下任何粒子，但形成涟漪的场始终存在。在粒子物理学标准模型中，有几十个场（确切的数字取决于你怎么数，但为了在这里论证，假设有25个场），其中包括电子场、中微子场、夸克场、电磁场、胶子场等等。所有这些场无处不在，甚至存在于真空中。空的空间绝不是空的。

现在，假设我们向电子场中注入了足够的能量，产生了一个量子化的小涟漪，这就是一个电子。由于电子带有电荷，它会直接影响到真空中周围所有的量子场。会发生的最明显的事就是，电子的电荷扭曲了电子周围区域的电磁场的形状。靠近电子的电磁场变强，而远离电子的电磁场则会变弱，最终衰减到（几乎为）零的水平。原则上，电磁场中的这种变形包含着一定的能量，因此，当我们想到电子时，我们真正应该考虑的是电子场中的涟漪加上它在电磁场中产生的变形。

但故事到这里还没有结束。由于电磁场是传递电磁力的媒介，因此它与其他所有带电荷的量子场"连接"在一起。这意味着，电子在电磁场中产生的变形会在一系列其他场中引起更多变形，包括带电的夸克场。现在，夸克具有一种我们被称为色的性质，这意味着它们与胶子场（也就是强力的场）具有相互作用，因此夸克场中的变形会导致胶子场中的进一步变形。甚至还存在一种反作用，电磁场中的变形会导致原始电子场中的进一步变形。就这样一直持续下去。这一切的结果是，电子不仅仅是电子场中的涟漪，它是电子场中的涟漪加上我们所发现的所有量子场中的变形。我们称为裸电子的是电子场中单纯的涟漪，而它穿着一件由自然中每个量子场编织而成的精致长袍。

量子场修饰电子（以及物质的其他所有粒子）的方式使得量子场论中即使是简单过程的计算也变得格外复杂，但另一方面，它给了我们一个绝佳的机会去探索我们从未见过的量子场的影响。正如我们将在接下来的章节中看到的，有很多很好的理由让我们相信，量子场的数量比迄今发现的25个还要多。一个很好的例子是暗物质，天文学家和宇宙学家已经证明，这种神秘的物质是构成你、我以及天空中的每一颗恒星和行星的普通原子物质的5倍左右还多。通常假设暗物质是某种粒子，在这种情况下，真空中还应该包含一个额外的量子场，也就是暗物质粒子所处的量子场。

在LHC上寻找暗物质粒子采用的一种蛮力方法是将两个质子非常用力地相撞，希望这种对撞有足够的能量在暗物质场中引发振动。如果我们够幸运，引发暗物质场振动所需的能量，也就是暗物质粒子的质量，在LHC的可及范围内，那么我们应该能够探测到暗物质粒子从碰撞中喷流而出的证据。但如果暗物质粒子的质量高于LHC的最大能量，我们就没办法在暗物质场中引起振动，暗物质将仍然是一个谜。

但还有另一种方法，这取决于量子场如何修饰基本粒子。如果暗物质的量子场存在，并且至少与标准模型中其他量子场中的一个相互作用，那么原则上它也应该对电子所穿的这件精致的量子场长袍有所贡献。如果你把这件长袍想象成由不同量子场的线编织而成的衣服，那么电子的长袍中的一些线就由暗物质的量子场构成。因为我们在实验中测量的是裸电子加上它的外衣，那么如果我们对电子进行非常精确的测量，也许就能探测到编织在量子力学碎布中的新的量子场的微妙效应。

这正是帝国理工学院的研究团队想要做的。我第一次读到他们的研究是在2011年，当时LHC刚刚启动首次运行。乍一看，他们所说的似乎是不可能的。在伦敦中部的一个小实验室里，只有数百万而非数十亿美元的预算，他们排除了一些量子场的存在，而这些量子场也正是成千上万物理学家在世界上最大的实验中正在寻找的那些。从那以后，我一直想找个机会去拜访那里，看看那台潜伏在南肯街道之下的神奇机器。

二月的一个凉爽的早晨，我来到了帝国理工学院的布莱克特实验室，这是一座20世纪60年代的建筑，毫不忸怩地坐落在维多利亚风格的雄伟建筑中，与皇家阿尔伯特音乐厅隔街相望。伊莎贝尔·雷比（Isabel Rabey）和席德·赖特（Sid Wright）在门厅迎接了我，他们是两位年轻的博士后研究员，参与这项实验多年。伊莎贝尔回到城里来看她之前的团队，在去慕尼黑附近的马克斯·普朗克研究所工作之前，她在攻读博士学位期间就埋头在地下室改进实验；而席德相对来说是一位新人，在伊莎贝尔离开后，他在地下承担了很多工作。他们似乎很高兴有机会谈论他们显然是出于热爱选择的工作。我解释了我作为一名LHC物理学家，有多么想看到这项让我们吃尽苦头的令人难以置信的实验。伊莎贝尔笑了："我想你会大吃一惊的。"

我们顺着充满回音的楼梯下了几层，沿着一条走廊继续走，进入了他们的实验室。实验室真的很小，几乎还没有我在伦敦不算大的公寓客厅大。伊莎贝尔告诉我，当他们带着资助英国粒子物理学和天文学大型项目的国家机构代表参观这里时，代表们对于实验竟然这么小极为震惊。"我们感觉他们应该在想，'如果你们把它建得再大一点儿，也许我们可以资助你。'"

为了更好地参观这个实验，我们不得不在一堵墙和一块厚重的屏蔽物之间一个接一个地移动，这些装置保护实验免受任何可能干扰精密测量的杂散磁场的影响。我们右边是一排示波器和电子装置，它们用来读出并监控实验，左边则是一张大桌子，上面摆满了发出可怕的绿色激光的光学器件，而中间是实验进行的一端——我希望伊莎贝尔和席德不会介意我这么说，对我这个外行人来说，实验进行的这一端看起来就像一个金属制的垃圾箱。

这显然与LHC的高耸实验装置相差甚远，我曾带一位记者参观了LHC，并将它与20世纪90年代的科幻剧《星际之门》（*Stargate*）中巨型的外星传送门进行了对比。如果LHC是星际之门，那么伊莎贝尔和席德的实验更像是《回到未来》（*Back to the Future*）中布朗博士的穿越时空的德罗宁汽车，它看起来可能有点儿破败，但非常有用。

伊莎贝尔和席德兴致勃勃地向我讲述了实验是如何进行的。我非常乐意承认，我对原子和分子物理学有点儿生疏，当我试图理解用于测量电子形状的激光、磁场和电场的复杂系统时，我感觉自己像个迟钝的人。

首先要理解的是，我们所说的电子形状是什么意思。严格来讲，这个实验测量了一种叫作电偶极矩（EDM）的东西，它衡量了电子的电荷在空间中是如何分布的。EDM为零意味着，电子的电荷分布在一个完全对称的球体中，而非零的EDM则代表电子就像一根雪茄，一端带负电较多，而另一端带正电较多。人们发现，电子的EDM对电子附近真空中存在的量子场非常敏感，这也是为什么它是一个非常有趣的测量量。如果你只用我们已知的量子场进行一些严肃的数字运算，就会发现电子的EDM应该非常微小，它的值为10^{-38}e cm（e cm是电偶极矩的单位，其中e是电子的电荷，cm是厘米，但不用在意这些细节，最重要的是10^{-38}真的真的很小）。这太小了，以至于如果在我们已知的量子场之外没有新的量子场，那么在我们目前可以想象的任何实验中，电子都应该是完美的球形。

然而，许多试图解释暗物质和其他谜团的流行理论引入了新的量子场，它们应当以一种将电子挤压成明显得多的雪茄形状的方式修饰电子，在某些情况下将电子的EDM增加一万亿倍以上。如此巨大的提高将使它达到帝国理工实验的范围内，让研究团队在没有27千米长的粒子对撞机的帮助下，仍有可能发现新的量子场的线索。

即使有新量子场的巨大推动，电子的EDM将是难以形容地小，测量仍然需要相应的巧妙实验。帝国理工学院的研究团队并没有直接测量电子，而是经过精挑细选研究了氟化镱，它是一种稀有金属镱和氟气体产生的分子，因为它对电子的EDM特别敏感。特别是，氟化镱分子中的最外层电子可以存在于两种不同的能级中，其中一种电子的自旋向上，而另一种电子的自旋则向下。关键的是，这些上下能级的能量可以被电子的EDM向相反方向改变。换句话说，如果电子具有一种巨大的EDM，那么一个能级的能量会上升，而另一个能级的能量则会下降。因此，如果你能测量这两个能级之间的能量差，那么你就可以间接测量电子的EDM。这一特性意味着氟化镱的作用有点儿像一块放大镜，它让你对电子EDM的灵敏度是你试图用原子或分子范围之外的电子进行测量的灵敏度的100万倍。

使用这些分子是要付出代价的，代价就包括氟化镱非常不稳定，因此你必须在实验中不停地创造这种分子。当我们站在实验室里时，席德指着一个连续发出"嘀嘀嘀"声音的东西，这是激光以每秒25次的频率击中金属镱目标的声音，从固体金属块中汽化出少量镱，然后与氟气体反应，形成微小的氟化镱分子云。一个由激光、无线电波和微波组成的智能系统将分子放入自旋向上和自旋向下的能级的混合物中，然后让它们向上漂移通过金属圆筒（就是我说像垃圾箱的东西），这里有一个电场。

向上和向下的状态从电场获得相反的能量变化，它们变化的大小取决于电子EDM的大小，EDM越大，能量变化越大。一旦分子离开圆筒顶部的电场，就会有激光对它们进行测量，让伊莎贝尔、希德和团队能确定能量变化，并在经过数月艰苦的数据收集后，测出电子的EDM。

至少概念是这样的。实际上，进行测量非常棘手。这台仪器太灵敏了，会受到各种外部影响。尤其棘手的是杂散磁场。他们曾经发现，他们在实验中遇到的一个问题是由于他们上面两层楼的另一个团队使用了一块强大的磁铁。他们的老板兼EDM实验的发起人艾德·海因兹（Ed Hinds）教授进行了严正交涉，很快那个团队就同意将磁铁移到更高的楼层。席德还告诉我，他们注意到，当伦敦地铁运行时，磁场干扰也会变得更严重。[①]

艾德·海因兹领导的帝国理工团队在2011年发布了他们的第一次测量结果，他们发现电子看起来非常圆，可以精确到10^{-27} e cm。为了让你感觉到它是多么的标准的球形，你可以这么想，假设你要把一个电子放大到太阳系的大小，它仍然会是球形的，而且误差只有一根头发丝那么点儿！

（至少对粒子物理学家来说）令人失望的是，电子惊人的圆度排除了我和我在LHC的同事当时正忙于寻找的一系列新的量子场的存在。然而，测量本身是真正的杰作，这不仅是世界上最精确的测量，也是第一次将分子而不是原子用于EDM测量。当时，其他所有实验都在使用单原子，帝国理工团队的许多竞争对手都认为他们在浪费时间，想用相对混乱的分子进行精密测量。但如今，由于分子强大的放大EDM的特性，几乎所有竞争对手都在追随帝国理工团队的脚步。

事实上，由哈佛-耶鲁大学联合团队在美国进行的ACME实验，已

---

① 显然，皮卡迪利线是罪魁祸首。

经超越了帝国理工的测量，对EDM的测量又精确了100倍，另一个位于科罗拉多州的团队则紧随其后。为了迎头赶上，帝国理工学院的研究团队正在开发一种新的秘密武器，这是他们实验的升级版，我在附近一个宽敞得多的实验室里看到了它。"它看起来会更像你在CERN习惯看到的那种东西。"我们进去时，席德向我这么保证。在我们面前的是一根闪闪发光的不锈钢管，与粒子加速器没有什么不同，它最终延伸到整个实验室。更长的管子意味着分子在电场中要花更多的时间，从而产生更大的能量转移，这大大提高了实验的灵敏度。当他们的新仪器开始收集数据时，它将能有效地探测量子场，这些量子场里的粒子质量可能远超过LHC能够直接产生的粒子的质量，从而提供了一个绝佳机会，去发现更多自然的基本成分。

从第一次苹果派的实验开始，我们已经走了很长一段路。那时，我们正在讨论你能尝得到和摸得到的有形的东西，比如凹凸不平的黑炭块、油性的液体、袅袅上升的刺鼻蒸气。我们现在所剩的成分已经完全不是那些有形的东西，是看不见的、缥缈的、无所不在的量子场。这个世界表面上的坚固原来是一种幻觉，是一种魔术师的把戏。没有古人认为的那种不可分割的原子。尽管德谟克利特留着胡须，有着古老的智慧，但他错了。自然在其根源深处是连续的，而不是离散的。在这本书中，我一直用"基本构件"这个词来说自然的基本成分，但事实上根本没有这样的东西。当我们仔细观察，物质表面的"块效应"就消失了。粒子不是粒子，它们是量子场中传递的扰动，这些实体更考验想象力，却填满了宇宙中的每一立方厘米。所有物体，无论是苹果派、人类还是恒星，都是大量这些振动的集合，以一种创造永远的坚固的幻觉的方式一起运动。更重要的是，由于只有一个电子场，只有一个上夸克场，也只有一个下夸克场，亲爱的读者，其实你我彼此相连。我们的每个原子都是同一片宇宙海洋中的一道涟漪。我们彼此是一体的，与万物都是一体的。①

在这一章的开头，我们说苹果派的成分是电子、上夸克和下夸克。量子场论告诉我们，这三种粒子其实是三个相应的场中的振动。但正如我们刚刚看到的，即使这样也是一种严重的过度简化。电子不仅是电子场中的涟漪，而且是我们发现的每个量子场中变形的复杂混合。在原子核中构成质子和中子的上夸克和下夸克，也是同样如此。这意味着想要完全理解我们苹果派的构成，就需要了解自然中的每一个量子场，即使是那些粒子太不稳定或者相互作用太弱而无法结合形成原子的量子场。

我们目前对已知量子场的最好描述就是粒子物理学标准模型，这是一个非常无聊的名字，但它却是人类思想最伟大的成就之一。我们已经见过其中的许多明星，比如电子、夸克、中微子和胶子。然而，这幅图景中有一个关键的部分是在过去几年刚刚被发现的，那就是我们苹果派的最终成分，它打开了潘多拉的盒子，释放了新的问题和机遇。

---

① 尽管这么说有点儿太像尼尔·德格拉斯·泰森（Neil deGrasse Tyson）的风格，但这也意味着我们和很多令人不快的东西也是一体的，比如埃博拉病毒、狗屎和皮尔斯·摩根（Piers Morgan）。

第 10 章

最后的成分

●

日内瓦的郊外 / 机器的大日子 / 希格斯粒子

2007 年 7 月的一个晴朗的下午，我第一次来到位于日内瓦郊外的
CERN。当时我还是一位稚气未脱的 21 岁大学生，对物理学有着未被破
坏的热情，事后看来，留一头齐肩的头发是相当欠考虑的。那年夏天的
几个星期里，我和来自欧洲各地的 100 多名暑期学生将在粒子物理学的
前沿体验生活。

我想象中的 CERN 是一个从科幻小说中直接搬出来的闪闪发光的未
来主义的地方，在那里，勇于开创的科学家使用巨大的地下机器来探索
现实的本质。因此，在发现自己来到了一个看起来更像是 20 世纪 60 年
代的肮脏的大学校园的门口时，我有点儿吃惊。眼前是一些杂乱破败的
办公楼和旧仓库，它们油漆剥落，屋顶生锈，这里好像需要更多精心的
照料。

许多第一次来到CERN的人也经历了类似的文化冲击，这很像一种更轻微的巴黎综合征：一些慕名来到光明之城的游客，会发现自己身处一个比童话故事和电影更肮脏、更嘈杂、更粗鲁的地方，他们就会受到这种症状的影响。另一方面，虽然巴黎综合征会明显诱发偏执狂、头晕和幻觉等极端症状，但CERN综合征只给我留下了一种模糊的失望感。

尽管缺乏一种科幻感，我还是在一个最激动人心的时刻来到了实验室。经过30年的规划、筹款和建造，世界上最大的机器LHC距离首次点火只有几个月的时间了。整个夏天我都在进行CMS（紧凑μ子线圈）实验，这是4台教堂大小的探测器中的一台，它的工作是搜索LHC对撞产生的碰撞，从而寻找新的基本粒子。

我参与的具体项目是帮助CMS的一个子系统做好收集数据的准备。实际上，就是坐在办公室里困惑地盯着成堆的计算机代码，这是一项我毫无准备的任务，因为在大学里没有人教过我们任何代码。[①]更糟糕的是，负责指导我的人在我来的前两周里并没有来，而这只会让我在一个陌生而沉闷的环境里感到更加迷失。

两周后，一切都变了。一天下午，我和一些同学乘小巴来到27千米长的LHC圆环的远端，参观CMS实验的现场。我们在一个四周是宁静的法国农田的有围墙的大院里停了下来，大院的中心是一座类似机库的大楼。我看到里面的东西令我屏住了呼吸。探测器的巨大组成部分高耸在我们上方，每个部分都有三层多高，排成一排，从机库远端的一个巨大的混凝土竖井中降下，竖井垂直穿过地下一百米，到达下面的实验洞穴。

---

① 平心而论，我们的确学会了如何通过将球滚下斜坡来测量重力的强度，这（在17世纪）实际上是对物理学职业生涯的极好的训练。

最后，这是我一直在等待的科幻魔术。最让人着迷的是离竖井最远的巨大物体，这部分CMS将会被降下并滑入到位，从而完成实验，这就是所谓的端盖。遗憾的是，并没有什么参照物可以用来描绘端盖的样子，这是一件超凡脱俗的东西，但如果你能想象的话，可以想象一个12面的圆盘在它狭窄的边缘上保持平衡，从上到下和从左到右都有15米，大约三辆双层巴士叠在一起那么大。它的红色表面有亮蓝色电缆交错排列，圆盘中心是一个黑色和银色的向外突出的大圆筒，就像一个巨大的外星车轮的轮毂帽。

看到这些巨大的探测器板进入地下，我突然觉得整个计划变得更加真实了。站在它们下面，你开始好好欣赏几十年来的工作，正是这些工作使这个实验成为现实。每一个微小的组件在从世界各地的实验室运到CERN之前都经过了精心的研究、设计、制造和测试，并在最终安装之前进行了再次测试。

但我们还没说到最好的部分。在机库周围闲逛了几分钟后，我们目瞪口呆地看着探测器的大切面，然后乘电梯来到实验洞穴。站在一个10米高的金属门架上，你可以观察这个接近完成的实验。CMS代表Compact Muon Solenoid（紧凑μ子线圈），我一直认为这是"紧凑"这个词的一种奇怪的用法。探测器的形状就像一个侧躺的巨大的桶，它高15米，长22米，重达12 500吨。整个东西包含的铁足以建造两座埃菲尔铁塔。[1]

质子在这个巨大的桶的中心对撞，粒子通过同心的子探测器飞出，这些子探测器就像洋葱的分层一样，每台子探测器都能提供关于粒子的

---

[1] 我猜紧凑是一个相对的术语。它的竞争对手实验ATLAS（超环面仪器）位于环的另一侧，其高、宽和长几乎是CMS的两倍。

不同信息，比如它们的动量、能量和方向等等。我参与的具体项目包括帮助其中的一层，也就是电磁量能器（ECAL），为数据收集做好准备。

ECAL是CMS的明星特征之一，它是一个发光的圆柱晶体，由75 000多块透明的钨酸铅组成，钨酸铅是一种铅、钨和氧的化合物，看起来就像玻璃一样，但重量相当于一块铅。当一个电子或光子撞击其中一个晶体块时，它会释放出一束光，被黏在一端的传感器记录下来，从而测量出光子或电子的能量。

建造ECAL极具挑战性。每种晶体都必须在专门设计的内衬有铂的坩埚中缓慢生长两天，而且由于所需的数量太大了，以至于一家原先属于苏联的军工厂不得不为此重新投入使用，这家工厂，还有中国的另一家工厂花了10年时间不断生产晶体。除此之外，中国的工厂没有足够的铂用于制作坩埚的内衬，因此CMS的管理团队不得不前往位于苏黎世的瑞士银行的金库，借来价值1 000万美元的铂，并承诺一旦晶体制作完成，就会归还铂。

你或许很好奇，为什么要花这么大的力气仅仅建造探测器的一个组件。这是因为ECAL在实验中起着至关重要的作用，它的工作是测量光子和电子的能量，而它需要非常精确地完成这项工作。为什么呢？好吧，这一切都归结于LHC存在的理由，它需要找到粒子物理学标准模型中最后一个缺失的部分，这个粒子的存在最终解释了两种自然力的起源，还有基本粒子为什么有质量的问题。事实上，它对我们理解自然规律太重要了，以至于它被夸张地（且毫无助益地）称为"上帝粒子"，我说的是正是希格斯玻色子。

早在20世纪90年代，规划CMS的物理学家就意识到，发现希格斯玻色子的踪迹的最佳方法之一是将它衰变为两个高能光子。就像在对撞机中发现的大多数新粒子一样，你永远不可能寄希望于直接探测到希格斯玻色子。如果一个粒子是由LHC的对撞产生的，那么它几乎会在产生的一瞬间就会衰变成其他粒子，这种存在时间太短了，探测器的灵敏性还无法捕捉到它。相反，你能探测到的只是它衰变而成的粒子。物理学家不得不在大量数据中搜寻可能由希格斯玻色子衰变产生的粒子，而希格斯玻色子衰变成两个光子的情况将是最容易被发现的。当然，这是相对而言。

尽管建造电磁量能器并不比CMS简单，但物理学家知道这将给他们提供捕捉希格斯玻色子衰变成两个光子的特别信号的最佳机会。2007年7月，当我站在那个机库中时，这个庞大的建造工程即将结束。在短短的几个月内，CMS最后一块巨大的板将被连接在机库顶部的巨型起重机吊起，并缓慢而小心地放到适当的位置。

在所有这一切中，我不起眼的小角色是编写一些计算机代码，将粘在每个晶体块背面的传感器检测到的光量转换为一种能量测量值。在我看到CMS之前，这似乎是一项一点儿也不令人兴奋的任务，但在那次参观之后，我意识到我是多么幸运，能够为这项艰巨的任务做出任何一点微小的贡献。

在炎热的夏季里，空气中有一种明显的紧张氛围。我们这些学生继续进行我们的小型项目，用学生级的预算搜寻着日内瓦有什么贫乏的夜生活活动是我们负担得起的，并在第二天早上睡眼惺忪地坐在那里听课，而与此同时，无数物理学家、工程师和计算机科学家正坚定地工作着，在为人类有史以来最伟大实验的开启做着准备。

这个庞然大物的首要目标就是希格斯玻色子，这是一种在约半个世纪前就被预测到的粒子，也是我们对物质构成的现代理解的基石。它是最后一种我们还没有纳入苹果派配方中的已知成分。为了理解为什么希格斯玻色子如此重要，以及为什么人类在寻找希格斯玻色子上用了数十年的研究并花费了数十亿美元，我们需要更深入地研究量子场的怪异世界。一则健康警告是，以下内容包括一些真正"烧脑"的东西，但如果你坚持读下去，我将尽我所能向你展示现代科学中一些最深刻也是最美丽的想法。

隐藏的对称、统一以及一个玻色子的诞生

为了理解为什么希格斯玻色子如此重要，我们需要回到最基本的层面，思考物质的结构。任何东西都是由原子构成的，而原子是带负电的电子围绕着一个带正电的微小原子核运行。探测原子核深处，你会发现质子和中子，再深入一点，就会发现质子和中子是由上夸克和下夸克构成的。因此，所有物质都是由三种基本粒子构成的，分别是电子、上夸克和下夸克。到目前为止，一切还很熟悉。

当然，物质不仅是各部分的总和。一个原子的结构既取决于它的基本构件，也取决于把它组合在一起的力。我们已经遇到了其中两种力，分别是将电子与原子核结合在一起的电磁力，以及在质子和中子内部将夸克结合在一起的强力。这两种力都是通过量子场，也就是电磁场和胶子场进行传递的，如果你把一个离散的能量包放入其中一个量子场中，你就创造出了一个量子化的小涟漪（也就是粒子），它被称为光子或胶子。

但还有第三种力，我们还没有详细讨论过，它可以说是所有基本力中最奇怪的，它就是弱力。在已知的力中，弱力是唯一可以让一种基本

粒子转化为另一种粒子的力。弱力影响的第一个证据是亨利·贝克勒在1896年发现的放射性。正如欧内斯特·卢瑟福在几年后描述的那样，一种被称为β衰变的放射性涉及一个不稳定的核吐出一个电子。这导致了多年的混乱，因为物理学家有理由假设，如果一个电子脱离一个原子核，那么它起初肯定存在于原子核中。然而到了20世纪30年代，人们意识到这是错的。原子核中没有电子。相反，在β衰变的过程中，一个中子变换成了一个质子、一个电子和一个反中微子，它是通过一种新的基本力来实现这一转变的，也就是弱力。[①]

然而，在20世纪30年代，人们并不了解弱力的真正性质。意大利裔美国科学巨星恩里科·费米提出了一个成功的理论，他用中子直接衰变为质子、电子和反中微子来描述β衰变，而不需要任何额外的力的场来帮助衰变。很明显，费米的理论只是一种近似的描述。当你在越来越高的能量下计算结果时，这个理论最终会崩塌，并得到概率大于100%的荒谬答案。

显然，我们需要一种更基本的理论，到了20世纪50年代，物理学家已经找到了一个看似完美的候选理论，它就是量子场论。第一个成功的量子场论描述了电磁力。它被称为量子电动力学，是由一批杰出的物理学家在数年间拼凑而成的，其中包括汉斯·贝特、弗里曼·戴森（Freeman Dyson）、理查德·费曼、朱利安·施温格（Julian Schwinger）和朝永振一郎（Shin'ichirō Tomonaga）。量子电动力学也被简称为QED，它是有史以来最精确的科学理论，以令人惊叹的精确度描述了

---

① 我们现在知道中子和质子是由夸克构成的，中子是上夸克–下夸克–下夸克，而质子则是上夸克–上夸克–下夸克，所以在基本水平上发生的其实是一个下夸克变成了一个上夸克、一个电子和一个反中微子。

带电粒子与电磁场相互作用的方式，在某些情况下，它做出的预测与实验结果相差不超过百亿分之一。

这个极其成功的理论的核心是一则非常美丽的原理，也被称为局域规范对称原理。这一原理最早由朱利安·施温格提出，它暗示了一种完全神奇的东西，那就是，基本力的产生是由于自然法则中的深度对称性。

这是一个了不起的说法，它还需要一些解释。首先，我们需要退后一步，考虑物理学中对称性的更广泛的作用。第一位真正理解对称性在塑造物理世界中的力量的人是杰出的德国数学家艾米·诺特（Emmy Noether）。她对物理学最伟大的贡献是诺特定理，该定理表明，如果宇宙以某种的特定方式表现出对称，那么一定存在一个始终守恒的对应量。我们所说的对称是什么意思？正如我们已经看到的，如果你能对一个系统（无论是一个物体还是整个宇宙）做些什么，而它保持不变，一种对称性便存在。把一个正方形旋转90度、180度、270度或360度，它看起来仍然和旋转之前完全一样，因此正方形具有旋转对称性。

自然法则本身也是如此。假如你是一名科学家，在一艘星际宇宙飞船上，远离地球或太阳的引力影响在深空中飞行。你可以问这样一个问题：我的宇宙飞船所飞行的方向对我想在飞船上进行的实验的结果有影响吗？如果这个问题的答案是没有影响，那么我们就可以说，自然法则在空间旋转下是对称的。或者换句话说，宇宙不在乎你往哪个方向走。①

诺特定理告诉我们，这种旋转对称性意味着存在一个守恒量，也就

---

① 当然，如果你靠近地球这样一个有质量的天体，这就不成立了。地球引力定义了空间中的一个优先方向，打破了旋转对称性。

是一个永远不会变大或变小的量，而这个量被证明就是角动量，用来描述系统拥有的旋转特质的量。[1] 无数的实验表明它总是守恒的，不能增加或减少，只能在系统的组成部分之间重新分配。这意味着，如果你让一个刚性物体在空间的真空中旋转，它将以完全不变的速率永远旋转下去，只要没有物体出现并撞到它。这就是为什么地球如此可靠地不停转动，因为自然法则的旋转对称性，白天总会在黑夜之后到来。

同样的对称原理解释了为什么能量和动量总是守恒的。能量守恒是因为自然规律不会随着时间而变化，而动量守恒则是因为自然规律在空间中的任何地方都是相同的。然而，对称性还有一个更值得注意的结果，它似乎带来了自然力。

我刚才介绍的和守恒定律相关的对称性被称为整体对称性，这意味着它们涉及在时间和空间的每个点上相同的变换。例如，整体变换可能涉及将整个宇宙旋转90度，或者将整个宇宙向右移动一英尺[2]。如果你这样做了，而宇宙看起来仍然是一样的，那么它就有整体对称性。

但与基本力相关的对称是局域对称性，也就是说，它们涉及随时间和空间变化的变换。在粒子物理学中起作用的各种局域变换非常难以可视化，所以让我们从一个类比开始。

考虑两个球队在一片修剪得很好的平整的球场上踢足球。现在想象一下，我们有一种神一般的力量，能将球场的高度任意升高，升高一米或者一英里都可以。除了如果我们把球场升得太高，球员可能会呼吸困难这一因素之外，只要我们把整个球场升得一样高，这绝对不会影

---

① 从非量子力学的角度讲，角动量取决于物体的大小、形状、质量以及它旋转得有多快。亚原子粒子也可以具有自旋形式的角动量。

② 1英尺 = 0.304 8米。——译者注

响比赛的进行。因此我们可以说，在场地高度的整体变化下，足球是对称的。

现在让我们想象一下，我们没有将整个场地抬高同样的高度，而是以某种方式导致球场以一个角度倾斜，这样一个队会发现自己在上坡踢，另一个队则在下坡踢。这可以算作局域变换，因为地面高度的变化取决于你在场地上的位置。显然，这样的转变将对比赛产生巨大的影响。我想（尽管我的朋友们会告诉你，我对足球一无所知），在球场底部进球要比在顶部进球容易得多，这会给其中一支球队带来巨大的优势。换句话说，这种局域变换不会带来对称性。

但如果我们真的很固执，坚持要以某种方式恢复比赛的公平性，那该怎么办？好吧，一种方法是用我们前面提到的神一般的力量，创造一种不断向坡上吹的风，使坡下的球队更难进球，而坡上的球队变得更容易。换句话说，通过一种力来恢复对称性。

令人惊讶的是，这与QED中电磁力的产生方式并不算相差甚远，除了我们现在考虑的不是足球比赛，而是电子和其他带电粒子行为的规则这一点外。正如我们在之前几章里讨论的，电子是电子场中的波，或者说振动。就像海浪一样，这种波随着时间而变化。如果你观察空间中的一个点，电子场中的振动有时很大，有时则很小，它的上下摆动遵循着一种特征性的周期。你在这个周期中的位置被称为波的相位。你可以把相位想象成一个小时钟，它会告诉你电子场中摆动的距离。

就像我们改变想象的足球场的高度一样，我们可以思考，如果我们对电子场的相位进行变换会发生什么。首先，假设我们进行了一次整体变换，在空间和时间的任何地方将电子的内部时钟移动一个统一的量，比如半个周期。根据诺特定理，如果这次整体变换对电子场的行为没有影响，那就存在一个守恒量，难以置信的是，这个守恒量其实就是电荷。换句话说，因为整体对称性，电荷是守恒的。

现在来看看真正令人惊奇的部分。假设我们引入了一个在空间和时间中变化的相移。如果你能想象得到，有一个巨大的微型时钟阵列描述了电子场的相位，每个微型时钟对应着空间和时间中的一点。局域变换可能意味着，时钟指针在这里向前拨了1/4圈，而在那里又向后拨了半圈。如果我们想在不影响电子场行为的情况下，在不同的时间和地点引入不同相移，就会发现我们别无选择，只能引入一个新的量子场。最值得注意的是，这个新的场恰恰具有电磁场的特性。电磁场就像我们倾斜的足球场上的风一样，纠正了电子场在空间和时间中相位不均匀变化的影响。

我们值得在这里驻足片刻，欣赏一下这是一个多么伟大的洞见。根据QED，你的冰箱贴被吸在冰箱上、电流通过电线，还有原子结构的样子最终都是因为自然法则中深层对称性。当我作为一名大学生第一次认识到这个事实时，它让我感到敬畏。几年过去了，它仍然感觉有点儿像魔法。

在QED中，产生电磁场的相变集合由一个被称为U(1)对称群的数学对象来描述。这个群的细节对我们来说并不重要，但重要的是，如果你想要在进行U(1)局域相变时，自然法则保持不变，电磁场就必须存在。更奇妙的是，U(1)的数学结构完全决定了电磁法则和所有依赖于它们的现象，从阳光通过湖面反射的方式到闪电风暴的可怕威力无一例外。重要的是，这也意味着光子，也就是光的粒子，一定是无质量的。在我们用足球所做的那个类比中，这相当于我们发现了一个深度对称原则，它自动生成了足球比赛的完整规则手册，包括越位规则并指定了球的大小。

这个对称性的想法现在把我们带回到我们开始的地方，也就是希格斯玻色子以及弱力问题。一旦发现了QED，物理学家自然会试试看，是否可以根据类似的对称原理找到描述弱力和强力的其他量子场理论。1954年，杨振宁和罗伯特·米尔斯（Robert Mills）发现了一类这样的理论，但它们都面临着一个似乎是终极问题的问题，它们预测了新的无质量粒子的存在。这些粒子与电磁场中的光子有些相似，因为它们都没有质量，但不同之处在于这些粒子携带电荷。问题是，如果这些粒子存在，那么它们应该到处飞来飞去，也就是说，它们早就应该被发现了。大多数物理学家因此认为，基于与电磁学相似的对称原理的杨－米尔斯理论成功无望。

现在，正如我们在强力的例子中已经见过的，这种无质量的粒子确实存在，它们被称为胶子，但在1954年时还没有被发现，因为胶子被无情地锁在质子和中子内部，这都要归功于强力的巨大力量。

然而，没有无质量的例子就没办法解释弱力的存在。被认为是弱力的量子场论最有希望的候选理论是SU(2)对称群，它预测了三个新的力场以及相应的无质量粒子，分别是W^+、W^-和Z^0玻色子。

如果你想知道玻色子是什么的，那我简单介绍一下。粒子根据它们的自旋可以被分成两类。正如我们看到的，量子力学自旋以1/2的小块出现，具有所谓的半整数自旋的粒子，也就是1/2，3/2，5/2，…这个数列中的，被称为费米子。包括电子和夸克在内的物质粒子都是自旋为1/2的费米子。相反，玻色子的自旋数列是0，1，2，…，包括光子、胶子、W和Z玻色子在内的载力粒子都是自旋为1的。

这种SU(2)理论具有许多吸引人的特点，比如它可以解释β衰变到底是怎么发生的。中子不再像费米的理论所描述的那样，一下子直接衰变成了质子、电子和反中微子，而是通过释放 W⁻玻色子衰变为质子，然后 W⁻玻色子再转化成电子和反中微子。

对于像电磁场或弱力场这样的力场，粒子的质量可以被认为是使用该场的一种能量代价，有点儿像你要为过桥支付的通行费。由于光子的质量为零，穿越电磁场的成本就是零，这代表了两件事。首先，如果你有两个带电粒子，无论它们相距多远，都会通过电磁场相互施加力。当然，它们之间的距离越远，力就越弱，尽管如此，但仍然施加着一种力。因此用物理学的术语来说，我们说电磁力是长程的。使用电磁场的代价为零带来的第二个结果是，电磁力是一种相对较强的力。

然而，这一理论存在着一个大问题。因为它预测 W⁺、W⁻和 Z⁰玻色子应该是无质量的，所以制造它们理应非常容易，例如用两个粒子对撞就可以。所以就像由光子组成的光一样，我们应该能看到它们在现实世界中到处飞行。事实上，没人见过 W 或 Z 玻色子，这意味着这个理论一定是错的。更糟糕的是，无质量的粒子会把弱力变成一种强大的力。

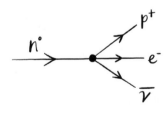 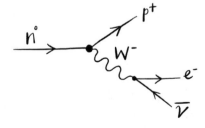

费米理论：中子（n⁰）直接转变为一个质子（p⁺）、一个电子（e⁻）和一个反中微子（v̄）

SU(2)理论：中子（n⁰）转变为一个质子（p⁺）和一个 W⁻玻色子，W⁻玻色子再转变成一个电子（e⁻）和一个反中微子（v̄）

如果弱力粒子也是无质量的，那么弱力应当也是如此，它就应该是长程的，而且很强大。但顾名思义，弱力是微弱的，而且非常短程。它的影响只在比原子核还要短的距离上才会显现，这就是为什么我们从没有在日常生活中注意到弱力过。

让弱力保持微弱的一种方法是，为 W 和 Z 粒子赋予很大的质量，换句话说，在使用弱力场时引入一种巨大的能量代价。这就好比你在桥上每开一米就向你收费 1 000 美元，这就意味着只有最富有的司机（也就是那些具有最大能量的）才会用到它，而且路程往往很短。因此，大质量会使弱力变得微弱且短程，这也很好地解释了为什么在 20 世纪五六十年代时没人见过 W 或 Z 粒子。如果它们的质量足够大，在当时的任何实验中都无法产生。

但这种修复方案仍然存在着严重问题。赋予 W 和 Z 粒子质量，打破了原先用来确定弱力形式的美丽的 SU(2) 对称性。更糟的是，这个理论受到了无穷大的困扰，概率的计算得到了无穷大的答案，这让它实际上毫无用处。

在 20 世纪三四十年代，当 QED 被整合时，理论学家也遇到了类似的无穷大问题，但它们最终都被克服了，把 QED 变成了一个能给出合理答案的理论。这项被称为重正化的技术对 QED 的成功至关重要，它也为施温格、费曼和朝永振一郎赢得了 1965 年的诺贝尔奖。然而，重正化似乎不适用于假定有质量粒子的弱力。通向弱力的量子场论的道路似乎被完全阻断了。

要找到解决方案需要 10 年，而将这个解决方案纳入一个充分发挥作用的现实世界理论，还需要更多的时间。它的发现是一个漫长且复杂的故事，它是许多明星科学家共同努力的结果。朱利安·施温格、南部阳一郎（Yoichiro Nambu）、杰弗里·戈德斯通（Jeffrey Goldstone）和菲利普·安德森（Philip Anderson）为它奠定了基础。罗伯特·布劳特（Robert Brout）、弗朗索瓦·恩格勒（François Englert）、彼得·希格斯（Peter Higgs）、杰拉尔德·古拉尼克（Gerald Guralnik）、卡尔·哈根（Carl Hagen）和汤姆·基博尔（Tom Kibble）找到了一种潜在的解决方案。阿卜杜勒·萨拉姆（Abdus Salam）、谢尔登·格拉肖（Sheldon Glashow）和史蒂文·温伯格（Steven Weinberg）将这个解决方案应用在了弱力上。最后，杰拉德·霍夫特（Gerard 't Hooft）和马丁·韦尔特曼（Martin Veltman）证明了由此产生的理论没有无穷大的问题。这一理论背后的复杂历史本身就足以单独写成一本书①，因此我在这里只关注物理学本身。最后的理论就像一座大教堂，巍峨而华丽，是许多人花了多年时间一步步打造的。它是粒子物理学标准模型的核心。

物理学家现在面临着一个悖论：他们知道弱力的粒子必须要有很大的质量，否则弱力就会像电磁一样强大且长程，而它实际上不是这样的。然而，大质量粒子产生了一种给出了无穷大结果的理论，并破坏了最初决定了弱力形式的宝贵的对称性。

但是，如果对称性没有被破坏呢？如果它只是被隐藏起来了呢？或者换种方式理解，如果弱力粒子在根本上是无质量的，但它们的质量是从其他地方获得的呢？这就说到了希格斯场。

希格斯场是一种全新的量子场，它不同于我们目前所看到的任何量子场。我们遇到的所有场要么是自旋为1/2的物质场，比如电子；要么

① 如果你想知道更多历史故事，关于谁做了什么，谁得到了应有或者不应有的赞扬，我非常推荐弗兰克·克洛斯（Frank Close）的《无穷大谜题》（*The Infinity Puzzle*）。

是自旋为1的力场，比如光子。只有这个新的场需要自旋为0。

它在另一个关键方面也是独一无二的，它需要在空间的任何地方都具有一个非零值。这与电磁场有很大的不同。如果你来到一个真正一无所有的空间，清除所有光子，这样电磁场中就没有了涟漪，那么电磁场的值几乎就是零，除了量子不确定性引起的一些轻微的抖动。然而，即使你从希格斯场中移除所有的粒子，它仍然具有一个很大的非零值，用均匀的希格斯场的汤有效地填满整个宇宙。

关键的发现是，这样一种希格斯汤可以赋予弱力粒子以质量。故事是这样的。在宇宙历史的最初时刻，希格斯场的值为0，因此三种弱力粒子W^+、W^-和Z^0都是零质量的，对称性主宰着一切。然而，在大约一万亿分之一秒后，希格斯场"启动"了，从零变成了一个固定值，用希格斯场的汤充斥在宇宙中，使弱力粒子突然变得有质量。当这一切发生时，在时间起点表现出的完美对称性被隐藏了起来，而我们今天所认识到的弱力也产生了变化，它从强大且长程的，变成了微弱而短程的。

与此同时，后来继续制造苹果派的物质粒子，包括电子和夸克，之前一直以光速在宇宙中穿梭，这时它们突然发现自己在黏稠的希格斯汤中挣扎。当它们与希格斯场相互作用时，它们也从轻盈的无质量粒子变成了笨重的有质量粒子。如果能帮助理解，有这么一个不完美的类比：将希格斯场想象成一种黏性物质，它会黏在电子和夸克等粒子上，使这些粒子减速，并赋予它们质量的属性。同时，光子和胶子等粒子保持了无质量的特点，因为它们不直接和希格斯场相互作用。

因此，希格斯场不仅为弱力粒子赋予了质量，也为基本物质粒子提供了质量。[1]这使得它成了我们苹果派中绝对必要的成分，也就是我们宇宙的绝对必要成分。没了希格斯场，我们所知的世界就不可能存在。像电子这样的粒子没有质量，意味着它们将以光速四处运动，永远不会结合形成原子。与此同时，我们所知道的和所爱的自然力也将被彻底改变。很难说这个没有希格斯场的宇宙究竟是什么样子，但它肯定不是我们可以生活的地方。

这一机制的基本原则于1964年由三个独立团队首次发表。最早发表的是布鲁塞尔的罗伯特·布劳特和弗朗索瓦·恩格勒，随后是爱丁堡的彼得·希格斯，最后是伦敦的杰拉尔德·古拉尼克、卡尔·哈根和汤姆·基博尔。你可能会问，为什么只有彼得·希格斯的名字与这个想法联系在一起？实际上，这是一则不公平的历史怪事。希格斯本人一贯谦逊，他将这种机制称为ABEGHHK'tH机制[2]，把它归功于对这一想法做出贡献的许多理论学家。可悲的是，大声说出来往往会让人觉得你想要"搅浑水"。

有一件事让希格斯与众不同。当他的论文初稿被期刊拒稿时，希格斯决定通过增加一些实验结果来充实这种想法。发明一个新的宇宙能量场没问题，但是你怎么知道这样的东西是否存在呢？希格斯知道，像其他所有量子场一样，在这个新的场中创造涟漪是可能的，它将成为一个新粒子出现在实验中。对于任何学习过量子场论的人来说，粒子和希格斯场一起

---

[1]　所有这一切的一个重要条件是，希格斯场只给基本物质粒子，包括电子和夸克提供质量。但大部分质子和中子的质量并不是来自构成它们的夸克，而是来自将夸克结合在一起的胶子场中储存的能量。这意味着，原子的大部分质量实际上来自强力，而不是希格斯场。

[2]　这串字母代表了安德森、布劳特、恩格勒、古拉尼克、哈根、希格斯、基博尔和霍夫特。

出现这一事实显而易见，但是因为其他人都没有明确地提到它，于是希格斯的名字永远与这个粒子联系在了一起，它就是著名的希格斯玻色子。

这6位科学家所概括的是利用新的量子场赋予粒子质量的基本原理。然而，它还没有完全应用在描述弱力上。1968年，谢尔登·格拉肖、阿卜杜勒·萨拉姆和史蒂文·温伯格用它创建了一个完全符合真实世界的理论。在这个过程中他们发现，让质量赋予机制发挥作用的唯一方法是将电磁力也纳入理论之中，这引出了20世纪最深刻的发现之一，也就是电磁力和弱力——它们在我们的日常世界中看起来截然不同，但实际上是一个统一的电弱力的不同方面。我们今天看到了两种不同的力的唯一原因是，在宇宙早期，希格斯场赋予了W和Z玻色子质量，却让光子保持了没有质量的状态。

这个难以置信的发现标志着，自法拉第和麦克斯韦证明电和磁其实是同一种现象，是一种统一电磁场的不同方面以来，物理学迎来了又一次最伟大的统一。现在，通过应用深入的对称原理，电磁场已经和弱力统一了起来。由此产生的电弱理论预测了三种新的、有质量的载力粒子的存在，也就是W^+、W^-和Z^0玻色子，它们于1983年在CERN的超级质子同步加速器（SPS）对撞机中被戏剧般地发现了。最终，弱力得以理解，电弱理论成了现代粒子物理学标准模型的核心。

然而，谜团还有一部分尚未解开，那就是希格斯玻色子本身。没有希格斯玻色子，20世纪六七十年代建立起的美丽的理论大教堂的基石就不见了。正是希格斯玻色子的存在解释了弱力的强度，将它与电磁学统一起来，并为构成宇宙中每个原子的粒子赋予了质量。这就是为什么发现它如此重要，也是为什么在20世纪70年代末，CERN的一些富有远见的物理学家开始计划进行有史以来最大胆的科学实验。

大爆炸机器

2010年3月30日星期二，就在午餐时间之前，两个出乎意料的质子即将创造历史。它们像往常一样开始新的一天，在距离日内瓦市中心几英里的CERN的一座不起眼的地面建筑里，在一罐氢气中惬意地四处游走。这是一个原本稀松平常的日子。毕竟，按照人类的标准来看，质子都过着超乎想象的漫长而多样的生活，它们都出生于138亿年前大爆炸的炽热中。

它们什么没见过！它们见证了创世的灼热光辉和第一批恒星诞生之前的无尽黑暗。它们在蓝色的特超巨星闪耀的大气中舞蹈，随着超新星的冲击波遨游宇宙。其中一个质子甚至在保罗·麦卡特尼（Paul McCartney）[①]左手中指指尖的一个皮肤细胞里待了一段时间，尽管是在他羽翼合唱团的时期。

然而，在它们毫不知情的情况下，漫长的生命即将被无情地缩短。如若不是不幸地被关在那瓶氢气里，它们可能会活着看到人类的消失、太阳的死亡，甚至可能看到宇宙尽头第二次大黑暗时代的来临。不幸的是，这个特殊的气罐被选为地球上最强大的粒子对撞机的质子源。它们即将成为科学事业的殉道者。

在没有任何预兆的情况下，阀门的开启会让它们从气罐中不由自主地被吸入相邻的金属盒中，在那里，电能的剧烈震动会将它们从氢分子中粗暴地拽出来。告别同伴电子后，质子发现自己赤身裸体，孤身一人，沿着一条真空管道飞奔而下，穿过第一台加速器的中心，一系列漫

---

① 英国著名歌手、音乐人，披头士乐队成员之一，后来又创立了羽翼合唱团。——译者注

长的连环过程将无情地导致它们走向灭亡。当它们经过仅30米的短途旅行后，离开名字平平无奇的2号直线加速器时，它们已经在以1/3光速的速度移动了。数十亿年来，这两个质子都没有移动得这么快过，但1/3光速的速度并没有什么可担心的。它们的许多同伴以宇宙射线的形式用更高的速度降落在地球上。

但是，当它们通过一系列越来越大的环形加速器时，它们变得越来越警觉。每转一圈，强大的电场都会为它们增加能量，而越来越强的磁场也将它们更牢地固定在轨道上。不久后，它们就发现自己围绕着一个周长7千米的巨大环运行，这就是SPS。SPS一度曾是CERN最强大的加速器。现在每一个质子都在数十亿个先前的"气罐伙伴"的紧密包围中飞行，并逐渐加速到可怕得多的速度。当SPS最大达到99.999 8%的光速时，它们希望它们受的苦可能会接近尾声了。

事实并非如此。突然的磁振动会将质子踢出SPS，沿着一条传输线通向一个更大的环，实际上它是最大的一个环了，那就是LHC。不幸的是，我们的两个质子现在发现自己正在27千米的环上，以相反的方向运动。大事不妙。它们得到了一些短暂的安慰，因为更大的机器上更柔和的曲线意味着LHC磁铁的拉拽没那么猛烈了。唉，但这也没有太久。

上午11点40分，两条火力全开的粒子束朝着相反方向运行，LHC开始将质子推入未知领域。每绕圆环一圈，它们都会经过一小段金属空腔，在那里受到200万伏电场的剧烈击打，使它们越来越接近光速。与此同时，构成对撞机主体的1 000多块超导磁体开始产生越来越强大的磁场，以越来越可怕的力将质子拉向环的中心。

质子经过了一个小时的电磁折磨。幸运的是，多亏了它们惊人的速度和相对论的时间扭曲效应，从质子的角度来看，这一小时只相当于一秒多一点儿。下午12点38分，在27千米的环上绕了约4 000万圈后，它们终于达到了令人眩晕的最终速度，也就是99.999 996%的光速。

每个质子都被转化成了一个威力无与伦比的抛射体，携带着3.5万亿电子伏特（TeV）的能量，大约是它自身静止质量的3 700倍。当它们以每90微秒一圈的频率围绕着圆环飞速运动时，它们会反复穿过4个巨大的探测器——ATLAS、ALICE、CMS和LHCb——的核心，这些探测器耐心等待着记录质子的死亡。目前，两个反向环绕的粒子束仍然是分离的状态，每次通过探测器时只相差不到几毫米，但尚未相遇。

几分钟后，下午12点56分，当位于4个探测器两侧的磁铁开始引导两个反向环绕的粒子束越来越近时，质子会发现自己在轨道上缓慢地发生位移。每绕一圈，它们之间的距离会变得更小，直到它们之间的距离小于一根胡须。

下午12点58分，两个质子现在的移动速度比它们自宇宙诞生以来的速度还要快，它们最后一次彼此擦肩而过，从27千米的距离开始最后一次接近。仅仅22.5微秒后，它们之间的距离就缩短了一半。再过22.5微秒，它们从相对的两端进入其中一台探测器的洞穴。唯一庆幸的是，它们看不到对方的到来，因为质子没有眼睛，而且LHC的内部是漆黑一片。

当LHC的两束强大粒子束在所有4个探测器内交汇时，我们可怜的质子以一种自大爆炸以来从未见过的暴力迎头相撞。科学史上最高能量对撞的世界纪录被打破了。

撞击的力完全消灭了质子，在夸克和胶子的烟火中向外喷射质子内部的东西。与此同时，它们巨大的能量在自然的量子场中发出涟漪，通过撞击的力产生新的粒子，包括电子、μ子、光子、胶子、夸克等等。当两个质子死亡时，新的粒子诞生了。他们的死亡从能量中创造出了新的物质。$E = mc^2$。

在离地面100米的地方，当第一次对撞的图像在LHC环周围控制室的屏幕上闪现时，工程师和物理学家欣喜若狂。经过30多年的梦想、规划、建设、测试、挫折和恢复，有史以来最雄心勃勃的科学实验终于开始了。对CERN控制中心负责LHC的工程师来说，这一成就更令人满意，在2008年9月对撞机首次启动后不久，它就彻底炸开了。许多人在过去一年里一直在27千米长的隧道里不知疲倦地工作，维修着对撞机。在CERN开香槟庆祝时，当天操作LHC的两名工程师之一的米尔科·波耶尔（Mirko Pojer）在日志中简单地记道："每束3.5 TeV的首次对撞！"

2010年3月30日，星期二，对CERN的每个人来说都是一个大日子。它标志着LHC的物理项目的开始，也标志着寻找关于宇宙中一些最深层问题的答案的开端。我仍然清楚地记得最初几周的事情，其中包括看到第一次事件显示表明粒子穿过LHCb探测器时的兴奋，一种责任感和压力也随之而来，这有助于保证实验的一小部分顺利进行，还有看到第一批数据的激动，它们表明真正的粒子正在我们的探测器中产生。

随着时间的流逝，4项LHC实验都以越来越高的速率记录到越来越多的对撞，因为CERN控制中心掌舵LHC的工程师逐渐学会了如何操控他们所建造的这台极其复杂的机器。在创造了实验室中有史以来最高能量对撞的新世界纪录后，他们现在的任务是找出如何提高对撞的速率，从而通过4项实验每天记录下越来越多的数据。

我参与的实验LHCb是一台专门的探测器，主要用于研究被称为底夸克的粒子。这些粒子是构成质子和中子所必需的下夸克的同伴，我们通过详细测量它们的性质，可以了解很多关于标准模型和我们尚未发现的潜在新量子场的信息。然而，LHCb并不是用来寻找希格斯玻色子的。

希格斯玻色子是LHC上两项最大实验的目标，它们就是ATLAS和CMS。

这两个庞然大物是"通用"的探测器，也就是说，它们是用来搜索范围尽可能广的不同粒子的。它们位于圆环相对的两侧，ATLAS就在CERN主站点的旁边，因此接近所有方便的生活设施，比如餐厅，而CMS则在几千米之外的法国乡间，这里风景如画，但如果你想回CERN吃午饭，一定有些麻烦。

这两项实验都由来自世界各地的3 000多名物理学家、工程师和计算机科学家组成，他们每个人都为发现亚原子景观的新特征这一最终目标做出了一些微小的贡献，有时甚至不只是小贡献。还有一些资深物理学家，他们中的许多人都参与了实验的早期规划，如今担任着管理角色，他们需要达成合作、制定战略，并牵头一项不可忽视的任务，那就是在3 000名有时过于自负的人之间建立共识。这里还有设计并建造实验设备和软件堆栈的硬件和软件专家，他们对运行和维护实验、规划并交付未来的升级方案至关重要。还有一群名副其实的物理学家，其中许多是年轻的博士生和博士后研究员，他们的工作是分析不停产生的数据洪流，寻找新粒子的迹象。

实验只有在巨大的国际团队的共同努力下才有可能进行，但值得注意的是，希格斯玻色子的研究最终只落在了少数年轻人身上，他们肩负着令人敬畏的责任，使得长达50年的研究取得了戏剧性的成果，并为问题提供了答案，那个问题就是，为什么粒子有质量？这些幸运儿中的一位是马特·肯齐（Matt Kenzie），是我在剑桥大学的前同事，他当时是伦敦帝国理工学院的博士生，刚刚开始参与CMS。

马特第一次来到CERN是2011年的春天，当时LHC正在进行第二年的对撞研究。他的抱负是成为一名理论学家，也许会做出一些小成就，比如发现引力的量子理论，他带着这个梦想开始了自己的物理学生涯。然而，在攻读硕士学位一年后，他意识到理论学者的生活不适合他，并在最后一刻提交了实验粒子物理学博士学位的申请。所谓的最后一刻其实已经过了申请的截止日期，但幸运的是帝国理工学院多出了一个空位，因为一位拿到录取通知书的候选人退出了。经过匆忙安排的面试后，马特很快开始攻读博士学位，不知不觉，他就来到了CERN开始研究希格斯玻色子。

参与CMS的3 000人中，数百人或多或少地参与了希格斯粒子的搜索，但实际上，几乎所有的日常工作都是由几十名研究人员组成的一个相对较小的团队完成的。马特自己也承认，他纯属偶然地成为少数几个有着难以置信的特权的人之一，负责分析可能解决物理学中最久远的问题之一的数据。"这真是完全侥幸，我到了这个大新闻的中心。"他告诉我。

ATLAS和CMS的物理学家知道，如果希格斯玻色子在LHC的碰撞中产生了，它们几乎会在瞬间衰变，这个过程只需10^{-22}秒，这个时间太短了，粒子还无法到达探测器任何敏感的部分。这意味着，找到希格斯粒子证据的唯一方法是试图捕捉它在穿过探测器时衰变而成那些粒子，这有点儿像把炸药塞满汽车，爆炸后拍下各种飞溅的碎片，然后用试图通过它们找出汽车的品牌和型号。

不过，和汽车不一样，汽车总是被分成一样的基本部件，希格斯玻色子则能够以各种不同的方式衰变。其中一些更容易被发现。例如，它衰变为底夸克和反底夸克是迄今为止最常见的方式，半数以上的希格斯玻色子都是以这种方式衰变的，但由于LHC的对撞产生了大量底夸克，因此很难发现它。寻找衰变为底夸克−反底夸克对的希格斯玻色子这件事与其说是大海捞针，不如说是在一堆看起来差不多的针里寻找针。

幸运的是，有更好的方法来侦查希格斯玻色子。最有前景的是一个希格斯玻色子变成两个高能光子或者两个Z玻色子的衰变方式。这并不代表看到这些衰变很容易，但至少更像是在干草堆中寻找一根针（或者是在堆满干草堆的田地里寻找一根针）。

马特初到CERN的任务是帮助编写计算机代码，搜索希格斯玻色子衰变成两个光子的迹象。他记得第一次向CMS的一个工作团队展示他的作品时，他遭到了一位来自麻省理工学院的博士后研究员的格外具有敌意的抨击。事实证明，麻省理工学院和帝国理工之间存在着相当大的竞争，他们都争相领导搜索，而马特则无意中发现自己被卷入了这场斗争中。正如他所说："这有点儿像是一场严峻的考验。我离开时感觉这是一个相当艰苦的环境。"

有时压力会变得很大。马特的团队包括来自帝国理工学院、圣迭戈、CERN和意大利的物理学家，他们不仅要和麻省理工学院的团队竞争寻找希格斯衰变为两个光子的证据，CMS还有其他团队致力于研究希格斯衰变为两个Z玻色子的过程，更不用说他们巨大的竞争对手ATLAS的另外3 000名研究人员了，他们正朝着同一个目标赛跑。马特与另外两名博士生和两名博士后研究员组成了一个紧密的团队。他们每周至少开两次会，经常在CERN的1号餐厅里吃早餐或午餐时谈论他们的最新研究结果。CERN的1号餐厅是个熙熙攘攘的自助餐厅，这里是实验室社交活动的中心。他们有晚上在下班后还在办公室长时间地工作，甚至还熬过一两个通宵，特别是关于希格斯玻色子搜寻的公开更新的时间安排。

那究竟是如何寻找希格斯粒子的呢？这一切都是从LHC产生的对撞开始的。假设希格斯场存在，当质子在LHC中对撞时，它们有足够的能量使希格斯场抖动，产生一个新的粒子，也就是希格斯玻色子。第一个挑战是，在一次碰撞中产生希格斯玻色子的概率极低。由于量子力学的概率性质，当两个质子对撞时，你无法提前知道会产生什么粒子。对撞就像掷一个有非常多面的骰子，每一面都对应着不同的潜在结果。

大多数时候，对撞只会产生我们已知的粒子，比如夸克、胶子、光子，也许是W或Z玻色子。制造出希格斯玻色子的概率非常小，只有十亿分之二，因此要想有机会看到相当数量的粒子，LHC必须创造出大量的对撞。事实上，在ATLAS和CMS中，它每秒能够产生约10亿次对撞，目标是在这一年中的9个月里，一周7天，每天24小时地运行，再减去一些技术性的停顿和重新运行所需的时间。到了2012年年底，这种难以置信的对撞率意味着LHC已经产生了6 000万亿次对撞。

如此大量的对撞意味着相应有大量数据产生，事实上，LHC在几天里只能就装满地球上的所有硬盘。应对这种数字海啸的唯一办法是，在大部分对撞被记录下来之前将它们扔掉。这是由一组被称为"触发器"的极快速的计算机算法完成的，这些算法可以实时观察每一次对撞，每25纳秒一次，并确定它看起来是否发生了有趣的事情，或者它只有我们以前见过的一堆无聊的夸克和胶子。在极少数情况下，数据看起来确实有趣，它们会被记录下来，像马特这样的分析师就可以开始搜索。

一旦数据被存储下来，搜索衰变成两个光子的希格斯玻色子的方法实际上相当简单，至少在原则上是这样的。CMS和ATLAS的团队使用定制的算法，在庞大的数据集中筛选包含一对高能光子的碰撞。但困难的是，当两个质子对撞时，光子可以通过其他大量方式产生，而其中大多数根本不涉及希格斯玻色子。马特和他的同事需要找到一种方法，从这些不是来自希格斯玻色子的随机光子的背景中，筛选出真正的希格斯玻色子，这有点儿像在快速流动的水中淘金。

即使在数据被筛选之后，仍然会有比真正的希格斯粒子多得多的背景，但在这里，最后一个技巧开始起作用。你如果把两个光子的能量加起来，就可以直接知道它们原先的粒子的质量。对于随机背景的光子，它们的能量加起来差不多可以是任意的数字，这意味着如果你将它们绘制在一张图表里，它们将分布在一个大的质量范围中。然而，来自希格斯玻色子的光子加在一起总是一样的质量，也就是希格斯玻色子的质量，这意味着它们会聚集在相同的值附近，在平坦的背景上产生一个小凸起。如果这个凸起足够明显，这就是实验中产生了新粒子的确凿证据。

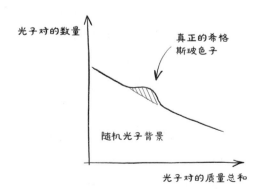

就在2011年圣诞节前夕，CERN的走廊里开始传起了一则流言，传说ATLAS和CMS已经发现了什么。经过一年密集的数据收集和分析，CERN在12月13日安排了一次特别研讨会，向科学界更新关于寻找历史上最难以捉摸的粒子的最新情况。数百人在CERN的主礼堂里坐下来听报告，这使得马特不得不在办公室通过网络直播观看会议过程。结果非常诱人，却又令人倍尝可望而不可即之苦，而且并没有确定性结果。ATLAS和CMS都观察到了一个质量为125 GeV的小碰撞（作为参考，质子的质量约1 GeV，而Z玻色子的质量是90 GeV）。但它太小了，无法确定这是否仅仅是一个统计波动。然而，尽管这个凸起可能很小，但两个独立的实验都发现了相同质量的新粒子的迹象，这一事实在粒子物理学界引起了不小的轰动。

2012年春天，当数据收集再次开始时，一切突然变得更加严肃。马特和他的团队意识到他们和ATLAS都在追踪希格斯玻色子，他们不得不更努力地工作，确保不被竞争对手落下。为了保证彻底保密，并且避免他们可能有意无意地修改了他们的方法以至于令结果产生偏差的风险，分析是不公开进行的。这意味着，在一切得到合作组批准之前，都不可能查看最终数据，这带来了戏剧性的揭盲的最后时刻。只有到那时结果才会揭晓，他们才知道是否发现了希格斯玻色子。

到了2012年6月底，ATLAS和CMS记录的数据已经和2011年全年得到的数据一样多了，是时候重新审视一下了。揭盲的那天早上，马特和一小队人在一号餐厅的喧闹中围在一台笔记本电脑旁，在几个星期的辛苦工作后，他们双眼朦胧，最后盯着关键的图表。屏幕上有一个凸起，与他们在2011年数据中看到的完全相同。

作为粒子物理学的新人，直到下午晚些时候将他们的研究结果提交给整个CMS合作组织时，马特才意识到他们所看到的一切的全部意义。数百名物理学家挤进讨论室，聆听麻省理工学院团队中活跃的中国博士生杨明明的演讲。杨明明介绍了希格斯玻色子衰变为两个光子的搜索结果。她为观众梳理了整个过程，分阶段地慢慢展示结果，首先是2011年，然后是2012年。当她来到最后一张展示综合结果的幻灯片时，她最后说了一句精心准备的话："我希望你们余生都能记住这一时刻。"点击后，投影屏幕上出现了一个清晰的峰值为125 GeV的图形。当搜寻希格斯玻色子衰变为两个Z玻色子的团队在几分钟后发现同一个地方出现了一个峰值时，马特说，"一切都乱套了。"

第二天，他收到了CMS发言人乔·伊坎德拉（Joe Incandela）的电子邮件，邀请他和大约50名物理学家帮助准备于2012年7月4日（在CERN这一天被戏称为"希格斯独立日"）的发布会。乔承担着重大的责任，要向全世界公布CMS的结果，他将和代表ATLAS宣布结果的法比奥拉·吉亚诺蒂（Fabiola Gianotti）一起出席。这50多个人花了好几天时间，在那间讨论室里讨论如何最好地展示结果，并润色最后的演讲。

在这个过程中，每个周末马特都会飞回英国看望他重病的父亲。他尽了最大努力向父母解释在CERN发现了什么，虽然他们明白这是一件大事，但马特觉得他们并没有完全理解希格斯粒子是什么。"他们的回答类似'亲爱的，那太好了'。但当时他们有更重要的事情要担心。"

最后的结果是，马特本以为自己不会在CERN宣布结果，所以放弃了在主礼堂的预留座位。但后来的事实是，他在关键的一天回到了CERN，并设法与CMS团队的其他一些成员一起溜进了会场。

房间里的气氛非常热烈，一位物理学家说它就像一场足球比赛。现在，我不确定他是否参加过足球比赛，但按照粒子物理学界的标准，这场比赛肯定非常活跃。人们在礼堂外露营过夜，为了获得一个座位，数百人不得不被拒之门外。与此同时，在伦敦，我在议会大厦附近参加了一个大型网络直播活动，一群科学工作者、记者和政府成员都在等待演讲开始。

演讲开始前的几分钟，CERN主任罗尔夫·霍耶尔（Rolf Heuer）走进礼堂，旁边跟着彼得·希格斯和弗朗索瓦·恩格勒，正是他们最初的研究从大约半个世纪前开始引发了这一连串不可思议的事件。就在那一刻，马特意识到他参与了一件大事。

首先是CMS的演讲，乔·伊坎德拉介绍了几周前他们都看到的相同峰值。现在，每个人都屏息以待，看看ATLAS是否也看到了同样的事情。当法比奥拉·吉亚诺蒂展示了一张表明与CMS质量完全相同的凸起的图表时，房间里沸腾了。

聚集在一起的物理学家为这一巨大的共同成就欢呼喝彩。彼得·希格斯已经80多岁了，他正在擦眼泪。他后来说，他从未想过自己年轻时（1964年）首次预言的粒子会在他有生之年被发现。直到CERN主任在发布会结束时发表最后声明时，马特才意识到他参与了什么："作为一个门外汉，我现在可以说，我想我们做到了。"

他们发现了希格斯玻色子。

警告　建设中的科学

希格斯玻色子的发现标志着我们寻求苹果派的终极配方的一个转折点。希格斯玻色子让粒子物理学标准模型变得完整，这一理论在描述我们宇宙的基本成分和支配它们行为的规律的方面取得了惊人的成功。然而，尽管它很成功，但标准模型无法解释一个关键细节，那就是我们苹果派中的物质来自哪里。这背后肯定还有很多故事。

在LHC上发现希格斯粒子，告诉我们宇宙大爆炸后约万亿分之一秒发生的物理现象。我们现在有相当确凿的证据表明，大约在这个时候，希格斯场开启了，赋予了基本粒子质量，并建立了我们今天所知道的宇宙的基本成分。然而，在这一刻之前发生的事情仍然笼罩在不确定性之中。

我们的苹果派中的粒子是如何形成的？为什么宇宙会包含这些存在的量子场？我们还缺什么成分吗？宇宙是如何开始的？为了回答这些问题，我们现在必须把时间往前推到最初的万亿分之一秒之内。正是在那个短暂而关键的时期，构成我们以及宇宙中的一切的物质出现了。几乎所有现代物理学和宇宙学的重大问题都是关于宇宙诞生后的最初瞬间究竟发生了什么。

所以在这里，我必须贴出一则免责声明，一如一位即将带你前往人迹罕至的小路，进入不确定的地形的导游。我们走得离这里越远，立足点就越不确定。我们正在进入一个充满推测的世界，有时甚至连问题都没有完全想好，就更别提什么答案了。但正是卡尔·萨根的挑战将我们带到了这里。是时候创造宇宙了。

第 11 章

万物的配方

●

新东西有待发现／夸克的配方／幽灵粒子

在大爆炸后约百万分之一秒，一切几乎都结束了。

在第一微秒里，宇宙变得超乎想象地炽热，粒子和反粒子不断被创造和破坏。夸克和反夸克、电子和反电子不断闪现又消失，以粒子–反粒子对的形式从沸腾的等离子体中出现，但一瞬间又湮灭了。

与此同时，宇宙正在迅速膨胀并冷却。在大约百万分之一秒的时间里，等离子体中不再有足够的热量产生新的质子和反质子，大灾难开始了。粒子和反粒子在一次巨大的湮灭中毁灭，在强大的辐射爆炸中，宇宙中的所有物质几乎都消失了。这场灾难本应意味着所有物质和反物质的终结，只留下一个巨大、黑暗而空旷的空间，只有几个孤独的光子在无尽的虚无中穿行。

但不知何故，大约百亿分之一的粒子竟然留了下来。我们不知道这是如何发生的。但是，正是由于物质和反物质之间这种百亿分之一的不平衡，物质宇宙，包括星系、恒星、行星、人类、苹果派，最终得以存在。

尽管粒子物理学标准模型成功地描述了构成我们世界的基本粒子的行为，但它预测物质宇宙不应该存在。任何预言理论的提出者不应该存在的理论都陷入了相当严重的困境，这就是为什么物理学家确信一定还有新的东西有待发现的原因之一。

这个问题可以追溯到标准模型首次组装之前的很长一段时间，1928年，当时年轻的保罗·狄拉克看到反电子从他著名的方程中浮现。即使在那个时候，狄拉克也知道，如果反粒子真的存在，它们应该总是和普通粒子一起产生。狄拉克认为，想要制造一个电子，也一定会制造一个反电子。在那之后进行的所有实验都证明狄拉克是对的。LHC确实可以利用能量制造物质，但把对撞中产生的所有粒子加起来，你总会发现等量的反粒子。如果不对反粒子做同样的事情，似乎就不可能制造或破坏粒子。

物质和反物质之间这种完美的平衡本应导致一个空的宇宙，然而我们却在这里。这是现代物理学中最大的谜团之一，解释这一谜团的尝试通常涉及迄今为止尚未发现的新的量子场。

即便如此，我们也可以想象一种不涉及任何新粒子物理学的方法来解决这个问题。如果是翻滚的原始等离子体中的随机运动随机导致了某些区域存在更多的物质，而某些区域存在更多的反物质，而不是粒子的完全湮灭，那会怎么样？快进到今天，这些区域将被空间的膨胀放大，覆盖宇宙的大片区域，其中一些包含普通气体、尘埃、恒星和星系，而另一些则包含反气体、反尘埃、反恒星和反星系。从地球上看，一个遥远的反星系看起来与普通星系没什么两样，因此夜空中的一些星系可能是由反物质构成的。

这是一个不错的想法。问题是，如果真的有反物质构成的宇宙区域，那么必然存在一些边界，反物质和普通物质区域在那里相互挤压。即使是星系之间巨大的空旷空间也含有少量的氢气和氦气，因此无论这样的边界出现在何处，你都应该看到气体和反气体湮灭产生的伽马射线。但事实上，我们在夜空的任何地方都看不到任何湮灭的信号，这表明整个可观测的宇宙只是由普通物质构成的。

因此，留给我们的唯一解释是，在宇宙存在的最初时刻发生了一些事情，使得形成的物质比反物质多出了那么一点儿。这种微小的不平衡大约是每百亿个反质子对应着一百亿零一个质子，它让足够的物质在大湮灭中留存了下来，创造出了我们今天所见的一切。然而事实证明，找到一种方法来制造如此微小的不平衡非常困难。

俄罗斯理论物理学家安德烈·萨哈罗夫（Andrei Sakharov）是最早对此尝试的人之一，他提出了在早期宇宙中制造物质必须满足的三个条件。它们被称为萨哈罗夫条件：

    1.一定存在一个过程，让你能制造出比反夸克更多的夸克。

    2.物质与反物质之间的对称性一定是不完美的。

    3.当制造物质的这个过程发生时，宇宙需要脱离热平衡。

条件1可能是最容易理解的。显然，如果我们想制造出比反物质更多的物质，我们需要一个过程能做到这一点。然而，仅仅是它本身还不够，因为即使存在这样一个过程，物质和反物质之间的对称性也意味着还会存在一个镜像过程，它产生的反物质比物质多。因此，我们需要条件2，它坚持认为物质和反物质之间的对称性是破缺的，让制造物质的过程比制造反物质的过程进行得更快。

最后，我们还有条件3：当这些过程进行时，宇宙需要脱离热平衡的状态。根据定义，处于热平衡状态的系统不会改变，这往往是因为所有过程都以相同的速率正向或反向运行。因此，我们需要在宇宙历史中找到一个失去平衡的时期，让制造物质的过程正向进行的速度比反向进行的更快。

在过去几十年间，理论和实验物理学的一项重大任务就是找到一种同时满足萨哈罗夫的三个条件的配方。学界出现了一些推测性的想法，但我们将重点关注通常被认为最有希望的两个候选项。虽然我们还不知道哪一个是对的，但世界各地的物理学家正在努力将拼图的不同部分拼凑在一起，也许有一天，我们可以获悉万物的配方。

镜像世界

当你照镜子时，你眼中的那个人十有八九与你的朋友、同事和恋人所认识或者所爱的那个人之间存在着微妙的差别。也许你的鼻子略微向左弯，或者你笑起来嘴略微撇向一边，但当然还是很迷人。你不应该为此感到难过。即使是好莱坞演员和超模也从来不是完全对称的。我们多少都有点儿歪歪斜斜。

与我们这些不完美的人类不同，在很长一段时间里，物理学定律被认为具有完美的对称性。如果用镜子反射宇宙，人们认为它的镜像是一模一样的，每个过程都会像以前一样进行。自然应该是左手性的或右手性的想法似乎非常荒谬。这个假设太基本了，之前从未有人认真思考过它，直到华裔物理学家吴健雄进行了一项惊人的实验。

1956年，吴健雄在美国国家标准学会进行了她的著名实验，带来了颠覆性的结果：弱力似乎是不对称的。或者更准确地说，弱力似乎更喜欢左手性粒子，而不是右手性粒子。

粒子可以是左手性的，也可以是右手性的，这似乎很奇怪，但粒子的行为归根结底就像它们在旋转，正如自旋的量子力学性质所描述的那样。如果你伸出双手，拇指朝上，左手的手指弯曲就定义了左手旋，右手手指则定义了右手旋。以类似的方式，粒子自旋的方向相比于它的移动的方向，就决定了粒子是右手性的还是左手性的。

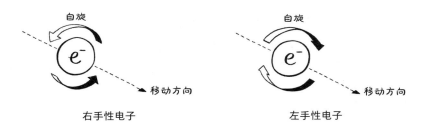

右手性电子　　　　　　　　左手性电子

吴健雄发现钴60的放射性原子发射的电子大多是左手性的，而不是右手性的。这真是一个令人震惊的结果。当著名的量子物理学家沃尔夫冈·泡利（Wolfgang Pauli）听说了吴健雄的实验时惊呼道："完全是胡说八道！"[1]但这并非胡说八道。① 弱力确实违反了镜像对称性，物理学家称之为宇称破坏。

_____

① 在我看来非常遗憾的是，吴健雄用细致的技巧完成了实验，但她却并没有因为这一发现获得诺贝尔奖，诺贝尔奖最终由两位理论学家获得，他们最早提出了弱力可能违反了镜像对称。

宇称破坏的最终原因是，弱力与左手性粒子的相互作用比右手性粒子更强烈，换句话说，它"更喜欢"左手性粒子。事实上，如果涉及的粒子是无质量的，弱力就只会与左手性粒子相互作用。对电磁力或强力来说就不是这样的，它们对左或右没有偏好。

面对镜像对称性的不复存在，物理学家提出，也许可以通过加入另外一种对称性来恢复秩序，那就是电荷的对称性。把宇宙反射到镜子里，翻转所有电荷的符号，让正变成负，负变成正，这个新的镜像宇宙现在看起来应该和原来的一样。关键是，翻转电荷会将粒子（比如电子和质子）转换成反粒子，因此在这样的宇宙中，左手性粒子会变成右手性的反粒子。换句话说，你得到了一个由反物质构成的镜像宇宙！

如果这种组合的电荷宇称[①]（CP）对称性是精确的，那么它意味着，就像弱力更喜欢左手性粒子而不是右手性粒子一样，它也应该更喜欢右手性的反粒子而不是左手性的反粒子。正如后来的实验揭示的，这就是事实。如果吴能找到一些钴60的反原子[②]，并观察到反电子呼啸而出，她会发现更多右手性电子而不是左手性的。

CP对称性有望恢复粒子世界的秩序。但这也带来了一个问题。如果CP对称性是精确的，那么在大爆炸期间就不可能产生比反物质多一点儿的物质，而我们也就不复存在了。

幸运的是，1964年，在布鲁克海文进行的一项实验打破了恢复的电荷宇称对称性。詹姆斯·克罗宁（James Cronin）和瓦尔·菲奇（Val Fitch）领导的一个团队正在使用布鲁克海文国家实验室最强大的粒子

---

① 有时也被称为正反粒子共轭宇称。——译者注

② 还没有人能制造出这么大的反原子。到目前为止，最重的反原子是反氦，它是在2011年由 RHIC 在布鲁克海文制造的对撞中探测到的。

加速器研究一种被称为中性 K 介子的粒子束。这些奇异的"怪兽"有两种类型，一种是由一个奇夸克和一个下反夸克组成的，它的反粒子则是由一个下夸克和一个奇反夸克组成。克罗宁和菲奇分析了实验结果后，惊讶地发现，这些粒子的衰变方式打破了 CP 对称性的神圣原则。

如果说吴健雄发现的宇称破坏在物理学界引起了不小的震动，那么 CP 破坏的发现就可谓是引发了大地震。克罗宁和菲奇的发现太让人惊讶了，以至于许多理论学家都不遗余力地想要给出解释，但不久之后，确凿的实验证据毫无疑问地证明了这一点：CP 对称性并不是自然的精确对称。在镜子中反射宇宙，并翻转所有粒子的电荷，你发现的镜像的反宇宙看起来将和我们生活的宇宙略有不同。自然的镜子是扭曲的。

CP 破坏的发现让我们至少有可能想象出一种制造出更多物质而非反物质的配方，但光靠它本身是不够的。首先，自然中是否有足够的 CP 破坏来解释我们在周围世界中看到的物质的优势，这一点还并不清楚。我们很快就会回到这个棘手的问题上。但更重要的是，我们只满足了三个萨哈罗夫条件中的一个。我们仍然需要找到一种方法制造比反粒子更多的粒子，这是我们在现实世界中从未见过的事情。但这样一个过程至少是可以想象的，而且值得注意的是，它不需要任何超出我们所知范围的新粒子或力。不幸的是，它确实需要一些非常难的数学……

进入斯帕莱龙

"我记得这一瞬间的灵感。我从牛津的数学所走回家，1983 年我在那里访学了三个月，我回到了班伯里路的公寓，几乎准确地记得它在哪里，突然我意识到，哇！我明白了！"

10月的一个潮湿的早晨，我在剑桥应用数学和理论物理系和尼克·曼顿（Nick Manton）一起喝了杯茶。我们在几十位理论物理学家的簇拥下闲聊着，他们正在享用上午10点的咖啡，还有已故的同事斯蒂芬·霍金的铜像守护着我们。当尼克注意到我羡慕地盯着这里提供的令人印象深刻的蛋糕和饼干（在卡文迪许，我们得自己带）时，他告诉我，这笔慷慨的捐赠要感谢霍金，他留下了一笔遗产永久资助团队十一点的工间咖啡休息时间。这是一种确保同事记得你的可靠方法。

我去那里是为了把我绕晕的一组奇怪的物体，在40年前，当尼克还是一名年轻的研究员时，他发现了这些物体隐藏在标准模型的方程中。一开始只是一点儿理论上的好奇心，但它开辟了一种我们所知的为数不多的可行的方法，来制造出比反粒子更多的粒子。这些奇怪的物体被称为"斯帕莱龙"（sphaleron）①，它们可能就是宇宙万物存在的原因。

"你知道，我一直在思考，'电弱理论中的这个可能的解是什么？'这是基于其他人的工作，其他人发现了一个不稳定的解，而我在想，'这个想法相关吗？它怎么能应用到我感兴趣的东西上？'然后突然灵光一现，我看到了它。"

尼克所领会的内容，是几乎没有办法向没有经过量子场论的高阶训练的人描述的，但回到他的办公室，他还是耐心地带我梳理了这个想法的逻辑，在黑板上写满了相交的球和圆圈，这些符号代表希格斯场和粒子能级的塔，它们勇敢地试图传达着这个想法的核心。他的解释极为清晰且有条理，以至于当他说话时，我真的认为我跟得上，但当我离开他的办公室时，我能感觉到我浅薄的理解像梦中的记忆一样消失了。

---

① 亦译为"斯菲列隆""斯法勒子"等。——译者注

斯帕莱龙是描述电磁力、弱力和希格斯场起源的那个电弱理论的特征。1983年当尼克在牛津漫步时，CERN刚刚发现了W和Z玻色子，首次将电弱理论置于了坚实的实验基础之上。他一直在深入思考电弱方程，解出这些方程的一种特殊方法导致了许多场的不稳定排列，它们会集体运动。由于多个场的集体运动是高度不稳定的，尼克基于希腊语"*sphaleros*"创造了"sphaleron"这个术语，意思是"准备坠落"。

关于斯帕莱龙首先要说明的是，它不是粒子。像电子或希格斯玻色子这样的粒子是单个量子场围绕其平均值的摆动，就像在吉他弦上弹奏的单个音符一样。相反，斯帕莱龙是更微妙的东西。它仍然由量子场组成，但不是一个场，而是一个由W场、Z场和希格斯场作为一个整体共同移动的巴洛克式的混合体，就像一个量子场交响乐团旋律和谐的演奏。

W场、Z场和希格斯场的这种集体运动产生了一种物体，它可以做一些了不起的事情，将反粒子转化为粒子，反之亦然。一个斯帕莱龙可以作为一台制造物质的机器，你需要做的就是放入一些反物质，普通的物质粒子就会出现。

这种神奇的能力使斯帕莱龙成了标准模型框架内唯一能够打破粒子和反粒子之间完美平衡的物体，它在我们理解物质起源的过程中发挥着独一无二的重要作用。在所有其他情况下，找到物质的配方意味着引入新的奇异粒子，但让斯帕莱龙如此具有吸引力的是，你可以用现成的W场、Z场和希格斯场来完成这件事。用尼克的话说，"你不需要任何其他花哨的点缀"。

问题是，自然中真的存在这种诡异的物体吗？如果存在，它们会是什么样子？好吧，即使斯帕莱龙不是粒子，它看起来也很像粒子。它在空间中有一个明确的位置，有质量和大小。更重要的是，你可以使用标准模型的方程来计算一个斯帕莱龙应该有多大、多重。答案令人震惊。

一个斯帕莱龙直径约 10^{-17} 米，也就是 0.01 飞米，它的体积是质子的百万分之一。但这个极其微小的物体却有着巨大的质量，重达 9 TeV，比质子重近一万倍，且比我们探测到的最重粒子的质量还要大得多。

斯帕莱龙微小的尺寸和巨大的质量使得它的密度达到了质子的 100 亿倍。换句话说，一茶匙的斯帕莱龙的重量是月亮的两倍。这种难以置信的密度被认为超出了 LHC 在它最猛烈的粒子碰撞中所能产生的范围。更重要的是，制造一个斯帕莱龙并不是像用力将粒子对撞在一起那么简单。能量必须以正确的顺序进入正确的场的集合。想要在 LHC 上试着制造一个斯帕莱龙，有点儿像是向一个管弦乐团发射一连串的网球，并期待着听到贝多芬的《第九交响曲》。你需要 W 场、Z 场和希格斯场作为整体一同发挥作用，这在粒子对撞中随机发生的概率被认为是微乎其微的。

但在宇宙中曾经有一段时间，也就是大爆炸之后的万亿分之一秒内，存在着这种极端又特殊的条件。那时，充斥着宇宙的等离子体密度极高，这种密度足以产生大量斯帕莱龙。更重要的是，原始的等离子体会集体流动，就像洋流穿过海洋，这有机会让 W 场、Z 场和希格斯场以正确的方式一起运动，这种可能性远远大于一台粒子对撞机。

早期宇宙中斯帕莱龙的存在提供了一种几乎独一无二的机制，可以产生比反物质更多的物质。事实上，目前提供的最有前景的制造物质的配方都以这样或那样的方式用到了斯帕莱龙。问题是，我们怎样能真正知道这些东西是否存在于自然之中呢？

首先，斯帕莱龙似乎是电弱理论的必然结果，鉴于 W 场、Z 场和希格斯场都是如预测的那样被发现了，理论学家相当有信心斯帕莱龙也一定存在。更重要的是，尽管最初对在对撞机中发现它们的前景感到悲观，但最近的一些理论研究表明，我们可能还有机会。

计算表明，LHC对撞中的随机波动可能只能在一个"千载难逢"的机会中形成一个斯帕莱龙。然后它们会立即衰变成10种不同的物质粒子，这是一种相当独有的特征，ATLAS和CMS的物理学家将有相当大的机会在所有其他亚核的碎屑中发现它。

甚至更好的前景可能来自重核之间的对撞，比如布鲁克海文研究夸克胶子等离子体时使用的金－金对撞。这些涉及数百个质子和中子的强大碰撞，在极短距离内产生了绝对巨大的磁场，其强大的拉力可能足以使W场、Z场和希格斯场以正确的方式一起摆动，形成一个斯帕莱龙。还没有人见过它，但也许，只是也许，标准模型的最奇异的物体可能会向我们现出真身。如果它们真的出现了，我们将拥有早期宇宙中制造物质的三个关键成分中的另一个。

夸克的配方

到目前为止一切顺利。标准模型似乎满足了三个萨哈罗夫条件中的两个，这三个条件是在大爆炸时制造更多物质而不是反物质所必需的。斯帕莱龙为我们提供了一种粒子和反粒子之间转换的方法，而我们从实验中知道，弱力打破了夸克和反夸克之间的对称性。我们现在需要的只是宇宙历史上的一段时间，那段时间里的宇宙失去了平衡，然后我们就准备就绪了。

令人惊讶的是，希格斯玻色子的发现意味着，这样一个事件发生在大爆炸后的万亿分之一秒左右。这是希格斯场开启的时刻，它将赋予了基本粒子质量，并让宇宙的基本成分变得无法识别。这一关键事件很可能是宇宙万物存在的原因。

在希格斯场开启之前，自然中的基本粒子看起来与如今的样子大不相同。后来构成普通物质的夸克和电子没有质量，它们以光速四处运动，通过一个统一的电弱力相互作用。然而，在大约万亿分之一秒之后，迅速膨胀的宇宙的温度下降到了临界阈值（约 100 GeV）以下，导致希格斯场在整个宇宙中上升到了一个恒定值，将质量赋予夸克和电子，并使电弱力分裂为单独的电磁力和弱力。

这一事件被称为电弱相变，对于我们的故事来说重要的是，它满足了第三个，也是最后一个萨哈罗夫条件，因为当时宇宙处于失衡状态。结合实验发现的电荷宇称对称性（物质与反物质之间的对称）被弱力打破的结果，以及存在着能够将反物质转化为物质（反之亦然）的斯帕莱龙的理论预测，电弱相变可能就是自然的天平向普通物质倾斜的时刻，这最终带来了物质宇宙。

这是如何发生的？正如"相变"一词所表达的，这是宇宙状态发生快速变化的时刻，就好像我们更熟悉的相变，比如蒸汽冷却形成液态水或者水冻成冰。电弱相变过程中物质的形成取决于相变具体是如何发生的，更确切地说，这取决于它是平稳而均匀的，还是突然且不均匀的。

平稳而均匀的转变对制造物质没有用，因为斯帕莱龙会以相同的速率将粒子转化为反粒子，并将反粒子转化为粒子，从而保持物质和反物质之间的完美平衡。然而，如果电弱相变发生得不均匀，那么制造比反物质更多的物质就有了可能。

这个过程有点儿复杂，却是无可回避的事实，我们在这里讨论的是万物的配方。我会一步一步地介绍。

当宇宙冷却时，希格斯场在某些地方比其他地方开启得更早，这导致充斥着宇宙的灼热等离子体中形成了小泡。在这些希格斯场开启的小泡中，夸克和电子获得了质量，弱力和电磁力已经出现。在这些小泡之外，希格斯场仍然是关闭的，粒子没有质量，仍旧存在一个统一的电弱作用力。

你可以把这些小泡想象成从蒸汽云中冷凝出来的液滴。就像光会从水滴表面反射一样，夸克和反夸克也会从这些小泡反射出来。一些在外部的等离子体中飞驰的夸克和反夸克会与一个小泡相撞，它们要么进入小泡内部，要么被反弹回周围的等离子体中。

由于弱力打破了电荷宇称对称性，也就是说，它与粒子和反粒子的相互作用略有不同，因此反夸克从小泡壁反弹的概率略高于夸克，而夸克进入小泡的概率更大。结果便是，有更多的反夸克最终在小泡之外，而小泡里的夸克更多。总体来说，夸克和反夸克的数量仍然相等，但它们分布得并不均匀。

这就是斯帕莱龙在故事中领衔主演的舞台了。在希格斯场开启的小泡内部不可能存在斯帕莱龙，但在希格斯场关闭的小泡之外，斯帕莱龙一直在产生。小泡外面有斯帕莱龙，里面却没有，这一点至关重要。在小泡外，斯帕莱龙会吞噬多余的反夸克，并将它们转化为夸克，而小泡内多余的夸克则安全地和斯帕莱龙隔绝，并保持原样。结果，在宇宙（不得不说非常短暂的）历史上，夸克的数量首次超过了反夸克的数量。

在这一切进行的过程中，小泡变得越来越大，吞没了新形成的夸克，并使它们不被斯帕莱龙变回反夸克。相变开始后的一瞬间，这些小泡开始相互碰撞，合并成越来越大的区域，直到最终整个宇宙被新的

"希格斯场开启"的状态占据。这让斯帕莱龙彻底消失了，阻止了更多转换的发生，并永远固定了夸克和反夸克之间的不平衡。这种微小的不平衡足以让物质在约一微秒后的大湮灭中占据优势，留下足够的夸克，形成我们周围世界的一切。

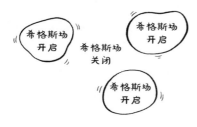

1. 希格斯场开始开启，形成小泡

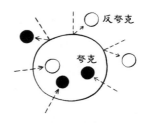

2. 电荷宇称破坏意味着更多反夸克被小泡反弹，在小泡之外让反夸克的数量更多

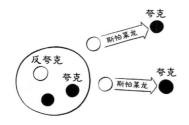

3. 在小泡之外的斯帕莱龙将反夸克转化成夸克

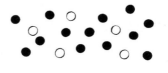

4. 小泡膨胀并合并，最终留下了数量比反夸克多的夸克

这种相当神奇的过程被称为电弱重子生成[1]，这只是一种表达"当希格斯场开启时产生了夸克"的更花哨、更简洁的说法。这个过程非常

---

① 英文词缀Baryo-指重子，也就是由三个夸克构成的粒子类别，包括了质子和中子，而词根-genesis的意思是起源。

吸引人的一点是，它可以通过实验进行测试。这似乎是科学理论的一个很低的门槛，但正如我们将看到的，由于涉及巨大的能量，随着我们越来越接近大爆炸的时刻，我们遇到的许多想法或多或少都无法直接测试。相反，电弱相变发生在宇宙温度约 100 GeV 时，这完全在 LHC 对撞的能量范围内，LHC 可以在 14 000 GeV 的条件下将质子对撞。这意味着，LHC 应该能够重现理论涉及的粒子和现象，并测试它是否真的描述了早期宇宙中物质是如何产生的。

然而，如果我们只利用标准模型提供的原料，这个想法很快就会遇到一些问题。一个最大的绊脚石是，到目前为止，我们测量到的物质-反物质不对称的量似乎太小了，无法让这个过程正常运转。这实际上意味着，夸克和反夸克从这些存在希格斯场的小泡中反弹的概率太相似了，而且在小泡中积累的多余的夸克数量也不够多。

另一个严重的问题与电弱相变本身有关。既然我们知道了希格斯玻色子的质量，理论学家就可以把它输入模型中，计算相变是如何发生的。你会发现，它并不是在小泡中不均匀地发生的，而是在整个空间中均匀而平稳地发生，如果没有小泡将夸克和反夸克分开，整个过程将变得不可能。

不过，仍有一丝希望。这两个问题都可以解决，只要在我们目前发现的量子场之外还存在新的量子场。这些量子场必须打破夸克和反夸克之间的 CP 对称性，还要能改变希格斯场的行为方式，让希格斯场在大爆炸时期开启时形成小泡。令人欣慰的是，这些场应该可以在实验中被探测到。

寻找新量子场的地点显然是 LHC。如果它们存在，LHC 应该可以足够猛烈地撞击它们，使它们摆动，并产生一些相应的粒子，这些粒子可以被巨大的ATLAS和CMS实验发现。与此同时，在LHCb，我们花了10年时间通过研究各种类型的奇异夸克来寻找物质–反物质不对称的新迹象。LHCb中的"b"代表"美"[①]，它是在质子和中子中发现的下夸克的一个更重的"表亲"。LHCb的主要目标之一是研究LHC产生的数十亿个底夸克，看看我们是否能找到底夸克和它的反夸克衰变方式之间的区别。

遗憾的是，到目前为止，ATLAS和CMS还没有找到任何在对撞中产生新粒子的迹象，但在未来10年里，随着LHC不断提高对撞速率，它们仍有可能出现。在LHCb，我们已经看到了底夸克打破物质–反物质对称性的大量证据，最近我们甚至发现粲夸克（上夸克更重的表亲）参与了对称性破缺行为。但遗憾的是，物质–反物质不对称的量仍然远远低于可以解释宇宙中物质的主导地位的水平。

如果来自LHC的结果对于电弱重子生成的支持者来说并不是特别鼓舞人心的话，那么你再考虑一组截然不同且成本更低的实验结果，事情看起来可能就更悲观了。令人惊讶的是，反对电弱重子生成的最有力的论据来自对电子形状的测量，包括不久前我们在帝国理工学院地下参观的极简实验。

如果存在新的对称性破缺的量子场，它们应该聚集在电子周围，将电子从一个完美的球体挤压成更像雪茄的形状。但世界上最灵敏的电子形状测量实验都发现，电子几乎圆得不能再圆了，这一事实开始给这些新量子场的存在带来了巨大压力。

因此，对于这个制造物质的配方来说，情况看起来并不是那么乐

[①]　美夸克（beauty quark）就是之前提到的底夸克的另一个名字。为避免造成混乱，后文将统一译为底夸克。—— 译者注

观。当然，在LHC上，或者在不久的将来计划对电子形状进行更精确的测量时，仍然有新的量子场出现的空间。因此，虽然游戏还没有结束，但理论学家正在不断寻找其他方案来解释宇宙中物质的存在。最流行的替代方案是我们迄今为止发现的最难以捉摸的粒子，也就是中微子。

幽灵物质

在日本中部的池野山下藏着世界上最壮观的人造空间之一。在地下1 000米处的一座古老的锌矿中，有一个高耸的圆柱形水箱，里面装着5万吨超纯水，这个水箱大得足以放得下整个自由女神像。它的侧壁、地板和顶上覆盖着成千上万个闪闪发光的金球，它们就像电子眼一般注视着从黑暗的水中发出的微弱闪光，这种闪光便是中微子到达的信号。这是世界上最大的中微子观测站超级神冈探测器（Super-K），它可能为我们提供物质起源的关键线索。

2020年4月，拥有150名成员的Super-K国际团队报告了第一条线索，暗示着中微子也可以打破物质与反物质之间的电荷宇称对称性。如果它能通过更精确的测量得以证实，这将是一件大事。到目前为止，只有夸克被发现通过和弱力的相互作用打破了电荷宇称对称性。如果中微子也能做到这一点，那么它就为在大爆炸后的最初瞬间制造物质开辟了第二条潜在途径。

为了理解为什么Super-K的结果如此重要，我们首先快速回顾一下我们对中微子的了解。中微子是宇宙中最丰富的物质粒子，但我们几乎完全感知不到它们，因为它们不带电荷，只通过弱力与普通原子相互作用。因此，中微子可以穿过固体物体，包括行星和恒星（更不用说意大利的山脉了），就好像这些东西都不存在，这让科学作者们在用了太多次"幽灵般的"和"难以捉摸"这些词[①]之后，就开始搜索词典，寻找新的令人毛骨悚然的形容词。

这些……嗯……阴魂般的中微子有三种存在形式，称为"味"，分别是电子中微子、μ中微子和τ中微子，每一种都与带电粒子配对。以足够的能量向一些原子发射一束电子中微子，其中一些会转化为电子。用μ中微子或τ中微子进行同样的事情，你会得到带负电荷的粒子，它们毫无意外地被称为μ子和τ子，它们是电子的沉重而不稳定的表亲。三个中微子和电子、μ子和τ子一道，构成了一个由6个基本粒子组成的家族，它们被称为轻子。

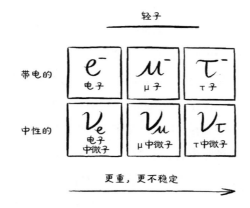

关于中微子，我们曾经以为的另一件事是它们完全没有质量。直到20多年前，Super-K有了一项重大发现后，这种想法才被改变。1998年，

---

① 罪名成立。

Super-K的科学家宣布，他们发现μ中微子在穿过地球时转变为τ中微子的证据。这种现象被称为中微子振荡，三味中微子都能做到。如果你产生一束纯的电子中微子、μ中微子或τ中微子，然后在几英里外放上一台探测器，你会发现其中的一小部分已经在途中转变成另外两味中微子了。

虽然Super-K的发现本身很有趣，但它的真正意义在于，中微子只有在有质量的情况下才能完成这个"双重人格"的量子力学行为。在那之前，没有任何实验直接证明中微子拥有极其微小的质量，因此人们合理推测中微子根本没有质量。事实上，中微子确实有质量，但它们的质量小到我们无法测量。我们能知道的是，它们的质量必须小于0.5电子伏特，也就是不到一个电子的一百万分之一。问题是，为什么它们的质量比其他物质粒子要小数百万分之一？

这个问题最流行的答案是跷跷板机制，顾名思义，跷跷板机制通过提出另外三个极重的中微子的存在，来平衡普通中微子的轻盈。你可以把这些重型中微子想象成坐在理论跷跷板一端的橄榄球第一排边锋，而普通的轻型中微子则像在高高翘起的另一端的芭蕾舞演员。

现在，以防万一你在这里被绕晕了，如果你认为我除了说了一些与跷跷板有关的模糊的形象的类比之外，并没有解释为什么中微子有这么小的质量，你是对的。不幸的是，完整的解释涉及太多的数学，我们无法在这里讨论。但重要的一点是，如果这些重型中微子真的存在（需要说清楚的是，到目前为止，我们没有找到任何证据表明它们存在），那么它们可能是在大爆炸时期制造物质的主因。

为了解释普通中微子难以置信的轻盈，这些重型中微子必须是庞然大物，质量在10亿到1 000万亿个质子质量之间（$10^9 \sim 10^{15}$ GeV），远比我们迄今为止见过的任何粒子都要重，它的能量至少是LHC能达到的极限值的10万倍。尽管由于它们巨大的质量，我们现在不可能在对撞机中制造出它们，但它们可能是在非常非常早期的宇宙的激烈条件下被制造的，正如我们之前所说，当时的温度高得令人难以想象。

正是这些重型中微子导致了宇宙中物质和反物质的不平衡。随着宇宙膨胀并冷却，就失去了足够的能量来制造更多的这种粒子，它们会开始衰变为希格斯玻色子和普通轻子（即三种轻型的中微子以及电子、μ子和τ子）。

如果这些重型中微子打破了电荷宇称对称性，那么它们有可能比轻子更频繁地衰变为反轻子，从而形成一个反粒子多于粒子的宇宙。这听起来似乎没什么用，因为我们肯定想要一个粒子多于反粒子的宇宙，而不是相反的情况。这就是我们的老朋友斯帕莱龙登场拯救世界的地方。

还记得我们说过斯帕莱龙能把反粒子转化为粒子吗？那么，在宇宙历史上稍晚一点儿的时候（虽然我们仍然在谈论在最初的万亿分之一秒内），斯帕莱龙会把所有这些多余的反轻子转换成普通的物质粒子，包括夸克和电子，从而产生基本成分，这些成分将继续形成我们今天所看到的一切。

如果你认为这个物质的配方是建立在猜测基础上的推测，是情有可原的，并且你是对的。如果这些重型中微子存在，它们是我们今天所能想象的任何粒子加速器都无法企及的。那我们怎么才能测试这个想法呢？

这就是Super-K的用武之地。这个配方的关键成分之一是，这些重型中微子在大爆炸后不久衰变时打破了物质-反物质的对称性。鉴于我们无法获得这些重型中微子，没办法进行直接测试，但如果我们能捕捉到打破物质–反物质对称性的普通中微子，这将是一条重要线索，说明它们的重型表亲也能做到这一点。

东海到神冈（T2K）实验始于太平洋海岸Super-K中微子天文台以东295千米处的东海。在这里，一台强大的粒子加速器将质子撞击到石墨靶上，形成一阵粒子雨。这些粒子中的一些衰变成了中微子，它们直接穿过地球，到达日本另一边的Super-K天文台。由于中微子具有幽灵般的性质，它们完全不受295千米岩石的干扰，只有很小一部分会在途中被吸收。

极为重要的是，T2K能够产生μ中微子束，或者它的反物质版本μ反中微子。当中微子穿过地球向Super-K移动时，它们开始转变成其他味的中微子，当它们到达天文台时，其中一部分已经变成了电子中微子。这些电子中微子中的一小部分和Super-K巨大水箱中的水分子相撞，产生的电子在液体中穿过时就会发出闪光。通过计算产生的电子数量，T2K可以测量μ中微子转变为电子中微子的概率。如果切换到μ反中微子束，它还可以测量μ反中微子转化为电子反中微子的频率。

如果中微子遵循物质–反物质对称性，那么T2K应该会测量到，μ中微子转变为电子中微子的概率，与μ反中微子转变为电子反中微子的概率是相等的。但在2020年4月，研究团队宣布，他们已经找到了令人信服的证据，证明中微子比其反物质版本更有可能改变味。更重要的是，他们看到的数字表明，中微子不仅轻微地打破了物质–反物质对称性，它们还以最大的可能性打破了这种对称性。

这个结果着实令人兴奋。如果中微子确实打破了物质–反物质对称性，这说明它们的重型表亲在宇宙开始时也有可能做着同样的事情，为创造普通物质播下了种子。尽管如此，结果还不够精确，仍不足以绝对肯定这种效应。未来 T2K 的升级实验以及在日本和美国之间进行的新的巨型中微子实验应该能够在之后几年内厘清这一局面。

但是，即使 T2K 的结果真的被证实了，我们仍然只有一些暗示性的证据表明重型中微子在大爆炸期间负责制造出了物质。重型中微子本身很有可能是我们永远都无法触及的。这里，我们遇到了一个问题，随着我们距离大爆炸的时刻越来越近，这个问题也会越来越令人沮丧。即使在粒子物理学家最异想天开的梦境中，时间的黎明时刻所展现出的能量远远超过了我们所能及的水平。这意味着，这些理论最终只能松散地拴在实验观测的坚实基础上。这是之前那个有关希格斯场开启的制造物质的配方的最大吸引力之一，它实际上可以在今天，或者不久的将来进行实验测试。相反，如果是重型中微子在大爆炸时期制造了物质，我们可能永远无法确知这一点。

但我们也不该太过悲观。如果说科学史教会了我们什么的话，那就是，许多最重大的突破都是从一个意想不到的实验结果开始的，这个实验结果从根本上挑战了公认的原理或假设。在吴健雄的实验表明自然打破了镜像对称性之前，几乎没有人预料到这一点。夸克可以打破物质–反物质对称性的事实同样是一个晴天霹雳。目前，CERN 正在进行一项有可能抛出这样一个结果的实验。它是科幻小说的素材，在这里，一个由科学家组成的团队制造、储存并研究着宇宙中最易消失的物质。

反物质工厂

一个炎热的夏末早晨，我在 CERN 深处一个平平无奇的巨大金属仓库外等待着。我一直认为，CERN 的建筑是由一个很有幽默感的人来编号的，因为它们似乎差不多是随机分布在500英亩①的实验场地中，这使得寻找一栋不熟悉的建筑成了一种有趣的挑战。幸运的是，找到393号楼比我想象的要容易得多，因为它的一面波纹状的墙上钉着一块巨大的蓝色标牌，上面写着"反物质工厂"。

结果，我比与ALPHA实验的发言人杰弗里·汉斯特（Jeffrey Hangst）相约的时间早到了15分钟，在安全门前徘徊时，我尽量装出无辜的样子。毕竟，如果说好莱坞教会了我们关于粒子物理学的任何事情，那就是，无良的人为了得到一些反物质会不择手段。

时间一到，杰弗里大步朝我走来。他身材高大，身手矫健，穿着一件黑色T恤，戴着墨镜，留着灰色的短胡须，看上去比物理学家更摇滚一些。唯一暴露他身份的是挂在他脖子上的挂带。正如我即将看到的，ALPHA是一项非常"摇滚"的实验。在反物质工厂内，我们被大量噪声墙保卫着，机器轰鸣，压缩机有节奏地吱吱作响，起重机从我们头顶上方的屋顶滑过时，偶尔会听到一阵警笛声。杰弗里在美国宾夕法尼亚州钢铁之乡的一个小镇上长大，有人告诉他如果不努力学习考上大学，最终就只能在当地的钢铁厂工作，因此这就好像是一种奇怪的命运，他现在每天都来到工厂做研究，尽管这里是一家完全不同的工厂。

在这家反物质工厂里，杰弗里和他在ALPHA团队的50名合作者一起制造并研究着反氢原子，它是最简单的反物质原子。这绝非易事。由于在我们的宇宙邻居中没有任何可用的反物质储备，ALPHA必须通过小心地混合带正电的反电子与带负电的反质子，从头开始生产反原子。即使你已经得到了一些反原子，让反氢保持足够长的时间从而可以进行

---

① 1英亩≈4 047平方米。——编者注

研究也是一项非常困难的任务。毕竟，你要如何容纳一种与普通物质接触后便立即消失的物质？当我不小心将ALPHA称为探测器时，杰弗里轻蔑地瞄了我一眼。"ALPHA不是探测器。探测器对我们来说只是一种工具。真正的艺术是研究怎么捕获中性的反原子。那太难了。我们制造出反氢，它在诞生之时就被捕获到了，而我们是世界上唯一知道怎么做到这一点的实验。所以，当你叫它探测器时，我真的'炸毛'了。"

捕获反电子或反质子相对直接。因为它们带电，只要仔细安排电场和磁场就可以使它们安全地漂浮在真空容器的中心，但一旦它们结合形成中性的反氢，事情就截然不同了。由于没有净电荷，反氢原子要难操纵得多。ALPHA是世界上第一项解决这个问题的实验。2010年年末，他们设法让38个反氢原子维持了约1/6秒。现在，他们几乎可以无限期地储存约1 000个的反氢原子。

正如杰弗里自己所说，几十年前，当他开始在CERN工作时，这看起来像科幻故事一样。事实上也确实如此。2008年，他带着罗恩·霍华德和汤姆·汉克斯参观了实验，当时他们正在拍摄丹·布朗的悬疑小说《天使与魔鬼》的改编电影。这部电影的情节围绕着一个邪恶组织从CERN偷取了一罐反物质展开，他们卑鄙地谋划着炸毁梵蒂冈。事实上，就算你能收集到ALPHA捕获的所有反氢原子，也不足以炸飞一只苍蝇，更不用说炸毁一座城市了。[①]

ALPHA研究的并不是反物质炸弹。它的真正目标是对反氢原子的光谱性质进行精确的测量。就像在普通的氢中一样，反电子也是以固定

---

① 1999年，NASA估计，一克反氢（相当于一枚摧毁城市的炸弹所需的重量）将需要花费宇宙年龄这么长的时间才能制造出来，并要花费约62.5万亿美元，因此，光照派干脆买下梵蒂冈，然后雇一支建筑队伍一砖一瓦地拆掉它，都更有效率。

的量子能级围绕着反质子运行，通过吸收或者发射光子从一个轨道跃迁到另一个轨道。通过测量这些光子的频率，并将它们与普通氢的光谱比较，杰弗里和他的50名合作者测试了物质和反物质之间的对称破缺，这可能提供物质如何在宇宙中存在的线索。

将普通氢原子和它的反物质版本联系起来的对称性被称为"电荷–宇称–时间反演"（CPT）对称性[①]。我们已经知道了CP对称性，它涉及将粒子翻转成反粒子（及其相反的过程），然后在镜子中反射宇宙，使左变右，右变左。我们知道自然在夸克衰变的过程中打破了CP对称性，也可能在中微子振荡中同样打破了这种对称性。然而，如果你加上时间反演（T）对称，实际上你反转了粒子的运动方向，那么人们相信自然法则终将保持不变。或者换一种说法，如果一个反物质宇宙在时间倒流的镜子中反射出来，它看起来和我们生活的宇宙一模一样。

CPT对称是量子场论的基础，大多数理论家认为它一定是坚不可摧的，而杰弗里和他的同事几乎毫无胜算。但在实验表明宇称对称或CP对称被打破之前，也很少有人认为会出现这样的局面。如果CPT对称也被打破，这将是一场彻底的革命，它将动摇量子场论的根基。或者用杰弗里的话说，"搞理论的人总是觉得'好吧，这是CPT，拜托，CPT很好'，但这些对称都是好的，直到它们被发现并不成立。如果认为CPT是一种不可改变的东西，其实假设了量子场论最后具有决定作用，这一论调简直太傲慢了。有很多事情我们都不知道。我只是拒绝接受人们说自己知道CPT是一则定律，因为他们一次又一次地错了。我作为一名实验学家认为，你必须过滤掉这些信息，然后尽你所能做出最好的实验。"

---

① 又称正反粒子共轭空间反射时间反演对称性。—— 译者注

但即使撇开潜在的理论影响不谈，杰弗里显然是出于对挑战本身的热爱而投身于此。"在我看来情况是这样，为什么不能这么做？"他说，"在我的有生之年，使得制造并维持反物质原子成为可能。这太不可思议了！如果你见过这是如何开始的，人们认为我们是乌合之众，没人相信我们能制造出反氢，就算我们能制造出反氢，也没人相信我们可以捕获它，就算我们能做到所有那些，也没有人觉得我们会获得足够的量。现在，我可以一天内测量一条反氢光谱线。这对我们来说就是家常便饭。"

毫无疑问，ALPHA的团队所做的事情非常出色，它吸引了相当多名人的关注。在我们下到工厂那一层参观实验的路上，杰弗里自豪地指着一块白板，上面写着前来参观ALPHA的名人的签名。除了罗恩·霍华德的签名照之外，还有罗杰·沃特斯（Roger Waters）、大卫·克罗斯比（David Crosby）和格雷厄姆·纳什（Graham Nash）、杰克·怀特（Jack White）以及缪斯乐队、超级杀手乐队、金属乐队、小妖精乐队和红辣椒乐队的成员的签名。这些名字显然具有非常强的摇滚倾向。杰弗里每年在CERN举行的"强子音乐节"（是的，这确实是个音乐节，也是一件大事）上担任一个乐队的吉他手，他对谁的名字会上墙的问题非常挑剔。"你想找谁？"我问。他毫不犹豫地回答："平克·弗洛伊德的大卫·吉尔摩（David Gilmour）。"

下了另一个楼梯，我们站在实验进行的场地旁，这里混乱地放着电缆、管道、电子读数器、闪光灯、金属框架和发光的绝缘箔。它的中心是一个闪光的不锈钢容器，它正是反氢阱。

想要制造反氢，首先需要反质子，这种粒子会在CERN的一台大型粒子加速器向目标发射质子时，随着大量粒子和反粒子的产生一同被创造出来。但飞出的反质子运动速度太快，也太混乱，没办法用它们来制造反氢，因此它们要先被聚集在一种被称为反质子减速器的独特机器中并减速，然后再被送入ALPHA。但即使如此，反质子仍然带有太高的能量，还必须让它们射出穿过铝箔片，然后将它们与电子混合，从而让它们进一步"冷却"。经过所有这些过程后，反质子的温度已经从几十亿摄氏度下降到了100开尔文（零下173摄氏度）。同时，位于装置另一侧的放射源产生的反电子会螺旋式地通过磁场并冷却，接着被带进反氢阱。

首先，反质子和反电子被一个电场分隔开，缓缓调整电场，使两团电荷相反的粒子聚集在一起。当它们混合时，就会形成中性的反氢原子，由于它们微小的磁性，极强的磁场可以让它们远离阱壁。在每8个小时的循环中重复这一过程，ALPHA团队现在一次可以储存多达1 000个反氢原子，这是一项惊人的成就，它经过了20年的精心设计、创新和艰苦研究。

一旦团队捕获了一团反氢原子，最后一步就是测量它们的光谱。激光射入阱中，如果频率正确，它将把一些反电子从最低能级踢到更高的能级。如果一个反电子的能级被提升，那么另一个光子就可以将其完全击出原子，从而导致产生的反质子漂移到阱壁并湮灭。然后，研究团队就可以检测湮灭释放的粒子，通过计算湮灭的次数，他们可以判断激光是否设置到了正确的频率上，从而造成反电子发生量子跃迁。

2010年在他们首次成功捕获反氢后，ALPHA被完全重建，2016年，他们终于第一次成功看到了反氢中的量子跃迁。现在，他们可以在一天之内进行同样的测量，并且已经将跃迁的能量确定为万亿分之几。"我仍然无法相信现在这一切已经成为可能。"杰弗里以毫不掩饰的自豪对我说，"我们给了自己一个大惊喜。"到目前为止，反氢的光谱与普通的氢完全一致，令人惊讶的是，ALPHA测量的精度正迅速逼近普通氢的测量精度。"我们很快就会接近氢。氢已被测量到10的15次方（千万亿）分之一的精度了。在短短的两年里，我们也已经达到了10的12次方（万亿）分之一的精度。而氢的研究历史已约为200年了！"

但ALPHA在未来还会进行另一项可能更令人兴奋的测量。就在原始实验的这边，杰弗里给我指了指一个高大的金属结构，它高出地面几米。里面是另一个版本的ALPHA，这次它安装在侧面，垂直指向屋顶。杰弗里告诉我，这是ALPHA-g，它的任务是检查反物质是否会"向上落"。

由于反物质是在将近一个世纪前被发现的，令人惊讶的是，我们仍然不知道它是否被普通物质的引力所排斥。同样，大多数理论学家认为这不太可能，但除非有人真的进行测量，否则我们也无法确定。ALPHA-g（其中g代表引力）的想法是产生反氢，然后释放它，看看它究竟朝哪个方向"落"。

如果反物质真的被普通物质排斥，它将对我们理解宇宙产生深远的影响。"有一位狂热分子声称排斥性的引力可以解决一切，包括反物质的不对称、暗能量和暗物质。如果这真的发生了，你可以解释我们错过的一切。"我们站在那里盯着水箱时，杰弗里这样告诉我。事实上，如果反物质被普通物质排斥，这就解释了为什么我们在周围的宇宙中看不到任何反物质，因为它们都会被逼到宇宙的遥远部分，这就消除了在大爆炸中制造比反物质更多的物质的需要。"有很多人在枕头底下藏着一篇论文，就等着测量的结果了。"

2018年年底，CERN加速器群进入两年的关闭期并对LHC及其实验进行升级之前，杰弗里和他的团队为了让ALPHA-g做好收集数据的准备，拼命地与时间进行了一场赛跑。ALPHA团队知道，只要他们能够开启实验，几乎可以立即发现反物质是下落的还是"上落"的。"5—11月，我每周工作7天，每天工作12个，甚至15个小时，这是我工作以来最努力的一次，我想要在关闭前进行测量。我们真的很想确定这个测量值。只要多给我一个月的时间，我就能做到。"

最后，他们遗憾地只差一步，但最终没能赶得上，所以现在他们正在努力使两个ALPHA实验进入完美的工作状态，以便重新启动。杰弗里和他的同事一直在寻找改进实验的方法。他的座右铭是"没坏也要修"①。

此外，ALPHA没有自己的场地。他们与其他几个实验共用反物质工厂，其中两个实验正在竞相测量引力对反物质的影响。但是，杰弗里对谁将最先完成丝毫没有疑虑："我真的很有信心我们会赢。"毕竟，他们是最先捕获反氢的人，又是最早测量量子跃迁的人。你肯定不想和他们打赌。

作为一名实验物理学家，我认为ALPHA的科学方法确实令人鼓舞。他们进行的测量不仅格外困难，而且他们测试的原理，正是备受尊敬的理论学家会告诉你一定是对的那些。杰弗里显然认为，除非一则原理接受检验，否则你永远无法确定它是否正确。正如量子场论的元老级人物理查德·费曼所说的那样，"无论你的（理论）有多漂亮，不管你有多聪明，都没什么区别……如果它与实验不一致，那就是错的"。[2]

ALPHA是最纯粹的实验物理学，它在实验室中牢牢控制住物理世

---

① 一句常见的英文谚语是"If it ain't broke, don't fix it"（没坏就不要修），杰弗里在这里改写了原句。—— 译者注

界并研究其最基本的原理。它是对精确的无尽追求，是解决难题的乐趣，还有成为第一的决心。杰弗里显然是一个热爱工作的人。当他带我再次回到夏日灿烂的阳光中时，他告诉我："没有其他地方像这里一样。我从事着世界上唯一适合我的工作，不是这份工作，就是在街上弹吉他。我别无选择。我每天都牢记着，最好不要搞砸它。"

第 12 章

缺失的成分

🍎

暗物质与暗能量/狂风中的一只风筝/进入未知

"有了这些破纪录的对撞能量，LHC的实验被推进到一个广阔的区域去探索，搜寻暗物质、新的力、新的维度和希格斯玻色子的工作开始了。"[1]

2010年3月30日，随着第一批高能质子对撞的开始，ATLAS实验的发言人法比奥拉·吉亚诺蒂正是用以上话语宣告LHC寻找新粒子工作的开启。那一天，拥有一万多名成员的CERN团队怀着乐观和期待动了起来，同时，世界各地的理论学家则在焦急地等待着答案，许多人在他们的职业生涯中苦思冥想而没有答案。经过很长一段时间的等待，有史以来最伟大的科学仪器终于启动，这是一次探索新的亚原子景观的千载难逢的机会，在那里，各种稀奇古怪的物体一定都在等待被发现。

正如吉亚诺蒂所说，希格斯玻色子只是其中之一。事实上，对许多，甚至是大多数粒子物理学家而言，这算是这台新机器中没那么令人兴奋的猎物之一。希格斯玻色子属于已确立的旧的粒子物理学的故事，它是自20世纪70年代末以来几乎没有被改变的标准模型中的最后一部分。尼马·阿尔卡尼-哈米德（Nima Arkani-Hamed）是世界一流的粒子理论学家之一，他确信希格斯玻色子会在LHC上被发现，因此他愿意用一年的薪水和任何反对这个想法的人打赌。甚至许多实验学家也将发现希格斯玻色子视为一项"已勾选"的工作，这是20世纪在进入未知领域的真正旅程开始之前的一项未完成的工作。

尽管标准模型成功地解释了物质结构、量子场、自然力和质量的起源，但我们知道，标准模型充其量是不完整的，它是我们尚未窥见的更深刻且更基本理论的一种回声。首先，有许多物理学家认为标准模型是临时的、难看的，甚至丑陋的。以力为例，标准模型中有三种力，也就是电磁力、弱力和强力，但为什么是这三种力呢？我们不知道。电磁力和弱力是统一的，但强力是独立存在的。在很高的能量下所有的力能被统一吗？我们还是不知道。也许最关键的是，引力被完全漏掉了。

而当你观察物质粒子时，事情就变得更糟了。我们是由电子、上夸克和下夸克组成的，它们与电子中微子一道，形成了一类被称为物质的"第一代"粒子。我们不知道这4种粒子为什么存在，我们只是观察到它们确实存在，然后手动将它们放进了理论之中，就像植物学家在野外采集花朵一样。为什么不是只有一种呢，或者5种，甚至100种？除此之外，自然还决定将这4种粒子的更重且更不稳定的副本纳入进来。物质的第二代粒子包括μ子、μ子中微子、粲夸克和奇夸克，然后是第三组更重、寿命更短的粒子，它们分别是τ子、τ子中微子、顶夸克和底夸克。为什么是3代而不是4代或1 000代？我们还是不知道。

自标准模型首次提出以来，许多人都渴望出现一种更深刻、更简洁的理论，在这样一种理论中，所有明显的任意性都可以用某种单一的统一原则来解释。正如我们在前几章里看到的，这些力似乎来自自然法则中的对称性。也许标准模型只是一个更大且更对称的结构的冰山一角，就像某座中世纪大教堂的彩色玻璃窗上掉落的玻璃碎片。只有找到缺失的其他部分，我们才有望揭示出自然基本法则的美丽与巍峨。当然，自然不必遵循着我们的美感。即使统一和简洁在过去一直是有力的指导，但对更统一理论的渴望，实际上只是一种美学上的渴望。然而抛开美学，我们确实有确凿的且观察到的理由相信，我们还有一些重要的东西没有找到。

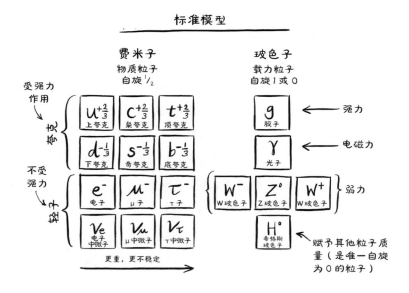

我们已经知道，需要新的量子场来解释物质是如何在大爆炸可怕的热量中产生的，但对标准模型的最大挑战其实并非来自粒子物理学，

而是来自天文学。在20世纪，对天空的观测开始暗示，我们的宇宙远不止我们所看到的这些。在20世纪30年代，瑞士天文学家弗里茨·茨维基（Fritz Zwicky）发现，在一个由1 000多个星系组成的巨大星系团（后发星系团）中，星系移动的速度太快了，以至于可见物质的引力不足以将星系团聚集在一起。他认为星系团中一定包含一些不可见的物质，他称之为"dunkle Materie"，也就是德语的"暗物质"，这种物质会产生额外的引力，将星团聚在一起。

暗物质的存在在后来40年的大部分时间里一直颇有争议，直到美国天文学家薇拉·鲁宾（Vera Rubin）于20世纪70年代进行了一系列精细的测量。鲁宾指出，在旋涡星系中运行的恒星，包括我们最近的星系邻居仙女星系中的恒星，都移动得太快了，以至于它们理应挣脱束缚，飞入星系际空间。同样地，星系中似乎没有足够的物质来产生将恒星保持在轨道上所需的引力。

虽然鲁宾的观测结果最初受到了怀疑，但在接下来的几年里，这种效应是真的变得确信无疑。一种可能是，牛顿和爱因斯坦的引力理论是错的，长程的引力比最初设想的要大，至今仍有一批边缘的物理学家在探索这种可能性。但到目前为止，更主流的解释是，几乎所有星系，包括我们自己的银河系，都位于一大片看不见的暗物质云的中心，暗物质的引力将恒星保持在其轨道上。这种看不见的物质被称为暗物质，是因为它不会发射、吸收或反射光线，这使得我们的望远镜完全无法观测到它。然而，天文学家可以通过暗物质对在宇宙中移动的恒星、星系和光的引力拖拽，来推断它的存在，这种拖拽有点儿像一位吵闹鬼在闹鬼的房子里移动着家具。

目前关于暗物质的天文学证据是压倒性的，通过多种不同类型的观测，天文学家已经可以绘制出它在整个宇宙中的影响。我们现在最好的估计表明，宇宙中暗物质的数量是所有可见的原子物质（包括所有恒星、行星和尘埃）的5倍多。

更神秘的是，还有一类被称为暗能量的排斥性的力，它被认为是导致宇宙加速膨胀的原因。暗物质和暗能量被认为占据了宇宙总能量的95%。我们，以及我们在夜空中看到的一切，只是一个几乎看不见的、未知的且未经探索的宇宙中的很小一部分，就像黑暗的海洋表面的晶莹泡沫一般。

标准模型中并不存在可能是暗物质①或暗能量的粒子，以及量子场。这对粒子物理学家来说既是一个巨大的挑战，也是一个巨大的机遇。虽然我们不太可能从粒子物理的实验中了解暗能量，但有可能在LHC的对撞中，或者通过那些深入地下的实验观察暗物质粒子与普通物质碰撞的罕见情况，从而发现暗物质。如果我们能找到这样一种粒子，它不仅可以解释恒星和星系的运动，还能为我们提供一则线索，让我们知道超越标准模型的更大且更对称的图景。

创造暗物质的前景无疑是建造LHC的一项主要动机，但或许有些令人惊讶的是，这并不是物理学家期望在对撞机中看到新东西的主要原因。还存在另一个谜团，它的意义远不只是在自然的成分表中再加上一堆粒子。这个谜团挑战了我们的自然法则的基本概念，随着我们的搜寻，它甚至让我们对自己解释宇宙的能力产生了怀疑。这个问题有关希格斯场，以及原子、人和苹果派凭什么存在的奇怪事实。

---

① 你可能认为中微子符合这个条件，但它们太轻了，且在宇宙中穿行的速度太快，无法和暗物质的数据匹配。

像狂风中的一只风筝

在巨蟒剧团①的经典喜剧电影《万世魔星》（*Life of Brian*）的中间，我们发现和电影同名的英雄拿撒勒的布莱恩②正从一群罗马百夫长身边逃跑。当布莱恩在一世纪的耶路撒冷的街道上逃跑时，他误打误撞来到了一处未完工的螺旋楼梯上，尖叫着摔在下面的街道上，以为他要死了。然而，在一种经典的巨蟒剧团式的超现实主义中，就在他落地之前，他穿过了一艘外星飞船的顶，这艘飞船正在逃离另一艘外星飞船。它们围绕着月球进行了一场戏剧性的追逐后，布莱恩乘坐的飞船受到了追击者的直接撞击，并坠向地球，撞上了他刚刚掉下去的同一座塔的底部。当布莱恩毫发无损地从冒烟的残骸中出来时，一位目睹了整个奇怪事件的旁观者惊呼："哇，你这个幸运的家伙！"

"幸运"其实有点儿轻描淡写了。我是说，就在布莱恩坠落的那一刻，一艘外星飞船碰巧经过地球，不仅仅是地球，而是耶路撒冷街道上方的那一小片天空，这种可能性有多大？把这点儿惊人运气的概率，再乘以另一件几乎不可能的事情的概率，那就是当飞船被击落时，它坠落在了同一地点，而且布莱恩还在撞击中幸存下来的概率。而且我们这还没考虑到智慧生命可能在离地球足够近的地方进化出来，并能短暂地造访地球的可能性，也没考虑到一些很难解释的事实，比如这艘特殊的飞船应该有一扇天窗，而且驾驶飞船的飞行员一定是糊涂地把天窗打开了。

---

① 英国著名喜剧团体。——译者注

② 故事主角名叫布莱恩·科恩（Brian Cohen），他出生在传说耶稣诞生地的隔壁的马厩中，因此被称为拿撒勒的布莱恩。——译者注

是的，"幸运"并不能完全说明一切。但如果我们只从表面上看标准模型，那么原子以及任何由原子构成的东西，从恒星到人类的存在，都是因为一系列同样可笑的巧合。

这些巧合与希格斯场有关，它是一个无处不在的宇宙能量场，负责赋予基本粒子质量。我们已经讨论过，在大爆炸后的约万亿分之一秒，希格斯场在整个宇宙中开启，并在任何地方都上升到非零值。正是这个非零值赋予了基本粒子质量，基本上设置了我们所知的宇宙（和我们的苹果派）的各种成分。

随着希格斯玻色子的发现，我们知道这个场的存在，根据 W 玻色子和 Z 玻色子的质量，我们可以计算出它的值约为 246 GeV。这里就是重要的一点。希格斯场的特定值决定了基本粒子的质量。如果能帮助理解，你可以把它想象成一个巨大的宇宙调节旋钮，就像你用来设置房子温度的那种。稍微减少一点，标准模型的粒子就会变轻，而增加一点，粒子则会变得更重。问题是希格斯场非常、极其、格外（我想不到别的副词了）不可能达到一种令人不解的完美的理想值。

我们的理论认为希格斯场只有两个可能的值：0 GeV 或 10 000 000 000 000 000 000 GeV。稍后我们会了解到原因，但你首先要知道的是，如果你想要存在的话，这两种场景中的任何一种都非常糟糕。第一种情况是，如果希格斯场的值为 0 GeV，也就是说它是关闭的，那么电子就不会有质量，也就不会在原子周围，这和一系列其他奇怪的结果加在一起就意味着我们不会存在。第二种情况是，希格斯场"一路大开"，它将为基本粒子赋予巨大的质量，以至于任何结构一旦形成就会立刻坍缩成黑洞。我们同样无法生活在这样一个宇宙中。

相反，246 GeV 恰到好处地赋予了粒子有限但又不是特别大的质量，它创造了一个充满了有趣物质的宇宙，而不是一团无质量粒子，也不是一堆黑洞。但要获得如此令人满意的理想值，自然法则中需要存在一系列不可思议的巧合，这种可能性并不比布莱恩·科恩被外星飞船从死亡边缘拉回来的可能性高多少。

归根结底，问题的根源在于，希格斯场受到空的空间，也就是物理学家口中的"真空"的影响。正如我们所看到的，由于量子场的存在，实际上不存在空的空间，即使没有粒子在其中摆动，量子场也始终存在。我们还知道，这些量子场可以通过聚集在粒子周围并改变其形状来影响一种粒子的性质，比如电子。其实，真空中的量子场也会影响希格斯场的强度，而且是以一种灾难性的方式影响。

这场灾难的根源在于，即使没有粒子，量子场也永远不会是完全静止的，它会不停抖动，就像一个几乎静止的池塘的波光粼粼的水面。这些抖动是海森堡著名的不确定性原理造成的，这一原理让我们无法辨别出一个场具有恰好为零的能量。相反，空的场一定是其零值附近不停涨落。

原则上来说，这些量子抖动包含着能量。有多少能量？好吧，这可能很奇怪，但它取决于你观察场的距离。由于不确定性原理，当你不断放大一个量子场，以越来越短的距离观察它时，这些抖动就会变得越来越大。这就意味着，如果你无限放大一个场，抖动就变得无限大，给真空带来了无限的能量。幸运的是，我们知道我们不可能一直放大，因为在某个极短的距离内，引力就会起作用。

这个特殊的距离被称为普朗克长度，它非常非常小，大约只有一米的万亿分之一的万亿分之一的万亿分之十六，或者如果你喜欢在一行里写下很多零，那就是 0.000 000 000 000 000 000 000 000 000 000 016 米。等比例来说，普朗克长度与夸克的关系，差不多相当于夸克与你我的关系，换言之，它就是非常非常非常小。这个距离很特别，因为人们认为，如果你能迫使两个粒子彼此之间的距离不超过一个普朗克长度，引力就会让它们坍缩成一个微型黑洞。这意味着考虑比普朗克长度更短的距离是没有意义的，所以这就是我们停止放大的地方。

即便如此，由于普朗克长度太小了，在这个距离上，量子场中的能量抖动一定格外大。一种相当直接的计算表明，单个量子场的量子抖动中储存的能量太大了，以至于一立方厘米的看起来是空的空间就应该包含足够的能量，足以将可观测宇宙中的所有恒星炸毁很多很多次。[①]

如果这个结果吓到了你，那就对了！这肯定不对劲吧？每一块方糖大小的空间都充满了末日般的能量，这种想法似乎太荒谬了。确实，一些物理学家怀疑这种逻辑的有效性，但如果我们接受量子场论，这似乎是绕不开的。幸运的是，这种真空能量不会伤害我们，因为它被锁在空间本身之中而无法释放。但即使它不会伤害我们，也会对希格斯场产生强大的影响。

希格斯场在标准模型的众多场中是独一无二的。正如我们所见，它是唯一自旋为0的场。其他都是自旋为1/2的物质场，或者自旋为1的力场。这意味着，与其他场不同，它感受得到这些剧烈真空涨落的影响，就好像飓风中的一只风筝。

想象一下在世界上有史以来最剧烈的飓风中放风筝的样子。你觉得会发生什么？可能有两种可能的选择，要么风把风筝吹起，风筝高高地飘到空中，要么风把风筝狠狠打到地上，把风筝摁在那里。但如果你发

---

① 这与基础物理学中的另一个大问题密切相关，也就是宇宙常数问题。这些真空涨落的能量会导致空间迅速膨胀，以至于没有恒星或星系能够形成。为什么如此巨大的真空能量并没有将宇宙撕成碎片？这是物理学中最大的谜团之一。

现风筝在离地面一英尺的地方稳稳地盘旋着，那就太令人吃惊了。

但这恰恰是我们发现的希格斯场的情况。希格斯场像风筝一样，它的值受到这些极其强烈的真空涨落的冲击，这些涨落要么将它一路拖到普朗克能量的水平（也就是 10 000 000 000 000 000 000 GeV），要么将它打到 0 GeV 的地面上。但我们在宇宙中发现的却是，希格斯场在零上 246 GeV 的水平徘徊，恰好就在允许原子存在的合适范围内，因此也就是令我们所知的宇宙得以存在。

这种奇怪的情况亟需一种解释。在标准模型中解释它的唯一方法是，我们迄今为止发现的所有量子场（甚至还有那些我们尚未发现的量子场）的剧烈涨落会精准地相互抵消，它达到了一种绝对令人难以置信的精确度。这就好比，飓风中所有盘旋、咆哮的阵风竟然奇迹般地相互平衡，使得我们的风筝周围的空气几乎是完全平静的。

粗略来讲，所有不同量子场的涨落相互抵消，从而达到使希格斯场稳定在 246 GeV 的概率是一百穰①分之一（也就是 10^{30} 分之一）。这么大的数字几乎是毫无意义的，只是给你一种参照，你连续三周中彩票头奖的概率都比这大得多。

所有不同的量子场之间的不可思议的精心安排，自然是完全不可信的。它给我们一种印象，感觉是一些伟大的宇宙修补者以恰当的方式小心翼翼地平衡了这些涨落，让原子得以存在。换句话说，物理定律看起来似乎已经为生命进行了微调。

如果你是一位物理学家，一定嗅到了一丝可疑的气息，而且是"在异常炎热的夏天里一条大比目鱼在沙发后放了几个月"那种程度的

---

① 1 穰 = 10^{28}。——译者注

气息。这个所谓的级列问题在过去几十年间一直是寻找超越标准模型的物理学的最大动力。我们希望能发现一些新的物理现象，比如一组新的量子场或其他一些东西，它们解释了为什么希格斯场最终会达到其完美的理想值。在我们风筝的类比中，这就好像发现了一根铁棒，把风筝绑在了离地一英尺的地方，或者可能是意识到了飓风的可怕风力远比我们预测的要弱。

无论过去还是现在，发现这类新的现象都是LHC的伟大目标之一。事实上，在找到希格斯粒子的同时，寻找级列问题的解正是建成对撞机的主要原因。赌注再高不过了。这不仅是又一个科学问题，它还触及了物理学的核心意义。我们能否解决这个问题与一个更深层的问题密切相关，那个问题便是，我们的宇宙是否存在着无法解释的特征。

因为在这一切的背后，潜藏着一个幽灵，几十年来它一直在物理学界阴魂不散。许多人斥责它，还有一些人热情接纳它，这个幽灵就是多元宇宙。它说的是，我们的宇宙是一个巨大的甚至可能是无限个宇宙中的一个，物理定律因宇宙而异。如果接受这种可能性，希格斯场看起来不可能的值不仅变得可能，甚至是不可避免的。如果我们允许其他宇宙存在的可能，那么在绝大多数宇宙中，希格斯场要么是零，要么在普朗克尺度上，原子都不会存在。而我们发现自己生活在一个希格斯场约为246 GeV的宇宙中，这并不是因为任何奇迹般的微调，而是因为它是唯一一个宇宙，能让我们生活在其中。

如果这种思路是正确的，那么我们将永远无法解释为什么我们的宇宙是这样的。希格斯场纯属走运了它现在这个样子，就像布莱恩坠落到了宇宙飞船经过的轨迹上。让原子存在并且让生命最终得以进化纯属走运。这种想法的糟糕之处在于，我们永远不会知道它是否正确。几乎可以肯定的是，我们永远没有办法探测到其他宇宙，因为根据定义，它们位于我们自己这个宇宙之外，遥不可及。

换句话说，如果多元宇宙是对的，那么我们永远不会知道如何从头开始做苹果派。

然而，许多物理学家希望的其实是，一些未知的效应是能让希格斯场在灾难中稳定下来的原因。如果这种想法是对的，那么我们就有充分的理由相信新粒子应该存在，其质量与希格斯玻色子本身相当。因此，正当希格斯粒子从LHC的数据中浮现出来之时，还有数百名物理学家正在仔细研究这些对撞，从而寻找标准模型盔甲上的裂缝，而它或许可以解释为什么我们生活在一个不太可能的宇宙中。

进入未知

每周三早上，一群物理学家都会挤进剑桥卡文迪许实验室一层一间没有窗户的会议室里。他们坐在一张摆满了咖啡杯的大桌子旁，被从磨砂的天窗透进的光微微照亮，讨论非常热烈，其中充斥着奇怪的词汇。"超夸克"、"超中微子"、"引力子"、"Z玻色子"和"微型黑洞"在桌上你来我往。偶尔会有人猛地站起来在白板上乱涂乱画，有些是箭头和波浪的神秘符号，或是潦草得只能认出一部分的数学符号，而其他人则坐在座位上争论，若有所思地看着，或是在笔记本上轻敲键盘。

我在2008年来到了卡文迪许，在此之前，超对称性工作组就已经在举行例会。虽然粒子物理学领域很爱开会[1]，而这个会议的与众不同

---

[1] 有传言说，ATLAS实验曾经成立了一个团队来研究减少会议次数的方法，当这个团队开始定期举行例会时，它让问题变得更严重了。

之处在于，这是从事LHC研究的实验学家与来自卡文迪许和数学系的理论物理学家在一起开会。10多年来，他们一直在搜罗LHC的最新结果和最新的理论思想，为了找到搜索奇异现象的新方案。

会议的常客是本·阿伦阿赫（Ben Allanach）和莎拉·威廉斯（Sarah Williams）。本是一位理论物理学教授，在过去10年里，他一直在帮助实验学家寻找有希望的方法，同时弄清LHC的最新结果对超越标准模型的推测理论意味着什么。与此同时，莎拉则一直在寻找ATLAS实验记录下的数万亿次对撞中新事物的信号。

多年以来，所有推测理论中最有希望的是超对称，这种想法太诱人了，以至于本用了整个职业生涯来思考这个问题，而萨拉和她在ATLAS的数百名合作者进行了几十次测量，希望发现超对称的影响。

超对称是最罕见的想法，它一下子解决了几个深层的基本问题。它有望解释在大爆炸时期物质是如何超过反物质占据主导地位的，还有望解释暗物质的本质，它甚至暗示在我们宇宙的最初时刻，所有自然力曾经是统一的。不过，也许它最大的吸引力在于，它让希格斯场不受真空剧烈涨落的影响，这就自然地解释了为什么希格斯场的强度被设置在了刚好允许原子存在的正确值上。

顾名思义，超对称是在自然界的基本构件上施加了一种新的对称性，它与物质和反物质的对称性并没有太大的不同。但超对称并没有将粒子和它们的反粒子联系起来，而是将电子、夸克和中微子等物质粒子，与光子、胶子和希格斯玻色子等载力粒子联系在了一起。

物质粒子与载力粒子的区别在于自旋。所有物质粒子都是自旋为1/2的费米子，而载力粒子则是自旋为1的玻色子以及自旋为0的希格斯玻色子。根据超对称，标准模型中每个自旋为1/2的物质粒子，都应该有一个自旋为0的"超伙伴"，每个载力粒子都有一个自旋为1/2的超版本。这些超粒子与它们的标准模型伙伴具有相同的属性，只有自旋不一样。

这些超对称粒子的名字都非常傻气，电子的超版本被称为超电子，而夸克的伙伴则被称为超夸克，光子的搭档是超光子，还有超胶子、超W子、超Z子和超希格斯粒子。我最不喜欢的大概是"超奇超夸克"（sstrange squark），大声说出来通常会不经意地把口水喷同事一脸。这些超对称粒子合在一起被称为超粒子。我出于一点点私心希望永远不会发现超对称，这样我们就不再需要用这些愚蠢的词了。

撇开笨拙的命名法，超对称被许多理论学家视为基础物理学中发现的最美丽且最强大的概念之一。特别是这是理论学家为数不多的拯救希格斯场免遭灾难的方法之一。正如我们讨论过的那样，希格斯场对真空中存在的量子场的涨落特别敏感。标准模型中约25个量子场中的每一个都会产生自己的涨落，而每一个都像飓风一样，将希格斯场吹到零或者普朗克能量的水平。绝对没有理由期望所有这些不同的量子飓风会相互平衡，这就是为什么希格斯场稳定地在246 GeV上徘徊如此令人费解。

而超对称解决了这个问题。标准模型中的每个量子场，现在都有一个对应的超场，当你研究数学时，你会发现这些超场中的涨落几乎与其标准模型伙伴中的涨落数值相等，方向相反。例如，当电子场把希格斯场吹向一个方向时，超电子场就会把希格斯场吹向相反的方向，就像两股相互抵消的风，几乎完全消除了彼此的存在，把量子力学的飓风变成了晴朗而平静的天气。

有了超对称，你不再需要借助微调理论或者不稳定的多元宇宙。这个理论是自然的，这意味着它可以自动解释为什么世界是这样的，而不需要过分地摆弄它。更好的是，在许多超对称的版本中，最轻的超粒子正是暗物质的完美候选。

但一则明显的反对意见出现了：所有这些超粒子在哪里？如果宇宙是完美超对称的，那么除了具有不同的自旋外，超粒子应该具有与其标准模型伙伴完全相同的属性，包括相同的质量，如果这是真的，我们早就应该发现它们了。为了解决这个问题，超对称必须是不完美的，就像扭曲的哈哈镜一样，让你看起来像被压路机碾过一样。打破超对称可以使超粒子比普通的标准模型粒子更重，甚至重到之前的对撞机没有足够的能量来制造它们，这就解释了为什么我们还没有看到它们，但这样的解释是有代价的。你越是想通过让粒子变得更重来打破超对称，它就越不能有效地抵消那些讨厌的量子涨落。结果便是，如果超对称是为了拯救希格斯场，那么超粒子就不能比希格斯粒子本身重太多。这将使它们正好落入了LHC的探测范围。

鉴于这种理论巨大的前景，理论学家和实验学家都无法抗拒超对称的诱惑便丝毫不足为奇了。但当说到稳定希格斯场时，这并不是唯一的选择。虽然超对称用一种相等且相反强度的超级风暴平息了量子飓风的影响，从而拯救了希格斯场，但还有另一种流行的方法认为，一开始就根本没有什么飓风。

对希格斯场如此危险的巨大真空涨落其实是这样一种事实的后果，那就是，当我们把真空放大到越来越小的距离时，涨落似乎变得越来越大。正如我们所看到的，这个放大过程一直到普朗克长度，在这一点上，两个被迫在一起的粒子会坍缩成一个黑洞。

普朗克长度之所以会这么短，归根结底是因为引力是一种极其微弱的力，它只有电磁力的一涧①分之一。这意味着，在我们目前可以进行的任何粒子物理实验中，它会完全被其他三种量子力压倒。如果你想让它们旗鼓相当，只有让两个粒子靠得非常近，这就意味着需要用巨大的能量将它们相向发射出去。在LHC上，我们有足够的能量让距离缩小到约10^{-18}米，这已经很小了，但仍然是普朗克长度的10京②倍，而只有在普朗克长度的尺度上，引力才会变得足够强。

但是，假设引力实际上比表面看起来更强呢？如果这是真的，那么两个粒子坍缩成黑洞的节点会来得更早，这就意味着我们会更早地停止放大真空的动作。而如果你更早地停止放大，量子涨落的大小也就小得多，这就能有效地将飓风强度的风降低成轻柔的量子微风。

耐心听我说，你这样做的方式是引入额外的空间维度。我们生活在一个三维的世界中，在这里我们可以前进或后退，并且上下左右地移动，但在这些超维理论中，不可以朝着一些新的方向前进。请你想象一下进入第四个维度会是什么样子。想象不出来？我也想象不到。由于我们的大脑进化到只能应付三维世界，我们不可能把更高的维度视觉化出来。（如果你听过一位数学家或物理学家说他们可以想象出一个四维世界，我敢肯定他们在撒谎，或者喝多了。）但至少从数学方面来说，这些想法很容易被写出来。在这样的理论中，我们没有感知到这些额外维度的原因通常是它们太小了，或者是因为构成我们的粒子被困在了我们三维的世界中，就像一张纸上画出的火柴小人儿一样。

但引力能进入这些更高的维度，让它像水一样从一根不可靠的管道中漏出去。这种渗漏解释了为什么引力在我们普通的三维世界中看

---

① 1涧 = 10^{36}。——译者注
② 10京 = 10^{17}。——译者注

起来很微弱，如果我们能感知到所有维度，就会意识到引力和其他力一样强。

这听起来可能都像科幻创作里的推测，但这些超维理论的精巧之处在于，和超对称一样，它们预测了LHC里应该出现的一些新的现象。如果这些额外维度存在，那么制造微型黑洞所需的能量就远低于普朗克尺度，在LHC的对撞中制造出它们也就成了可能。

制造微型黑洞的前景导致了一轮耳熟能详的世界末日的头条新闻，特别是在一些英国小报上。就在2008年LHC启动之前，《每日邮报》发表了一篇文章，配有一个通常头脑冷静的标题《我们都会在下周三死去吗？》[2]。而在美国，《时代》杂志则刊登了一篇看起来没那么杞人忧天却令人震惊的文章《对撞机引发了世界末日的恐惧》[3]。这些恐惧曾经出现过，一个微型黑洞会沉到地球的中心，慢慢吞噬整个星球。

最终，媒体实在太狂热了，以至于CERN召集了一组专家来评估各种世界末日的情景。他们撰写了一份非常出色的文件，名为《LHC对撞的安全性评估》，这可能是有史以来最令人兴奋的风险评估报告，仅凭其中的一些句子它就值得一读，比如"高能粒子对撞可能引起的担忧是它们可能会刺激小'泡'的产生……它不仅可能会膨胀并毁灭地球，而且有可能毁灭整个宇宙"[4]。

太刺激了。幸运的是，专家团得出结论认为，由于宇宙一直在用远高于我们在LHC上所能达到的能量的宇宙射线持续轰击着地球，如果这种末日事件真有可能的话，它们早就该发生了，地球和其他所有天体也早就该被摧毁了。专家似乎是对的，因为世界仍然存在，至少到目前为止是这样的。不管怎么说，我猜如果世界真的就此终结，也没人有时间发起诉讼了。

斯蒂芬·霍金的著名预言概括了微型黑洞不是一种威胁的原因，他认为，它们应该通过发射霍金辐射而蒸发。对于潜伏在深空中恒星大小的巨大黑洞来说，这一过程极其缓慢，但LHC可能制造出的那种大小的微型黑洞几乎会立刻分解成许多粒子，被巨型的ATLAS和CMS探测器发现。

抛开关于存在的恐惧，超对称和额外维度仍然是两种解释希格斯场的强度的最流行的方法，尽管它们绝不是仅有的方法。无论哪种现象最终导致我们比喻中的风筝停留在高处，你或多或少总会期待在希格斯玻色子本身的能量附近找到新的东西。因此，当LHC在2010年开始对撞时，人们对它寄予了厚望，希望能很快看到我们宇宙中的新成分，以及希格斯粒子本身。

LHC运行的第一年基本上是一轮热身运动，在这个过程中，在CERN控制中心掌舵对撞机的工程师学会了如何操作他们闪亮的新机器。2011年春天，在冬假过后，对撞机重新启动，冲出出发台，在几天内积累的数据就超过了之前的一整年。这时，比赛才真正开始。

随着2011年圣诞节临近，ATLAS和CMS记录的数据中已经出现了希格斯玻色子的蛛丝马迹。然而，虽然人们希望超粒子能同时现身，但所有搜索仍然一无所获。尽管如此，LHC还处于早期阶段，还没有什么值得太过担心的。

时间快进到2012年7月，CERN兴奋地宣布了希格斯玻色子的发现，这个世界短暂地被粒子物理学吸引了注意。然而，在CERN办公室里香槟酒瓶打开的同时，人们对没找到其他任何预测的新粒子的担忧已然增加。我的同事莎拉·威廉斯那时刚进入CERN攻读博士学位，她经过数周的熬夜工作，刚刚揭盲了寻找轻子的超对称版本的粒子，也就是超轻子（Slepton，我就知道，又有奇怪的词出现了，是吧？）的实验。尽管她的资深同事对即将看到新的东西感到非常兴奋，但当他们看到这些数据时，甚至没有发现一丝丝超粒子存在的迹象。

事实上，每一次对超对称、微型黑洞和其他奇异现象的搜索都是空手而归。也许更麻烦的还有新发现的希格斯玻色子的质量。最简单的超对称理论通常预测希格斯玻色子的质量应当接近 Z 玻色子，大约是 90 GeV，但 ATLAS 和 CMS 探测到的粒子却格外重，竟然高达 125 GeV。虽然这可以通过在理论上"做点儿手脚"来兼容，但它开始让这个理论面临严峻考验。

时间来到 2012 年年底，我自己所在的实验 LHCb 宣布了更多对超对称支持者来说不利的消息。我们发现了底夸克极为罕见的衰变的证据，这种衰变预计在某些版本的超对称中会得到极大增强。但观测到的衰变率与标准模型基本一致。当 BBC 最早报道时，它得罪了一些人，尤其是因为它引述了我的同事、来自曼彻斯特大学的克里斯·帕克斯（Chris Parkes）的话，帕克斯宣称新的结果使超对称"住院了"[5]。我的老板兼剑桥 LHCb 团队负责人瓦尔·吉布森加入了这场争论，他表示，实验结果"让我们研究超对称理论的同事惊慌失措"[6]。毕竟，实验物理学家最喜欢的莫过于证明他们研究理论的聪明同事是错的。在 CERN，著名理论家约翰·埃利斯（John Ellis）花了 30 多年时间研究超对称，他轻蔑地还击道，实验结果"实际上是在（某些）超对称模型的预料之内的。我当然不会因为这个结果失眠"[7]。

一群备受尊敬的物理学教授怎么能对一项结果有如此不同的解释？关于超对称，需要理解的重要的一点是，它并非一个单一的理论，它是一则可以用来建立大量不同理论和不同预测的原理。结果就是，超对称难以被打败。如果你最喜欢的超对称模型没有出现在LHC上，几乎总是可以调整一些参数，或者添加一些额外的花哨的东西来解释你没有看到它的原因。但当你用补充说明来解释它的失败时，你就开始违反了超对称的真正目的。毕竟，它是为了避免标准模型中的微调而发明的，因此微调超对称本身感觉就像是一种对其基本原理的背叛。

2012年圣诞节前，LHC首次运行的最后一批质子对撞在了一起。当建造和运行这台卓越机器的工程师自豪地回顾过去三年时，物理学界正在努力理解LHC所揭示的图景。人们原本期待着它会带来一片富饶的景观，其中充满了令人激动的新的探索机遇，但恰恰相反，LHC却揭示出了一片荒地，在它的中央矗立着孤独的希格斯玻色子，就像一棵莫名其妙的树孤零零地生长在干旱的沙漠中央。

一些物理学家开始小声谈论起了"噩梦般的情景"，那就是LHC最终可能只发现了希格斯玻色子，而没有为基础物理学的重大问题提供其他任何线索。一些年轻人开始重新评估他们的职业规划。马特·肯齐在CMS参与了希格斯玻色子的发现，他在获得博士学位后做出了一个大胆的决定，他决定转到LHCb，他认为在ATLAS或CMS上看到新粒子的可能性已经显露出了一种不祥之兆。年长的人建议谨慎行事。他们认为为时尚早。我们为超对称已经等了30多年，也许可以再等一会儿。剑桥大学的本·阿伦阿赫捕捉到了他的许多研究理论的同事的心情："超对称是在派对上迟到了一点儿，但我认为它还没迷路。"[8]

希望就在眼前。人们经过两年的工程工作修复了一些运行故障，正是这些故障使LHC在最初的几年中只能以大约最大能量一半的水平运行，对撞机于2015年5月以创纪录的13 TeV的对撞能量重新启动。探索的前沿再一次被推向了完全未知的领域。也许理论承诺的那些宝藏终于变得触手可及了。

随后，就在2015年圣诞节前夕，意料之外的发现出现了。ATLAS和CMS公布了当年记录的高能数据中出现的新凸起的证据。在2011年圣诞节前发现希格斯玻色子的场景似乎再次重演，这次，他们都看到了一个新粒子衰变为两个光子的证据，但它的质量是希格斯玻色子的6倍，高达750 GeV。

理论界5年多来积累的紧张气氛突然在解释新凸起的推测洪流中被释放了出来。短短几周内，500多篇论文被上传到了在线预印本存储库①，其中一篇就来自本和他的同事。许多人推测，这一新发现可能是人们期待已久的一种超粒子，这预示着一支新的量子大军很快就将进入人们的视野。

次年夏天的8月，物理学家齐聚芝加哥参加当年最大的粒子物理学活动，也就是国际高能物理大会。ATLAS和CMS都被安排利用当年记录的额外数据，对750 GeV的凸起进行一些热切期待的更新。但就在演讲前一天晚上，CMS抢先一步，不小心把他们的论文发到了网上。结果是致命一击。随着更多对撞的累积，这个凸起已经消失殆尽。它似乎只是数据中的随机波动。关于这次残酷的统计侥幸，已经有了500多篇论文分析它。

与此同时，莎拉作为ATLAS团队的一员正利用2015年的数据搜索微型黑洞的迹象。有人希望通过更高能量的对撞，现在或许有可能产生这种黑洞，但它们依旧没有现身。

LHC及其庞大的实验在接下来的三年中继续出色地运行着，它们

---

① 这个网站就是arXiv.org，它是一个在线存储库，科学论文在经过同行评审或者发表在科学期刊上之前可以上传到这里。

产生了大量高质量的数据,几乎打破了运行之初的所有预期。2018年12月3日,当机器再次关闭,并计划停止两年时,LHC实验记录下了超过一京次碰撞,但在所有亚核碎片中,没有发现除了希格斯玻色子之外的任何新粒子。噩梦般的情景似乎就要成为现实。

基础物理学现在面临着一场百年不遇的危机。我们知道,我们的宇宙有一些我们尚不了解的主要特征,比如大爆炸时期物质的起源,暗物质是由什么构成的,还有最重要的,我们是如何达到自己处在一个看起来为了生命而精心微调的宇宙中的。然而,这台为了给我们提供答案而制造的机器,也是人类有史以来最庞大的机器,只提供了和标准模型一样的信息,但我们也知道标准模型一定是不完整的。这不是实验的失败,LHC是一项工程和技术的胜利。它只是向我们展示了自然是怎样的,而自然似乎并不关心我们的聪明理论。

尽管许多人仍然希望超对称在未来几年里出现在LHC上,并将我们从多元宇宙的"伪科学"的魔爪中解救出来,但其他一些人已经将他们的努力重新集中在了可能更有成效的方向上。超对称似乎失败了,至少在解释希格斯场的强度、暗物质的性质和力的统一的最宏大和最野心勃勃的理论形式方面是这样的。为了逃脱探测,预测的超粒子现在必须非常大,以至于它们再也无法平衡强大的真空涨落,而这种涨落有可能使希格斯场偏离理想值,给我们留下一个不适合生存的宇宙。2019年年初,剑桥大学超对称工作组捕捉到了这种风向,悄悄地将自己改名为现象学工作组。

那么,我们将从这里走向何方?就这样了吗?这就是路的尽头吗?宇宙中是否还有一些简单的特征是我们无法解释的?可能说起来是陈词滥调,但每一次危机都是一次机遇,而这场危机同样呈现出了巨大的机遇。LHC可能还没有给出我们所希望的答案，但它告诉了我们一些事情。现在的挑战是弄清这些事情究竟是什么。现在是重新审视我们的假设，并从不同的角度看待旧问题的时候了。最重要的是，这是把我们宏大的想法和先入为主的观念放在一边，仔细倾听自然在说什么的时候。

事实上，它可能已经以意料之外的方式向我们诉说了。在过去的几年里，一系列意料之外的奇怪信号已经开始从LHCb实验中浮现，这是自然开始偏离标准模型的长期迹象。现在就确定还为时过早，但也许，只是也许，我们即将剥开宇宙洋葱的更深一层。

异常的时代

通常，LHCb不如ATLAS和CMS那么受关注。我们既没有发现希格斯玻色子（公平点儿说，我们没在找它），也没有搜寻像暗物质或者微型黑洞这样听起来就很性感的东西。ATLAS和CMS探测器看起来就像是进入另一个维度的外星入口，与它们相比，下到LHCb的地洞中，你会遇到一个看起来有点儿像巨大而多彩的烤面包架的家伙。

然而，随着ATLAS和CMS在一个又一个的推测性的新理论中消耗殆尽，LHCb成了最终在LHC看到超越标准模型的现象的最有希望的实验。在过去的几年里，数据中已经开始出现异常，而这些异常可能暗示着一些全新的东西。

为了理解ATLAS、CMS和LHCb之间的不同，可以想成两位猎人站在茂密的丛林边缘。远处，在绵延数英里的杂乱的树叶中藏着一头大象——至少当地一位大象理论学家是这样跟他们说的。一位猎人自信地大步踏入灌木丛，穿过藤蔓和蕨类植物，向丛林深处挺进寻找猎物。但是丛林又大又暗，每向前迈一步叶子就变得更茂密，人也更压抑，他最终到了一种地步，如果不看到大象，他就不能再往前走了。

与此同时，他的同伴只走了一小段路，那里的阳光仍然能穿透树冠，走起路来也更容易一些。她缓慢而有条不紊地走着，眼睛扫视着森林的地面，寻找一些不太对劲儿的东西，比如一个脚印，或者一根被折断的树枝。过了很长一段时间，她注意到松软的泥土上有一处轻微的凹陷，它有树干那么宽，还带着4个可能是脚趾的痕迹。过了一会儿，她又发现了另一处凹陷，接着还有一处，这就把她带到了丛林越来越深的地方。大象就在某个地方。而她正追踪着它的足迹。

穿越丛林的猎人就像ATLAS和CMS，这两台巨大的通用探测器在无数次碰撞中寻找着隐藏在量子灌木丛中的新粒子。如果你有一个明确的目标，并且知道应该在什么能量范围，也就是哪片丛林区域里进行搜索，这种直接搜索可以很好地完成任务。例如，希格斯玻色子就是这样被发现的。但如果你要找的粒子在你够不着的地方，也许它们太重了，无法在对撞中直接产生，或者在普通粒子中伪装得特别好，那么你可能一无所获。

但还有另外一种方法，也就是所谓的间接搜索。就像猎人扫描地面寻找脚印一样，通过测量新量子场对普通标准模型粒子的影响，就有机会探测到它们的迹象。这样做的好处是，即使相关粒子的质量太大而无法直接产生，你也可以发现新量子场的证据。但缺点是，你可能无法准确地找出造成这种影响的原因，就像猎人无法清楚地从脚印中分辨出他们正在追踪的具体是大象中的何种种类。

广义上说，第二种间接方法就是我们在LHCb采取的方法。与通用的 ATLAS 和 CMS 实验不同，LHCb 专门用于以很高的精度研究标准模型粒子，从而期望捕捉到它们的异常行为。就像我说过的，LHCb 中的"b"代表"美"，也代表着构成原子物质的普通下夸克的最重的表亲。这种带负电的夸克通常被称为底夸克。曾有人试图将两个最重的夸克分别命名成真夸克和美夸克，但学界更倾向于使用没那么有诗意的顶夸克和底夸克。在 LHCb，我们更愿意被称为美夸克物理学家，而不是底夸克物理学家，至少对我们来说，它是美，而不是底。

底夸克很有趣，因为它对新量子场的存在特别敏感，新量子场可以改变夸克衰变之前的寿命，或者改变它衰变成不同种类粒子的频率。要想发现这些效应，最好的方法之一就是研究那些在标准模型中被预测是极为罕见的底夸克衰变。

举个例子，一个底夸克可以衰变为一个奇夸克、一个 μ 子和一个反 μ 子。在标准模型中，这种衰变的发生并非易事，它必须经过不同量子场的复杂混合，包括 W 玻色子和 Z 玻色子以及顶夸克场。这有点儿像试图在伦敦两个没有直达路线的地铁站之间穿梭，你不得不换乘很多次。大多数人都会避免如此复杂的出行带来的麻烦，因此，这两个车站之间的乘客数量应该非常少。同样，我们的底夸克衰变涉及这么多不同的量子场，这确实非常罕见。

但是，如果有一条更直接的路线，在我们的类比中，就好像一条不使用普通地下网络的路线，会怎么样呢？例如，可能有一列在两站之间直通的地面列车，只需要 20 分钟多一点儿的时间。对底夸克来说也是一样的，如果存在一个新的量子场，例如一种新的自然力，它可能为底夸克提供了一种更直接的衰变方式。情况甚至有可能是，这种新场中的粒子太重了，以至于无法被 LHC 创造出来。即使没有粒子在场中移动，场依旧存在，一些能量仍然可以短暂地通过它，而不必真的创造出相关的粒子。①

因此，如果我们计算一个底夸克衰变为一个奇夸克、一个μ子和一个反μ子的频率，并将它与标准模型的预测进行比较，那么我们就有可能检测到看不见的、尚未发现的量子场的影响。但这些衰变极为罕见，只有百万分之一的底夸克会以这种方式衰变，所以想要有机会发现它，你得制造很多底夸克。

幸运的是，LHC非常擅长制造底夸克。因为质子是夸克通过胶子场结合在一起的，当你让它们对撞时，就会得到很多夸克。在一年内，LHC会在LHCb内部创造数十亿个底夸克和反底夸克，LHCb就是专门被设计出来研究它们的。

由于这些衰变非常非常罕见，LHCb需要一段时间来收集足够的对撞，从而进行足够精确的测量。但每年都会产生数十亿个底夸克，发现越来越多罕见的衰变。起初，结果似乎都与标准模型相当吻合，但随着精度不断提高，微小的偏差的迹象开始显现。

第一个重大线索出现在2014年，当时LHCb的一个团队比较了底夸克衰变为奇夸克、μ子和反μ子的频率以及与μ子换成电子的等效衰变的频率。就标准模型的力而言，电子及其较重的表亲μ子和τ子并没有什么不同，唯一的区别是，μ子是电子的200倍重，而τ子是电子3 500倍重。事实上，力对这三个轻子的作用是一样的，这被称为轻子普适性，这是标准模型的一个硬性规则。轻子普适性意味着你可以预计底夸克衰变为μ子的频率和它衰变为电子的频率一样。

---

① 当中子衰变为质子时，也会发生同样的事情。这是通过W玻色子场发生的，尽管W玻色子比中子重80多倍，因此不能直接在衰变中被创造出来。

但是，团队的发现并非如此。

相反，μ子衰变的频率似乎只有电子衰变的75%，似乎底夸克更喜欢衰变为电子。即使如此，测量的不确定性还是相当大，约为10%，因此这很有可能只是一个随机波动，就像2015年ATLAS和CMS蒙住了所有人的那次事件一样。但几年后，另一项使用独立数据样本的测量发现了非常类似的结果。这一次，μ子衰变发生的频率只约有电子衰变的69%，而且不确定性也更小了。

正是此时，理论学界开始关注这些结果。随着新粒子在ATLAS和CMS的迹象逐渐消失，LHCb的数据中似乎浮现出了一些东西。对涉及τ子（电子最重的拷贝）的不同底夸克衰变的进一步测量发现了类似的结果。与此同时，在数千英里之外，美国加利福尼亚州的BaBar实验和日本的贝尔实验也发现了底夸克衰变打破轻子普适性这一神圣法则的迹象。对单独的结果来说，这些偏差都不足以宣布标准模型最终被打破了，但随着越来越多的异常现象出现，一幅可能的连贯图景开始浮现。

2019年初春，我在应用数学和理论物理系的办公室见到了理论家本·阿伦阿赫。本是一位超对称专家，他的整个职业生涯都在研究各种模型，并帮助他的实验学家同事找到在LHC上寻找超粒子的新方法。但来自ATLAS和CMS的大量负面结果已经让他远离了这个课题，至少暂时是这样。

"很多人都有点儿沮丧，尤其是我们这些长期研究超对称的人。有很多不同的反应，一些人仍然表现得很强势，但我认为很多人已经对它丧失了兴趣。"

对本来说，底夸克衰变中的异常现象就是战场："它们是我们目前最大的希望，我认为这很令人兴奋。"现在所有人心中都有一个很大的疑问，就是这些异常现象是真的吗？毕竟，我们曾经被不幸的统计侥幸愚弄过。本认为这里不太可能出现这种情况："它们太多了，很难是一种波动。一定是发生了什么。"更令人担忧的是，这些异常现象可能是由于某些误解造成的，要么是夸克行为理论中的误解，要么是在我们实验中出的差错。虽然我们已经非常谨慎和认真地努力解释可能会使结果产生偏差的所有可能的影响，但这些庞大的粒子探测器相当复杂，你总是有可能漏掉什么。

"如果你是个赌徒，你会把钱押在哪里？"我问。

本停顿了一会儿，转头向窗外望去："嗯，你确实需要另一项实验去独立地验证它……"

"但如果我逼你说呢。"

"我觉得它真的是新物理的可能性是50%，这已经很高了。这是我职业生涯中见过的最好的事情。"

自从不再研究超对称之后，本开始采用不同的方法来解决问题。现在，他不是基于一个一次性解决很多问题的简单而优雅的原则来研究宏大的理论，而是认真研究数据所表达的内容，并试图自下而上地构建一种理解。那么，如果这些异常是真的——这是一种可能性很小的假设，那么导致它们出现的可能是什么？

"基本上存在两个阵营。要么是所谓的Z'，它是一个新的力场，要么是轻子夸克。"这些基本上是新的量子场，它们干扰了底夸克的衰变方式。Z'是一个力场，它很像弱力的Z玻色子，但它破坏了轻子普适性，例如它可能对μ子的拉力大于对电子的拉力。而轻子夸克则是一种更奇异的野兽。

标准模型最大的谜团之一是，为什么它包含12个物质粒子，也就是6个夸克和6个轻子，还有，为什么它们是三个副本，或者叫三代。构成我们苹果派的电子、上夸克和下夸克是第一代，第二代和第三代则是这些粒子的更重且不稳定的额外副本。这些物质粒子中的模式与门捷列夫在19世纪绘制的化学元素周期表中的模式遥相呼应。在化学元素中，这些模式指向了更深层次的结构，它最终被揭示为原子的量子结构。标准模型中的物质粒子也可能暗示着类似的东西吗？

轻子夸克是一种新的粒子，它可以同时衰变为轻子和夸克，充当着这两种不同且看起来不相关的物质粒子之间的桥梁。如果有这样的粒子存在，它可能是拼图游戏的第一部分，而最终它可能会揭示出构成我们宇宙的物质粒子的最终起源。

这将是一件大事，可以说是自标准模型首次被提出以来粒子物理学中的最大发现。当异常现象开始累积时，本和他的同事保守地开始在标准模型中加入一个额外的量子场，看看是否可以同时解释所有异常现象。如今，他们开始了一项更艰难的计划，想要弄清楚这些新的量子场是否适合一个更大、更简洁的结构。

尽管LHC没有发现超对称的证据，但本仍然认为一定有什么东西可以解释希格斯场的微调。"这就像把一支铅笔扔在桌子上，而它笔尖朝下直直地立在了那里。"令人惊讶的是，他们一直在研究的解释底夸克异常现象的理论中，有一种理论或许也拥有超对称所不具备的作用，那就是稳定希格斯场，并且防止宇宙坍缩成一片无法生存的荒原。

对这两种效应的解释可能是，希格斯玻色子不是一种基本粒子，而是其他新的基本量子场的混合。希格斯场被认为对真空中的涨落如此敏感，如同飓风中的风筝一般，原因是它的自旋为0。但如果它是由其他场组成的，而这些场的自旋加起来等于0，那么它就不会再受到那些讨厌的真空涨落的影响。此外，构成希格斯场的新量子场也可以解释标准模型中物质粒子的模式。

我们对宇宙成分的理解正处在一个转折点上，这是一个焦虑与危机、兴奋与机遇并存的时刻。没人知道这些异常是不是真的，它们是否会变得更明显，还是会逐渐消失。但无论发生了什么，自然都在对我们说话。当然，我们都希望这些异常是真的，因为如果真是这样，我们将最终揭开现实的另一层，看到超越标准模型的最初迹象。对我这样的实验物理学家来说这也很棒，这是一个探索的新时代的开始，它比20世纪六七十年代那些发现自然基本构件的刺激的日子更令人兴奋。

但如果最坏的情况发生，这些异常消失了，我们仍然可以学到一些深刻的东西。如果到了2035年，当LHC永久断电时，除了希格斯玻色子，我们仍然没有发现其他任何东西，噩梦般的场景恐怖地成真了，那么这可能是一场必要的危机，引发我们重新思考基础物理学的方法的必要危机。显然我们对量子场的本质、真空，可能还有引力，都还没有足够深入的了解。因为如果我们想回到宇宙开始的那一刻，回到写就大爆炸的第一笔，我们需要一幅完整的图景来描述这三者。正如卡尔·萨根所说，只有回到那个时刻，我们才能创造宇宙。

第 13 章

创造宇宙

万物的终极理论 / 故事到底还能走多远？

是时候面对现实了：我们离知道如何从头开始做苹果派还有很长的路要走。尽管有很多有前景的想法，我们也在不断地从实验和观测中认识到更多东西，但我们还不知道苹果派中的粒子最终是如何在大爆炸中留存下来的，我们也无法解释为什么希格斯场正好稳定在使原子的存在成为可能的奇怪的特定值上。我们还不知道暗物质是什么，但没有暗物质的引力影响，普通物质永远不会大量聚集在一起形成星系、恒星和行星，而你需要行星和恒星才能种出苹果。

即使撇开这些谜团不谈，我们也不确定我们是否遗漏了标准模型之外的其他量子场。我们甚至不能真正解释为什么我们的宇宙包含着它所包含的量子场，或者我们所知道的量子场是否由更基本的成分组成。这些只是几个我们清楚我们还没得到答案的问题，或者借用美国前国防部部长唐纳德·拉姆斯菲尔德（Donald Rumsfeld）的话说，它们是"已知的未知"。几乎可以肯定，还有一大堆未知的未知，这些问题远远超出了我们的知识范围，我们甚至还没有想到要问出它们。换句话说，我们还有很多东西要学习。

所以我们还不知道如何从头开始做苹果派，但也许更大的问题是，我们能找到答案吗？在这本书中，我们看到了数千位名人，包括化学家、物理学家、天文学家、实验学家和理论学家、技术人员和机器制造者、工程师和计算机科学家，他们在数百年间通力合作，逐渐将物质分解为最基本的成分，追溯它们在宇宙中的起源，他们通过垂死恒星的中心，最终一路追溯到大爆炸后的万亿分之一秒。我们有能力讲述这样一个故事本身就是人类最伟大的成就之一。但问题是，这个故事到底还能走多远，我们真的能发现宇宙起源的完整描述吗？

为了让这个问题更具体一点，让我们首先考虑一下苹果派的最终配方应该是什么样的，才能被算作从"头"开始。为了解释苹果派中的物质最终来自何处，我们需要一个理论来描述在时间零点发生的事情，也就是宇宙诞生的那一刻，或者如卡尔·萨根所说，我们需要一种创造宇宙的理论。

现代基础物理学有两大理论支柱，分别是描述原子和粒子的微观世界的量子场论，以及广义相对论，也就是关于引力的理论，它以巨大的尺度塑造了宇宙。虽然它们在各自领域取得了激动人心的成功，而且需要说明的是，没有任何实验或观测表明这两种理论冲突，但显然当我们接近大爆炸时，这两种理论都"辜负"了我们。

原因归根结底其实很简单：量子场论忽视了引力，广义相对论忽略了量子力学。对于两种理论通常会被要求解释的几乎所有情况来说，这都没什么问题。一方面，由于引力的强度仅为电磁力的一涧分之一，当你在粒子水平上做实验时，与三种量子力的更强大的影响相比，引力是完全可以被忽略的。另一方面，如果你是一位天体物理学家或宇宙学家，在恒星、星系或整个宇宙的尺度上进行研究，那么就没有必要（除了一个非常重要的例子，我们将很快说到）担心亚原子水平上的微小量子效应。

但在大爆炸的那一刻，整个宇宙是亚原子的。真真正正的一切，包括能量、场、空间和时间，都被压缩成一个无穷小的点，它远比一个原子要小得多。在这些难以想象的极端条件下，引力和量子力学将共同主宰着宇宙。为了描述这样一个第一时刻，粒子物理学和宇宙学、量子场论和广义相对论必须合并成统一的量子引力理论。

近一个世纪以来，发现量子引力理论一直被视为理论物理学的圣杯。几代物理学家都在研究这个问题，虽然一些潜在的候选理论已经被提出，几个例子包括弦论、圈量子引力、因果动力学三角剖分和渐近安全引力，但没有人知道哪个理论能够真实地描述现实世界。

尽管如此，如果我们能找到这样一种理论，我们至少就有了描述宇宙开端那一刻所需的语言。但在最雄心勃勃的形式下，终极配方还是要更进一步。它不仅是一个量子引力理论，能够描述宇宙的诞生，还可以解释为什么宇宙包含着它所包含的基本成分，以及它们形成的原因。例如，它可以解释为什么有6个夸克和6个轻子，为什么它们有这种质量和电荷，为什么有三种量子力，为什么它们这般强大。它将解释希格斯场的强度，什么是暗物质，以及物质是如何在大爆炸中形成的。换句话说，这就是物理学家常说的"万有理论"。

这是标准模型的设计师之一史蒂文·温伯格在他于1992年出版的著

作《终极理论之梦》（*Dreams of a Final Theory*）中描述的那种雄心勃勃的终极理论。温伯格的构想是一种基于美和力量的原则的理论，它所蕴含的美与力量是如此强烈，以至于能够解释量子世界所有看起来任意的特征，无须再手动输入任何东西。这一理论将是独特而简洁的，而且极为精确，任何想要修改它的尝试都会使整个理论崩溃。从某种意义上来说它是绕不开的，是一个不再需要进一步解释的最终解释。

这是一种极高的标准。尽管如此，当温伯格在20世纪90年代初撰写《终极理论之梦》时，一些理论学家有种感觉，这样一种理论已经开始显露出来了，或者如温伯格所说，"我们认为我们开始瞥见终极理论的轮廓了。"[1]

温伯格指的是弦论，在过去的40年里，弦论一直是发现量子引力理论的最主流的方法，它似乎也可能是独一无二的万有理论。

终极理论

在美国新泽西州普林斯顿市郊一条绿树成荫的郊区街道上，矗立着一座外表看起来相对朴素的白色隔板房，房子前有一座打理整洁的小花园。在门廊台阶上靠着一块刷漆的木制标牌，上面是令人不爽的大大的警示文字，显示这里是一处"私人住宅"，我猜想，凭这就想要阻止好奇的游客从窗户往里看，是徒劳的。

这是阿尔伯特·爱因斯坦在他生命最后的20年所居住的房子，他在1932年为了逃避纳粹的迫害最终离开德国，来到了美国。到默瑟街112号拜访的人通常会在他的书房里见到头发蓬乱的老年爱因斯坦，他穿着舒适的软毛衣，周围都是写满了代数符号的论文。乔治·伽莫夫在20世纪40年代末偶尔登门拜访这里，他回忆起在他们的谈话间瞥见了这些论文，尽管爱因斯坦看起来仍然像以前一样敏锐，但他总是从不提起他正在研究的东西。

当广义相对论在1919年日全食的观测中得到了惊人的证实时，爱因斯坦一举成名。通过广义相对论，爱因斯坦彻底重新想象了空间、时间和引力的概念，并取代了历史上公认的最伟大的物理学家艾萨克·牛顿的理论。爱因斯坦认为，空间和时间不仅是告诉你事件发生的时间和地点的坐标，它还是一种可以被弯曲、拉伸、压缩甚至振动的物理结构，就像蹦床的弹性表面一样。牛顿一直无法解释什么是引力，面对着地球如何穿过空的空间并拽住月球的问题时，他曾写过一句名言："我不做假设。"爱因斯坦解决了这个难题，他证明引力是一种幻觉。相反，地球让周围的时空弯曲，就像放在蹦床上的一颗保龄球，而月球只是沿着最接近直线的路径（术语为测地线）运动。它离地球那么近，直线被弯曲了。

广义相对论是爱因斯坦的杰作，它的影响是如此之深远，以至于我们今天仍在设法解决相关的问题，比如黑洞、引力波，还有整个宇宙学领域。但除了它的意义之外，这个理论也格外美丽，它的假设非常简洁，结果却又很广泛。爱因斯坦本人说这个理论具有"无与伦比的美丽"[2]。在广义相对论的成功激励下，他现在相信，一个更伟大、更美丽的统一场论正在等待被发现，这个理论将他自己的引力理论与他的偶像詹姆斯·麦克斯韦的电磁理论结合在了一起。

爱因斯坦独一人在书房里研究，更努力地追求着自己的理想。随着时间的推移，他的探索使他与主流科学界越来越远，他变得越来越孤立，独自进行着许多同事认为是傻事的研究。爱因斯坦自己写道，他已经成了"一个孤独的老家伙。一种老家长的形象，主要因为他不穿袜子而出名①，并且在各种场合以一个怪人的模样出现。但在我的研究中，我比以往任何时候都更狂热"³。

爱因斯坦正在追逐一个他永远也看不到实现的那一天的梦想。他于1955年去世，在他一生中，他为我们理解自然做出了有史以来最伟大的贡献，但后来他用了（有些人可能会说是浪费了）生命的最后几十年，以一种堂吉诃德式的方式通过美追寻统一。

爱因斯坦注定失败。他不仅拒绝了他帮助创立的量子力学，还忽视了核物理学和粒子物理学的飞速发展，包括强力和弱力的发现。没有一个将它们排除在外的统一理论有任何成功的机会。更重要的是，量子场论和广义相对论的许多重大发现仍然需数年时间才会出现。时机尚未成熟。

时间快进20年，到了20世纪70年代中期，情况发生了巨大变化。由于理论物理学家成功地统一了电磁力和弱力（尽管实际的实验证明还需要10年才会到来），理论物理学家开始大胆思考。统一计划接下来合乎逻辑的步骤是将强力与新统一的电弱力结合，形成所谓的"大统一理论"。谢尔登·格拉肖和霍华德·格奥尔基（Howard Georgi）于1974年根据SU(5)对称群②，也就是类似我们之前讨论过的另一种局域对称性，发现了一个潜在的候选项。令人惊讶的是，他们发现这种相对简单的对称性不仅产生了电磁力、弱力和强力，还产生了电荷完全正确的物质粒子，包括电子、中微子、上夸克和下夸克。和标准模型的场一同出现

---

① 爱因斯坦因拒绝穿袜子而出名，他抱怨他的大脚趾总会在袜子上弄出洞来。

② 一则提醒，标准模型中的电磁力、弱力和强力是由于自然法则中的局域对称性而产生的，它们分别被称为U(1)、SU(2)和SU(3)。

的还有一系列新的力场，但问题是，根据预测，相关粒子的质量格外巨大，约为10^{16}GeV，也就是质子的一京倍重，如果以如今的技术，生成它需要一台从地球延伸到半人马座阿尔法星那么大的对撞机。

但是，有一种方法可以检验这些大统一理论。他们预测的新的力场使质子有可能衰变为反电子和夸克–反夸克对，也就是π介子。现在，宇宙中仍然存在物质，这意味着它必须以格外速度缓慢发生，平均寿命约100穰[①]年。但如果在一个地方有足够多质子聚集在一起，就有可能捕捉到其中一些每隔一段时间发生衰变。幸运的是，有一种相当简单的方法可以做到这一点，那就是，在地面上挖个大洞，远离宇宙射线和背景辐射源，装满很多水，并用光探测器环绕在周围，然后等待衰变的质子在黑暗中偶尔闪烁。1982—1983年，两个这样的巨型水箱开始收集数据，一个位于日本神冈山下（在目前更大的Super-K实验的地点），另一个位于伊利湖畔的一个古老盐矿之下。但随着时间的推移，这两个实验没有发现任何质子衰变，不久，格拉肖和格奥尔基提出的最简单的大统一理论几乎被排除了。

但就在大统一理论受到质子衰变实验的压力时，理论物理学界突然爆发了一阵热潮。1984年秋，迈克尔·格林（Michael Green）和约翰·施瓦茨（John Schwarz）的一次计算将相对落后的冷门领域转变成了理论物理学的热门话题。忘记大统一理论吧，现在每个人都在谈论弦论。

弦论最早是在20世纪70年代初被研究的，它是为了理解将夸克结合在一起的强力的一种尝试。它最终在这项任务中失败了，但随着时间的推移，它逐渐演变成了一种更加有野心的量子引力理论。在20世纪

----

① 即10^{30}，一穰 = 10^{28}。——译者注

70年代，理论学家发现弦论包含了一个物体，它具有引力子的精确性质，引力子是一种假想粒子，它之于引力就像光子之于电磁力一样。然而，弦论之前在描述强力方面的失败，导致大多数理论学家对它持怀疑的态度，直到1984年秋天一切都变了。格林和施瓦茨成功地证明，弦论不存在所知的异常的数学缺陷[①]。有异常的理论注定无法成功，就像一艘在水线下有一个破旧的大洞的帆船，弦论没有异常的证明突然开启了一种可能性，那就是它真的可能是长期寻求的量子引力理论的答案。

1984年秋是理论学家口中"第一次超弦革命"的开始。理论物理学家纷纷挤进这一领域，嗅到了爱因斯坦梦寐以求的大合成的气息。弦论的伟大前景不仅是一种量子引力理论，而且是一种万有理论，它是一种解释亚原子世界所有特征的单一框架。此外，有迹象表明，弦理论可能是独一无二的，是那种完美的终极理论，当温伯格在1992年写到它时，他的灵感来自弦论在过去10年间的成功。

关于弦论的图书层出不穷，比我更专业的人出版了很多书，因此，如果你想了解弦论惊人的复杂性的所有细节，我鼓励你去读其中一本书[②]。但为了我们的故事，我只会概述一些关键点。弦论的核心是一个迷人的想法，如果你放大一个像电子一样的粒子，最终会发现它不是一个粒子，而是一个微小的振动的弦。弦是万物的基本构件，自然中所有不同的粒子对应着弦振动的不同方式。你可以把它们想象成类似吉他弦上的音符，一个音符是一个电子，另一个音符是一个夸克，还有一个音符是一个引力子。弦论把亚原子世界变成了量子力学交响曲。

但这幅迷人的图景是有代价的。首先，弦论只有在宇宙是超对称的

[①] 不要将它与之前提到的实验反常现象弄混了。

[②] 我可以推荐布莱恩·格林的《宇宙的琴弦》（*The Elegant Universe*）。

情况下才有意义，这就是为什么它经常被称为超弦理论。然而，与用于稳定希格斯场的超对称版本不同的是，在弦论中，超粒子可以具有你想要的任何质量，一直到普朗克能量，所以在LHC上找不到超粒子并不能排除弦论。

弦论更严重的代价是，它只有在至少存在9个维度的空间才起作用。考虑到我们生活在一个完全三维的世界，这似乎是一个相当致命的缺陷，但同样地，这个问题可以通过隐藏6个额外维度来解决，这6个维度在普朗克长度上，远远超出任何实验的范围。你可能开始注意到这里的一个主题。然而，在20世纪80年代末和90年代初的辉煌时期，人们希望在未来的某个时刻弦论能够开始做出一些可以通过实验来检验的预测。

在随后的几十年里，这些希望一点点地破灭了。问题就出在这些额外维度上。要想得到一个描述这个世界的弦论，你首先必须通过一个被称为紧化的过程来隐藏这些额外维度，这个过程差不多相当于把它们扭曲成一种微小而复杂的形状，有点儿像把一张纸捏成一个球，但这是一张六维的而并非二维的"超纸"。不管怎么说，你对额外维度的扭曲方式，完全改变了理论描述的宇宙类型，因为它们的形状决定了弦可以振动的不同方式，你的扭曲还显著地改变了你可以在弦上弹奏的音符。这反过来又产生了具有完全不同的力和不同粒子的宇宙。

物理学家一度希望只有一种独特的方法来紧化额外维度，从而产生一种独特的宇宙理论。不幸的是，这个数字比一种要大得多。大太多了。准备好迎接你可能见过的除了无穷大之外最大的数字，它是10^{500}。这是数字1后面有500个0。我不会把它全部写出来的，因为我的编辑会宰了我。这是一个极其庞大的数字，如果你想用计数记号写下来，也就是说，如果你想在纸上写下 10^{500} 道线，你甚至做不到这一点。宇宙中也没有这么多原子。远没有那么多。

这是一个问题。假设你是一位弦论学者，想看看你最喜欢的弦论版本是否能预测我们宇宙中存在的粒子。你用你喜欢的方法扭曲额外维度，然后计算结果。天哪，这个宇宙中有8个夸克而不是6个夸克。不过，没关系，还有 $10^{500}-1$ 种其他弦理论可供选择。遗憾的是，即使你能将宇宙中的所有原子都变成弦论学者，你也永远无法检查所有可能的版本。到目前为止，还没有人能够找到一种成功描述我们宇宙中粒子的弦论版本，这让一些人相当不友好地将这个理论称为"万有其他理论"（the theory of everything else）。

温伯格关于终极理论的梦似乎变成了一场噩梦，弦论远不是对我们宇宙的独特描述，它看起来太灵活了，以至于不可能证明它是错的。有些人仍然希望最终找到一个新的原理，表明实际上只有少数几种方法，甚至可能只有一种方法，来扭曲额外维度。但一种更常见的反应是接受弦论确实比所想的更为有限。

这个阵营中的一些人会说，期望弦论精确地预测我们在宇宙中偶然发现的粒子，这非常不合理，就像期望牛顿的引力定律预测太阳系中行星的数量那般不合理。牛顿可以完美地描述行星如何围绕太阳运行，计算出它们的轨道形状和公转的时长，但太阳系的确切结构，包括两颗冰质巨行星、两颗气态巨行星和四颗岩质带内行星①，只是一个历史意外。我们知道在我们的银河系中有数千亿颗恒星，几乎所有恒星都有自己的行星系，而其中大多数与我们所在的行星系非常不同。

_____

① 咱们就不要为了冥王星争论了吧。

这类论点适用于牛顿引力定律，因为我们知道宇宙中有大量的恒星。然而，弦论阐述的正是整个宇宙的基本成分。为了让这种观点成立，你需要有很多个宇宙，可能大约 10^{500} 个，给了我们这个宇宙形成的一个好机会。接受了这一点，我们拥有基本粒子只是一种历史的偶然。一些未知的机制，也许就是在大爆炸的那一刻，以正确的方式随机扭曲了额外维度，从而产生了我们所处的世界。在其他大多数宇宙中，粒子和自然法则是完全不同的，我们发现自己生活在这个宇宙中，因为条件随机地变成了适合我们这种生命形式进化的条件。

　　多元宇宙是一枚"免死金牌"。它不仅免除了弦论解释我们生活的宇宙的责任，还是一个解决你能想到的几乎所有问题的万能解法。为什么希格斯场奇迹般地被调成可以让原子存在？多元宇宙。物质是如何在大爆炸中战胜反物质的？多元宇宙。为什么我妈妈在1974年的英国电信培训课上接受了我爸爸给她的伏特加和橙子？你猜对了，多元宇宙。

　　我并不是说多元宇宙在逻辑上是不可能的，我们可以说，科学史表明这很有可能是真的。我们曾认为地球是宇宙的中心，经过一番争论之后，我们意识到我们只是几颗围绕太阳运行的行星中的一个。然后，我们的太阳被降级为银河系众多恒星中的一颗，最终银河系变成了无数个星系中的一个。从哲学层面来说，认为我们的宇宙并非独一无二的想法很有道理。只是我们没有办法证明这一点。

　　我们无法否定多元宇宙的存在，就像我们不能否定上帝的存在一样。诚然，如果来自其他宇宙的现象碰巧进入我们这个宇宙，在天空中出现，就像有一天上帝可以打开天空，带给我们一个欢快的波浪和/或一场地狱火雨，这取决于你的宗教偏好（我是在英格兰教堂长大的，所以对我来说，他会给我们提供茶和奶油饼干）。但仅仅因为我们没有看到这种情况发生，并不意味着上帝或者多元宇宙不存在。作为一种假说，上帝同样很好地解释了我们为什么生活在这样的宇宙中。

多元宇宙意味着投降，把我们的手举在空中，然后说："哦，这太难了。"它让我们停止寻找答案，因此对我而言，它不值得再花一刻去思考。多元宇宙太无聊了！

鉴于这种相当讨人厌的情况，那么弦论有什么好处呢？这个问题有很多答案。首先，它确实是一种引力量子理论，可能是迄今为止唯一被发现的一种理论。当你缩小并在远距离上观察弦论，它会变成爱因斯坦的广义相对论；当你放大，它看起来则像量子力学，这是它的竞争对手都无法企及的成就。弦论很有可能是描述大爆炸时刻所需的量子引力理论，也是标准模型解释粒子物理学的必不可少的理论。虽然这不是许多人梦想的理想的万有理论，但在这两种理论之间，可以描述你可以想象的整个宇宙历史中的几乎任何情况。①

更重要的是，弦论是一种非常丰富的数学结构和一个强大的工具。今天从事弦论研究的大多数人并不是在寻找一种基础的万有理论，甚至不是在研究量子引力，而是用它在纯数领域做出探索和发现，从而更好地理解量子场论，甚至研究固体和夸克胶子等离子体的物理学。正是这种丰富性让成千上万在弦论领域中做研究的理论物理学家和数学家对它充满了兴趣。我把所有的祝福都送给他们，事实上也要送给每一位寻求量子引力的其他潜在途径的人。与实验相比，理论学家的研究成本很低，他们真正需要的只是一个能坐着的地方，取之不尽用之不竭的纸和

---

① 好吧，为了避免被指责为物理学帝国主义，我应该说，严格来讲，它可以描述任何涉及基本粒子或者引力的过程。如果你想解释任何复杂的东西，比如生物学、经济学或爱情，那么物理学可能不会有多大帮助。

咖啡，还有一个垃圾桶。

但是，弦论作为一种宇宙基本理论的方法，一种并非全无道理的批评是，弦论的许多拥护者并不担心弦论尚未做出任何实验上可验证的预测。公平地说，这不仅仅是弦论的问题，也是所有量子引力理论的问题。这个问题本质上来说是，根据定义，量子引力理论描述了量子效应和引力效应都很强的自然，而这只会发生在无法描述的极端能量和密度的情况下，我们认为这些情况存在于大爆炸的时刻。

LHC的能量可达14 000 GeV。但为了达到可以看到量子引力影响的普朗克能量，我们需要一台对撞机，能以接近10^{19} GeV的能量将粒子对撞，也就是高出LHC一千万亿倍的能量。如果这种对撞机的工作原理与LHC类似，它得有多大？差不多是银河系的大小。考虑到目前的资助环境，我不觉得这样的项目会很快获得批准。

想要预测未来只是徒劳，谁能说加速器技术不会有令人难以置信的突破呢，也许有一天就有可能会达到普朗克能量的目标。但我很乐意打赌这不会在这个世纪里发生，甚至不会在下个世纪发生。事实上，我怀疑这或许永远都不可能。如果我是对的，那么即使弦论的确描述了大爆炸那一刻的物理现象，我们可能也永远无法在实验室里对它进行测试。

但还有一线希望。我们可能永远无法造出终极对撞机，但宇宙本身可能为我们提供另一种逐步接近普朗克尺度的方法。在过去50年的大部分时间里，我们只能回溯到大爆炸后38万年的某个时刻，当时原始火球冷却形成透明气体，并释放光线，这些光逐渐消退成为宇宙微波背景。宇宙微波背景成了普通望远镜无法穿透的防火墙。然而，到了2015年9月，我们有了一种看待宇宙的全新方式，这种方式可以让我们回望宇宙开端的瞬间。

创世的回响

在美国路易斯安那州南部的森林深处，温暖潮湿的空气中火炬松高大挺拔，而我们对宇宙的理解正在这里发生一场革命。就在小镇利文斯顿的外围有一具望远镜，和地球上其他望远镜没什么相像之处，它呈一个硕大的L形，由两个4 000米长的混凝土管制成，就像某种巨大的以直角穿过林地的几何工具。对望远镜来说，这种外观相当奇怪，但那是因为这个设备研究的不是光辉中的宇宙。它是用引力波来研究宇宙。

想要来到LIGO，你要在利文斯顿下190号公路，颠簸地驶过一个维护不善的铁路道口，蜿蜒穿过林地，路上可能偶尔会经过几幢房屋或者几台拖车，还有一些破旧的车停在前院里生锈。最后一个拐弯过后再直行500米，就到了天文台的大门，眼前的指示牌让你减速到以每小时10英里的速度爬行，暗示着前方的仪器具有极高的灵敏度。

2016年2月，LIGO在宣布首次直接探测到引力波后就成了新闻焦点。引力波是阿尔伯特·爱因斯坦在几乎整整一个世纪前预言的时空结构中的涟漪。引力波是广义相对论的直接结果，而广义相对论将时空描述为一种动态结构，它可以被行星或者恒星等大质量物体弯曲、拉伸和挤压。它的弹性也使它能够传递波，这些涟漪在经过时会拉扯和压缩空间和时间。

2015年9月14日早5时51分，正当LIGO在重大升级后即将开始其第一次数据收集时，利文斯顿天文台接收到了有史以来第一个引力波经过的信号。7毫秒后，位于3 000千米之外的华盛顿汉福德的一样的仪器检测到了时空结构中同样的波动，它以光速向北移动穿过地球。这个波是两个巨大黑洞之间的灾难性碰撞的回声，每个黑洞的质量约为太阳质量的30倍，13亿年前，它们在一个遥远的星系中螺旋地逐渐靠近彼此。在最后的一瞬间，并合在时空中产生了剧烈的扰动，它输出的能量是整个可见宇宙的50倍，将相当于三个太阳质量的能量转化成了纯引力能。但由于它发生的地方非常遥远，当13亿年后这场剧烈的爆炸到达地球时，它几乎不被察觉地让LIGO的两条巨臂的长度发生了收缩，这个收缩的剧烈仅仅是质子宽度的千分之一。

有了这第一个信号，LIGO打开了一扇新的宇宙之窗。人们第一次有可能观察到一个隐藏的世界，研究既不发射电磁辐射，也不发射中微子，也不发射其他任何亚原子粒子的物体。碰撞的黑洞和中子星，也许还有一些完全陌生和新鲜的东西，如今已变得触手可及。

来到安全门之后，利文斯顿天文台的负责人乔·吉亚姆在LIGO的主楼前迎接了我。LIGO主楼是一座大型金属仓库，上面涂有两条蓝色和白色的水平条纹，让它融入了周围环境。乔自从1986年开始在麻省理工学院担任技术员起，在他的整个职业生涯中一直在研究LIGO。乔的博士生导师是雷纳·韦斯（Rai Weiss），他是LIGO的奠基人之一，后来因发现引力波与基普·索恩（Kip Thorne）和巴里·巴里什（Barry Barish）共同获得了2017年诺贝尔物理学奖。

在早期那些日子里，乔没有意识到他所从事的项目有多么特别。他的工作在"LIGO"这个名字被创造出来之前的一年就开始了，并帮助在1989年向美国国家科学基金会提交了一份联合麻省理工学院和加州理工学院的提案。6年之后，他们拿到了资助，并在路易斯安那州和华盛顿的两个地点开始动工，这对一个如此巨大的科学项目来说堪称闪电般的速度。

尽管乔真正进行的是天体物理学研究，但他有30年时间没有对天空进行过一次观测。他喜欢把自己描述成一位乐器演奏家。"我从一开始就在建造并设计东西。"他说。直到2015年，他的整个职业生涯都致力于让LIGO最终能开始研究宇宙。

乔带我从主楼走了一小段，来到一座横跨LIGO的一条巨臂的桥上。在这里，我们可以看到一条穿过森林的笔直的线，一直延伸到水泥管道与终点站相接的地方，全长4 000米。在我们的左边，第二条巨臂从LIGO的主楼中伸出，以直角的方向穿过森林。

LIGO的工作是探测两臂长度的微小变化，因为引力波在经过时会导致空间的拉伸和压缩。在主楼内，激光被分成两束，沿着两个垂直的臂发射出去，然后从末端站的反射镜上反射沿同一条管返回，并在主楼里重新汇合。一般来说，引力波对一条臂长度的改变会比另一条臂的更多一些，因此当激光重新会合时，它们波峰和波谷的位置会略微有些不一致，产生所谓的干涉图样。

至少，理念是这样的。但是，经过的引力波的影响太小了，以至于它很容易被地球上各种物体的振动所淹没。利文斯顿天文台周围的森林归一家国际木材和造纸公司所有。路易斯安那州炎热潮湿的气候意味着，这里的树木生长得异常迅速，树木被砍伐后倒下偶尔会成为背景噪声的来源（更不用说英国来的科学作家和他们租来的吵闹的汽车了）。尽管如此，LIGO还是设法与当地的伐木业共处于乔所说的"令人不安的和谐"中。

LIGO要应付的不仅仅是倒下的树木。这台仪器对臂长的微小变化非常敏感，精度可达10^{-19}米，也就是质子宽度的万分之一，或者乔所说的"两个夸克享有的私人空间"。然而，存在一长串可能会让光学系统产生更大晃动的振动源，从附近走廊的脚步声到墨西哥湾大陆架上的海浪都位列其中。LIGO装配了一套巧妙的隔震系统来应对所有这些问题，包括一套让镜子尽可能保持静止的四摆。

2005年，在卡特里娜飓风摧毁了附近新奥尔良市和周边地区之后不久，LIGO首次达到了灵敏度。即使在更早的日子里，人们也希望LIGO能看到一个信号，但要想最终达到让它们第一次捕捉到引力波的那种精度水平，还需要10年的艰苦升级。

回到主楼，乔带我进入控制室，一排排桌子和电脑显示器对着前墙上更大的屏幕。就在我们进入房间时，工作人员中发生了一阵骚动，一些人从办公桌前站起来仔细研究着屏幕。"我们失去锁定了。"乔说。就在那时，印度尼西亚的马鲁古群岛附近7.1级地震产生的地震波冲击了LIGO，尽管地震距离这里15 000千米，它也足以使光学系统偏离准线。"乔告诉我："那些波在地球上一圈又一圈地荡漾扩散，我们除了等上几个小时直到它们消退平息，什么也做不了。"站在控制室里，我不禁惊叹于所有这些完全奏效了。能够测量不到质子的万分之一的长度变化，同时与包括地球另一边的地震在内的各种各样的振动抗争，这简直是奇迹。

尽管如此，它确实奏效了，而且非常完美。虽然LIGO只运行了短短几年，但它已经开始改变我们对宇宙的理解。到目前为止，最重大的事件可能发生在2017年8月17日，也就是在它第一次探测到引力波近两年后。这一次，两处LIGO天文台，以及位于意大利北部的欧洲同行室女座引力波探测器（Virgo），捕捉到了一个来自两颗中子星的碰撞的信号，这两颗中子星是剧烈的超新星爆发留下的超致密外壳。就在探测到引力波的同时，LIGO和Virgo就向世界各地的望远镜发出了警报，望远镜开始兴奋地扫描天空，寻找随之而来的电磁辉光。与黑洞不同，两颗中子星之间的碰撞应该会产生一股强大的电磁辐射爆发，11个小时后，它确实被发现了，该辐射来自距地球1.4亿光年的一个星系。

这不仅是人们第一次从同一次碰撞中探测到引力和电磁信号，它还让天体物理学家重新审视了他们关于化学元素起源的认识。正如我们所见，很长一段时间以来，人们认为铁之后的重元素是在巨星变成超新星时产生的。然而，人们越来越怀疑，中子星并合可能才是它们的主要来源。果然，对来自2017年碰撞事件的光的光谱研究揭示了金和铂等贵金属产生的迹象，表明珠宝中大部分金属正是来自这样的碰撞。

回到乔的办公室，我们手里端着咖啡，讨论了LIGO未来几年的计划。"有一个很好同时也很可怕的标度定律。"他解释道。每次你将仪器的灵敏度提高一倍，就可以看到两倍于之前远的空间，但因为你可以扫描的空间体积是仪器范围的立方，你可以检测到的事件数量就会是之前的8倍。这就产生了一种诱感，你总想进行改进，而不是收集数据。"每个人都渴望做出微小的改变。你可以说服自己，回报非常大，以至于你根本不应该运行。"

实际上，他们采取了一种更务实的方法，将一半的时间用于记录数据，一半的时间用于改进仪器，为的是到2024年将LIGO的灵敏度再提高一倍。这将让宇宙中一个巨大的未被探测区域进入我们的视野。但从长远角度来看，还有更宏大的计划正在酝酿之中。

通过证明引力波真的存在，LIGO有效地发明了一种全新的天文学。许多大型项目正在计划之中，这些项目可能会对我们对宇宙及其历史的理解产生真正的革命性的影响。欧洲目前正在起草一份有关爱因斯坦望远镜的提案，这是一个巨大的三角形地下天文台，有三条10千米长的臂，而在美国，一个超大型版本的LIGO有40千米长的臂，这个正在研究中的项目被称为宇宙探索者。但是，也许最雄心勃勃的项目是LISA（激光干涉空间天线），它有三台航天器以等边三角形的形式绕太阳飞行，并在彼此之间来回发射激光束，实际效果等于创造了一个具有250万千米的长臂的天文台。在多年的低迷之后，LIGO对引力波的发现重燃了人们对LISA的兴趣，欧洲航天局计划在21世纪30年代的某个时候发射该项任务。

乔告诉我，这些望远镜会非常灵敏，它们将可以看到可观测宇宙中的所有黑洞碰撞，并可以回溯到由垂死恒星形成第一批黑洞的时代。一种非常令人兴奋的可能是，它们可能会发现一批原初黑洞，这些黑洞不是由坍缩的恒星形成的，而是在大爆炸时期形成的。在宇宙的第一秒里，当宇宙还非常炽热和稠密时，量子场中的涨落可能创造了非常高密度的区域，它们会坍缩成黑洞，原则上，这些黑洞可以一直保留至今。如果爱因斯坦望远镜或者宇宙探索者观测到发生在第一批恒星形成之前的黑洞并合，那将是这种黑洞存在的确凿证据。另一种可能是，它可能发现比太阳更轻的黑洞，这种重量表明它们太轻了，不可能由一颗坍缩的恒星形成。发现原初黑洞将是一件大事，它不仅能告诉我们宇宙大爆炸最初时刻的情况，还可能为暗物质的某些组成成分提供解释。

但也许最大的奖赏是直接看到大爆炸的火球。直到时间零点之后的约38万年，整个宇宙都充满了由亚原子粒子组成的灼热的等离子体。这个火球对光是不透明的，在这个时间点之前，任何在空中飞行的光子都会无休止地被质子和电子反弹，这意味着，我们用普通望远镜看不到比这更远的距离。而与之相反，引力波不会被物质吸收，因此从宇宙最早的时刻开始它就可以畅通无阻地穿梭在宇宙中。

想让来自早期宇宙的引力波在今天仍能被探测到，它们必须是由难以想象的剧烈过程产生的。我们已经遇到了一种可能：大爆炸后约万亿分之一秒，膨胀的希格斯小泡之间的碰撞。这个想法是，由于希格斯场在宇宙中不均匀地被开启，在热等离子体中形成小泡，让物质战胜了反物质。当这些小泡变大时，它们会以难以置信的力相互撞击，在时空结构中送出巨大的涟漪，而下一代引力波天文台就可以捕捉到它们微弱的回声。如果未来的天文学家能够探测到这样一个信号，它将直接告诉我们在最早的万亿分之一秒里的物理，并有可能帮助我们揭开苹果派中的物质最终来自何处的神秘面纱。

但也许，只是也许，我们能看得更远。我们之前说过，几乎无法想象能够建造出一台强大到足以研究量子引力的粒子对撞机。但是如果你回溯到足够远的地方，也许整个宇宙就曾经是一台终极对撞机。这一次被认为是发生在时间零点之后的万亿分之一的万亿分之一的万亿分之一[①]秒左右，当时宇宙经历了一段被称为暴胀的极快速的膨胀时期。

暴胀究竟是如何发生的，或者说暴胀是否真的发生过，目前还不确定，但人们认为，在一段极短的时间内，仅仅是万亿分之一的万亿分之一的百亿分之一[②]秒，宇宙就膨胀到了其先前大小的至少 10 秭[③]倍。从某种角度来说，如果这句话末尾的句号以同样的系数增长，那么它最终将比银河系还要大一百倍。暴胀解释了我们宇宙的一些特殊特征，但也许它最重要的作用是解释为什么存在任何结构。

---

① 即 10^{-36}。——译者注

② 即 10^{-34}。——译者注

③ 即 10^{25}。——译者注

如果没有暴胀，物质将非常均匀地分布在整个空间，永远不会聚集在一起形成星系、恒星或行星。宇宙将是一片无聊且毫无特点的氢原子和氦原子的天地。然而，暴胀理论讲述了一件难以置信的事情，那就是，我们在我们周围的宇宙中看到的所有结构，最终都是量子涨落的结果，这些涨落发生在远小于原子的距离上，并被暴胀撑大到绝对巨大的尺度。这些量子涨落导致了宇宙中某些区域的密度比其他区域稍高，而这些密度过高的区域最终在引力的作用下坍缩，形成了我们仰望夜空时所看到的一切。换句话说，可观测宇宙中的无数星系最终是在宇宙时间的第一瞬间，在量子水平上的微小抖动所孕育的。

　　暴胀是宇宙学故事中被普遍接受的一部分，尽管它的许多预测已经得到证实，但仍然没有明确的证据表明它确实发生过。用普通望远镜无法直接回溯到大爆炸后的万亿分之一的万亿分之一的万亿分之一秒，但引力波的存在现在或许就令这一回溯有了可能。如果暴胀真的发生过，它会搅乱时空，在现实的结构中创造出狂野的波，而这种波应该仍在宇宙中回荡。如今，它们将被拉伸为极长的长波，而且可能会非常微弱。尽管如此，未来计划中的观测站仍有可能捕捉到这些来自宇宙诞生的声音。

　　问题在于，暴胀不仅是一种理论，暴胀可能发生的方式有很多种，每种都涉及不同数量的量子场和不同的能量标度，只有某些版本的暴胀会产生足够强大的可以被直接捕捉的引力波。在最简单的模型中，这种波实在太过微弱，即使是巨大的 LISA 太空观测站也无法探测到。在这种情况下，我们可能听到暴胀回声的一个机会是寻找它们对宇宙中最古老的光的影响，也就是宇宙微波背景。

　　理论学家计算出，暴胀产生的引力波会在宇宙微波背景中留下扭曲的图案，被称为B模式。它们极难被探测到，它们既极其脆弱，又容易与更平凡的背景混淆，遭受着这两个因素的"双重夹击"，就像我们银河系中的尘埃一样。事实上，在2014年，位于南极的BICEP2望远镜在全世界引发了轰动，当时该团队宣布他们已经看到了宇宙微波背景中由暴胀产生的引力波引起的扭曲的证据。关于我们对宇宙的理解进入了一个新时代，以及即将获得诺贝尔奖的惊人论调比比皆是，但随着时间的推移，BICEP2团队被迫尴尬地认了错。人们逐渐清楚地认识到，他们没有恰当地解释星系尘埃的影响，在重新分析结果后，他们声称的信号融入了背景中。

尽管这是一个虚假的黎明，但在未来数年里，宇宙微波背景中的引力波痕迹很有可能终将被探测到。一系列雄心勃勃的新望远镜，无论是位于南极的，在阿塔卡玛沙漠的高处的，还是围绕地球运行的，都将绘制出宇宙微波背景的图谱，这些图谱将非常精细，应该足够灵敏，最终能探测到原初引力波的影响，如果它们真的存在的话。如果这些真的会发生，可能是我们最好的机会，来获得宇宙存在的最初时刻和可想象的最高能量的实际数据。

就在我离开乔的办公室回到租来的车之前，他为我准备了一个惊喜。"听听这个。"他一边摆弄着电脑一边说。安静了一阵子之后，我被藏在房间后面的一个低音炮发出的巨大而可怕的隆隆声吓了一跳。"这是第一个引力波的声音。"我听着，就在隆隆声之上突然响起了一声重击声，这是13亿年前两个黑洞迎头相撞的声音。

人们很容易对现代科学的成就习以为常，但坐在乔的办公室里，旁边就是有史以来最灵敏的仪器之一，听着一个事件的回声，它在时间和空间上都是如此遥远，却又如此广阔和激烈，甚至超乎描述或想象，我不禁感到一阵乐观涌上心头。科学是探索，无论是在实验室中，在数学理论的抽象世界里，还是在研究来自宇宙本身的信号中。探索的过程中，我们似乎在不断地偶然发现新的现象和新的谜团，它们都将我们从出发的起点带向越来越远的地方。这段旅程会永远走下去吗，还是有一天我们会走到尽头？也许，这是最大的问题。

第 14 章

终章？

一亿年的建设/一场发布会/藏起来的"头"

这是公元8.43亿年。经过一亿年的建设，银河粒子物理学组织（GOPP）召开了一次新闻发布会，为它最后也是最伟大的科学项目揭幕。它悬挂在太空中，像银河系中心周围的银色圆环一样闪闪发光，是可观测宇宙的历史上建造的最巨大的、最强大的以及最昂贵的机器，它就是超级无敌大型强子对撞机（ILHC）。周长3 000光年的ILHC是由80多万个智能物种的泛星系合作的产物，他们摒弃了各自的差异，试图发现现实的基本本质。今天是整个银河系一直在等待的那一天，终于他们闪闪发光的新机器将以足够的能量让粒子对撞，从而探测量子引力的影响。对自然的基本规律的全面理解终于触手可及了。

这是一条漫长而崎岖的道路，包括长达数百年的拨款提案和资金申请，还有关于哪些恒星系统将被授予关键的磁铁合同的无休止的争论，就更别提银河系因担心对撞机将引发宇宙末日而提起的1 000多起诉讼了。就在那天上午，法国代表团要求以他们自己的古老语言以及更为广泛使用的银河克里奥尔语发布新闻稿后，发布会不得不推迟。

尽管如此，这一时刻终于来了。将质子加速到所需的10^{19} GeV的能量只需100多万年，而我们现在距离第一次碰撞仅有几秒钟了。GOPP总干事挥动着她12只紫色触手中的一只，提醒房间里的人们注意。"女士们，先生们，无形的能量生物，还有有知觉的真菌，这是你们都在等待的时刻。在这里向你们介绍，普朗克尺度！"紧接着，大会议厅周围的屏幕上燃起了粒子的烟花，这些粒子是从这个星球大小的探测器的中心深处发射出来的。"斯普勒格教授，请告诉我结果。"

一个发光的优雅光球走上讲台，把数据分析打印出来的资料递给满怀期待的总干事。"嗯……嗯，这很有趣。"总干事结结巴巴地说，试图掩盖她的警觉。"看来我们已经制造出了一个黑洞。不过别担心，也许如果我们加入更多的能量……斯普勒格教授，更多能量！"

随着电磁铁变形，ILHC将质子推到超越普朗克能量的水平，达到了令人难以置信的10^{21} GeV。然而，更多的对撞在困惑的记者周围的屏幕上闪过。"啊，对了，我明白了……"总干事结结巴巴地说。"女士们，先生们，以及其他人，我很抱歉。我们现在必须结束今天的会议。我需要一些时间和我的同事协商。"

这部分科幻故事的愚蠢之处在于，它试图提出一个严肃的观点：我们可能永远无法发现宇宙是如何开始的。即使我们能建造出终极对撞机来探测普朗克长度下发生的事情，我们最终也会将如此多能量压缩到如此小的空间中，以至于两个粒子都会坍缩成一个黑洞。黑洞的内部被一个称为事件视界的屏障包围，任何东西，甚至光，都无法从中逃脱。因此，在普朗克长度下发生的事情将隐藏在事件视界的后面。在更高的能量下对撞粒子，问题会变得更糟，你只会创造出一个更大的黑洞。

在一个阴沉的春日下午，在办公室里，理论物理学教授、剑桥大学应用数学和理论物理系的明星之一戴维·唐（David Tong）更直截了当地向我提出了这一点。戴维不仅是世界领先的量子场论专家之一，还是一位有魅力的演说家，他的兴奋和好奇贯穿在每一个词中，再加上他年轻的外表和厚厚的有框眼镜，不禁会让你想起戴维·坦南特（David Tennant）扮演的真人版神秘博士。

戴维最初研究的是弦论，但最终因为几乎不可能测试的问题而放弃了这个课题。"我们得非常非常幸运，才能在实验中找到量子引力的任何证据。"他告诉我，"这在我的有生之年里不会发生，这让它变得有点儿乏味。"

随后，他眼中闪过一丝狡黠，进一步说道："如果你真的想要一个阴谋论，那可以想想为什么量子引力毫无意义？自然，也就是物理学的基本定律中有三样东西，它们表明量子引力从根本上是我们无法探测的，或者至少自然很擅长把它藏起来。"

第一个来自肯尼思·威尔逊（Kenneth Wilson）的研究，他是20世纪最伟大，可能也是最被低估的理论物理学家之一。威尔逊在粒子物理学家中以他对重正化群的研究而闻名，重正化群是一个数学对象，它告诉你当你放大或缩小时系统看起来是什么样。威尔逊认为，从某种意义上来说，如果你想了解一个系统在更远的距离下的行为，那么它的深层发生了什么并不重要。或者用戴维的话说："牛顿不需要知道夸克，就可以知道行星是如何运转的。"

换句话说，在普朗克尺度上，宇宙的基本成分是什么并不重要，实验室里可以实际测量的更大物体上难以留下痕迹，比如原子或者粒子。考虑到这本书的主题是试图通过不断缩小来理解苹果派，这让我停下来认真思考。

"第二是早期宇宙中的暴胀。暴胀做了什么？它只是稀释了一切，确保大爆炸发生的任何迹象都被推到我们的宇宙视野之外，让我们永远看不见。"虽然暴胀可能会产生引力波，我们可以发现它的证据，但这些可能只会让我们看到大爆炸后 10^{-36} 秒时，暴胀爆发时的宇宙。在宇宙大爆炸的时刻，在时间零点，由于空间的迅速膨胀，它被远远地拖到我们的视野之外，消失在视线之外。暴胀对我们隐藏了大爆炸的"大"。

"第三是宇宙审查制度。你希望在哪里真正了解量子引力？嗯，它位于黑洞中心的奇点，但它们总是隐藏在事件视界之后！引力很奇怪。通常，如果你想探测更短的距离，你需要建造一台越来越大的对撞机。但是假设你建造了一个比普朗克尺度大 100 倍的对撞机，也就 10^{21} GeV，我们知道会发生什么，你把粒子对撞，就形成了一个大黑洞。

"那么，你想从头开始做苹果派吗？"戴维问，"好吧，这个'头'是藏起来的。"

早在 2011 年夏天，当我还是一名博士生时，我就参加了在美国中西部美丽的威斯康星州麦迪逊市举行的第一次大型国际会议。LHC 的第一次运行才刚过一年，而此时距离希格斯玻色子的发现还有一年的时间，报告主要包括了初步结果，也就是"伙计们，还没有超对称的迹象，但我们肯定很快就会捕捉到它"，还有一些推测性的理论建议。我承认有时会觉得冗长的全体会议很乏味，直到会议的主要发言人尼马·阿尔卡尼–哈米德①走上台，我才猛然惊醒。

尼马说话充满激情，会让你挺直腰板并全神贯注地聆听。他从头到脚穿着一身黑色衣服，一头浓密的黑发向后梳着，在舞台上踱来踱去，就像一头渴望冲出笼子的狮子，他对基础物理学未来的愿景就像激流一般从他身上涌出。他几乎没有停下来喘口气，演讲远远超出了规定的时间，一直说到午餐休息时间，但似乎没人介意。你就是不由自主地被这种气氛所裹挟了。

尼马·阿尔卡尼–哈米德是世界上最有影响力的物理学家之一，他在普林斯顿高等研究院做研究，那里也是爱因斯坦度过晚年时光的地方，如今则是基础理论物理学的最高殿堂。他以对粒子理论的许多贡献和作为一名传播者的魅力而闻名，这使他非常忙碌。所以当我设法给他打电话想谈论苹果派时，我非常高兴他正在一列从普林斯顿开往纽约的火车上。他所说的第一件事具有典型的令人震惊的特色："我只想说说目前正在进行的一件非常酷的事情，那是一场悄无声息的知识革命，为未来50年或者更长时间的主题奠定了基础：我们知道还原论范式是错的。"

"噢。"我回答。

还原论是这样一种观点：你可以通过把世界分解成它的基本成分来解释这个世界。这是支撑粒子物理学的哲学。在之前的14章中，我讲的整个故事就是还原论的故事。这是一种理解世界的方法，在近500年的时间里对我们格外有用。所以认为它是错的这种想法，毫不夸张地说，绝对是一个大问题。

还原论的第一项挑战来自这样一种期望，如果你用足够的能量将两

---

① 就是那位愿意用一年的工资做赌注，打赌希格斯玻色子一定会被发现的科学家。

个粒子对撞，探测普朗克尺度，就会形成一个黑洞，如果你试图继续这么做，进入更高的能量，就会形成更大的黑洞。"这是我们对量子力学和引力所知的最深刻的事情之一。"尼马告诉我，"在真实的意义上，更高的能量开始再次转变为更长的距离，但从还原论的观点来看这完全是不可思议的。"

现在可以说，还原论在普朗克尺度上崩溃可能不会让我们太担心。毕竟，普朗克尺度远超出了我们目前的实验范围。但令人惊讶甚至震惊的是，还原论可能在我们抵达那一步之前很久就会辜负我们了。我们现在就可以在LHC上看到它的瓦解。

正如我们所见，基础物理学中最突出的问题之一是，希格斯场在任何地方都有一个统一的 246 GeV，这是一个理想值，它赋予了粒子绝佳的可感质量，让原子和我们的宇宙存在。除了不稳定的多元宇宙之外，这个问题的所有解决方案都暗示着，当我们来到越来越短的距离上，因此看到越来越高的能量时，我们应该看到新的东西。这种新东西可能是超粒子、空间的额外维度，或者希格斯玻色子内部更小的组成部分。但至少到目前为止，当LHC放大真空时，我们所看到的只是……希格斯玻色子。

借用本·阿伦阿赫的比喻，这就好比走进一个房间，看到铅笔笔尖直直地立着。面对这样一种奇怪的情况，还原论者会认为一定有某种我们看不到的东西在较短的距离上让铅笔保持直立。也许有一根超细的电线把铅笔吊在了天花板上，或者一个你只能用显微镜才能看到的隐形小夹子。没有找到稳定希格斯玻色子的新物质则表明，这种方法是错的，我们无法通过不断放大来解释世界的某些特征。

"LHC的结果带来的真正考验是对还原论范式的挑战。"尼马说，"它戳中了我们的痛处，在一个我们没有预料到的地方。"

这正是现在正在动摇基础物理学令其岌岌可危的问题，也就是，我们可以通过越来越深入的观察来不断了解世界的这种想法本身。如果在我们尝试理解希格斯玻色子时，还原论被证明是失败的，那将是对物理学根基的动摇。对尼马来说，研究希格斯玻色子"到底"是接下来半个世纪中粒子物理学面临的最重要任务。

"我们之前从未见过像希格斯玻色子那样的东西。这并不是大肆炒作，也不是说我们对最新的粒子做了什么大事。希格斯玻色子是我们见过的第一个自旋为零的基本粒子，它是我们见过的最简单的基本粒子，不带任何电荷，唯一的性质就是质量，而它如此简单的事实正是在理论上令人困惑的原因。"

自2012年发现希格斯玻色子以来，ATLAS和CMS一直在逐步加深我们对它的理解，确认它确实自旋为零，并测量它如何衰变为其他粒子。在20世纪20年代中期，LHC将进行重大升级来提高其对撞率，使物理学家能够更近距离地放大希格斯玻色子。然而，到2035年前后LHC最终断电时，我们将仍然只有一幅相当模糊的图景。想要一劳永逸地解决这个问题，我们可能需要一台更强大的显微镜。

尼马在过去几年的大部分时间都在全球各地奔波，为LHC的继任者进行着准备工作。两个潜在的项目已经成为主要的竞争者，一个位于CERN，另一个则在北京附近。这些机器将是真正的庞然大物，周长约100千米，是LHC长度的三倍还多，最终能够将粒子加速到7倍于LHC以上的能量。CERN的项目被称为未来环形对撞机（但如果真的能建成，它可能会被重新命名），分为两个阶段进行。首先，是一条100千米的隧道，穿过日内瓦盆地区域，这是这里的地质条件所能允许的最大隧道，从阿尔卑斯山麓，到日内瓦湖之下，穿过目前CERN的所在地，再一直延伸到汝拉山。进入这个巨大的环中，首先是一台电子–正电子对撞机，这台对撞机的设计目的是制造出大量希格斯玻色子，并对其特性进行细致的研究。然后是真正的怪物，一台像LHC那样的质子–质子对撞机，它将能够达到100 TeV的对撞能量。

这些巨大的机器将为量子世界的新发现提供大量的机会。就举几个例子，质子对撞机将非常强大，它几乎能够完全排除最常见的暗物质形式①，并能重现可能导致早期宇宙中物质形成的条件。但对尼马来说，研究希格斯玻色子无疑是这些机器最重要的目标，而且这（至少在科学上）再合理不过了。

当然，100千米的粒子对撞机造价不菲。未来环形对撞机的整个项目耗资将高达260亿欧元。但从长远角度来看，这还是远低于将人类送上月球的成本（约1 520亿美元[1]，合约1 240亿欧元），它将花费约70年的时间，质子机器将在接近22世纪初的时候完成其任务。当然，这样一个项目只能通过几十个国家集中资源进行数十年的全球集体努力才能实现。当像这样展开时，有人认为未来环形对撞机可以在CERN现有的年度预算中完成，该预算每年花费每位英国公民约2.30英镑，或者像物理学家安德鲁·斯蒂尔（Andrew Steele）所说的，这差不多相当于一包花生的钱。[2]

即便如此，在世界面临前所未有的经济和卫生危机之际，我们在说的仍然是巨额的资金。如果有理由花费数十亿在物理学家眼中的大型玩具上，很容易给人一种自大的感觉，或者至少是非常不合时宜的。事实上，历史已经对这类大型项目的危险发出了充分的警告。在美国得克萨斯州沃思堡市附近的沙漠下，有条超过20千米的废弃隧道，它原本是

---

① 用专业术语来说，就是所谓的弱相互作用大质量粒子（WIMP），它们产生于大爆炸的火球中。

为了建超导超级对撞机而挖掘的，这台长90千米的机器的能量将达到LHC的三倍。部分出于对其不断膨胀的预算的担忧，美国国会在1993年取消了该项目，而在此之前，这个项目已经耗费了20多亿美元，美国高能物理学界还没能真正从这次打击中恢复过来。

到目前为止，我还没有提到为什么粒子物理学对你有好处的争论，因为这不是我要讲的故事。但如果要建造新一代的对撞机，物理学家现在需要充分地向公众展示出更广泛的理由，而不仅仅是为了更进一步了解我们生活的世界。我们可以提出一些更有说服力的论点。首先，这些大型高科技项目总是会带来衍生技术，而衍生技术则有着广泛的应用，其中最好的例子也许是万维网。万维网是由蒂姆·伯纳斯-李（Tim Berners-Lee）在CERN开发的，原本是作为物理学家之间共享信息的一种方式，随后免费提供给了全世界。光是万维网就值了CERN很多很多倍的费用。类似，为加速器研发的超导磁体已经以MRI机器的形式进入了医院系统。另一个论点是LHC等项目所带来的启发，大多数学物理的学生将粒子物理学和天文学的兴奋感作为他们进入这一领域的原因，而他们中的大多数人最终会把自己的技能应用于经济的其他领域。最后，我们不应该忽视未来有一天利用基础知识本身的可能性。当J. J. 汤姆孙在1897年发现电子时，它被认为仅仅是科学家的玩物，然而今天我们几乎所有的技术都离不开对电子的深刻理解。这类应用通常在基本知识出现之后很久才会显现，并且本质上是不可预测的，但当它们出现时，就可能会带来变革。正如ATLAS的物理学家乔恩·巴特沃思（Jon Butterworth）所思考的那样，谁能说有朝一日我们不会在一个星际希格斯玻色子的驱动下穿行宇宙呢？[3]

退一步来说，仅仅从科学的角度来看，我们也完全有理由去问两台巨型对撞机是否能很好地利用260亿欧元。这笔钱能更好地花在其他更小的项目上吗？也许吧，但这种假设是，如果我们不打算花260亿欧元建造对撞机，我们就将把这笔钱用于其他基础研究领域。不幸的是，世界并非如此。几十年来，CERN在说服各国政府为基础研究投入资源方面取得了独一无二的成功，部分原因是它取得了许多成功，但也是因为它作为世界领先科学组织的一部分而获得了国际声望。认为如果CERN停止运作，它的预算就将被重新分配到其他研究领域，这种想法非常天真。归根结底，这取决于你是否认为，在权衡其他潜在利益后，尝试回答这些重大问题是否值得付出这些代价。

反对这些机器的一种科学方面的观点是，没有理由期望它们能发现任何新的粒子。LHC背后的人承诺我们会发现超对称和暗物质，但至少到目前为止，他们还没有做到。或者至少仍有争议。当我向尼马提出这点时，我能感觉到他血压飙升。我只能想象当他变得越来越激动时，在开往纽约的火车上那些同行的乘客的反应。

"我觉得这个观点特别蠢。它来自一些人，他们进入粒子物理学领域，是因为他们想在一幅新的图表中看到一些新的凸起，然后就去斯德哥尔摩或者哪里领奖了。这就是他们所认为的粒子物理学。他们会说，你看，粒子这个词甚至被植入了这个领域的名字里！诚然，这确实如此。但对我来说，这完全不是这个领域吸引我的地方，它让我感觉有点儿像化学，而我的化学很差。你知道，所有这些粒子，所有这些有趣的名字，实际上是我必须克服的障碍。但当然，让我深陷其中的是，它对自然法则的深层运作方式产生了最惊人的看法。这才是真正的意义所在！"

他继续说："有这种认知失调，像我这样的人会说这是100年来物理学中最惊人的时期，然后其他人则会说：'哦，天哪，这太令人沮丧了，我们只看到了希格斯玻色子，并没有找到其他东西。'听到这两种不同的论调会让人有些困惑。是我出现了幻觉，还是他们出现了幻觉？我的态度是，这是一个伟大的时刻，我们知道这个领域的发展轨迹出现了90度的大转弯。我认为这个90度的转变，成了我们百年来最深刻的地方，其他人可能会认为，这个90度的转变带来了黑暗和死亡。而那么想的人应该用自己的生命去做一些别的事情。"

几十年后，如果未来的对撞机发现了超对称，或者可能发现希格斯玻色子确实是由更小的东西组成的，那么还原论的长征还会继续。再一次，如果我们看得更深，就会对世界有更多了解。但也许有些奇怪的是，最令人兴奋的结果将是，这些巨大的机器什么也没有发现。没有超对称，没有额外维度，只有原先普通的基本希格斯玻色子。还原论就会失败，迫使我们彻底反思这个理解我们生活的世界的方法。你可能想知道，为什么不让一位理论学家假设我们什么新东西也没发现，然后想办法解决这个问题呢？问题是，如果你不知道旧政权需要被推翻，你就不能发动革命。或者，正如尼马在美国宾夕法尼亚州的车站跳上出租车时所说的："你需要实验来完全颠覆这个该死的世界。"

2019年的夏秋之交，在一个异常炎热、阳光明媚的周末，CERN向公众敞开了大门。在短短的两天时间里，75 000多人蜂拥而来，参观LHC的大型实验，他们有时要在烈日下排队数小时，才能轮到一次地下之旅的机会。我穿着一件浅蓝色的反光外套和发光的橙色T恤，戴着必不可少的安全帽，带领一组接一组的参观者通过100米的电梯井下到地下，站在高耸的LHCb实验台下，我觉得这一切非常吸引人。当参观者凝视着杂乱无章的各种颜色的金属制品时，他们的感受可能并不明显，但大部分探测器是看不见的。

当LHC在2018年年底第二次长时间关闭时，我在LHCb的合作者开始了一个为期两年的项目，几乎完全取代了这个实验。当LHC再次启动时（我们希望是在2022年），升级后的LHCb实验将能够以之前40倍的速率记录数据，从而让我们掌握更罕见的过程。在我写这本书时，在过去几年中让人们兴奋的底夸克衰变异常现象仍然存在，在2020年年初，我的一些同事发布了一项结果，似乎表明这种异常正在增强。现在说事情会朝哪个方向发展，异常是否会消失，或者我们是否会很快得到超越标准模型的新量子场的令人信服的证据，都还为时尚早。但是，LHCb的升级将为我们提供所需的关键数据。尽管还不确定，但我们有机会对物质的理解迈出一大步。

我们生活在物理学和宇宙学的黄金时代，几十年前几乎无法想象的实验和天文台正在教会我们越来越多的关于这个宇宙的知识。在我写到这里时，格兰萨索山下的硼实验研究团队刚刚宣布[1]，尽管困难重重，他们还是获得了最后的大奖，找到了由CNO循环产生的中微子，该循环将质子在太阳中心变成氦，填补了物质起源故事的另一部分。

未来是光明的。在未来几十年间，新的引力波天文台、地球和空间望远镜、地下深处的暗物质探测器、精密实验室实验和巨大的中微子天文台将上线。没有人能说他们会发现什么，实验物理学就是一种探索，但一定会带来惊喜。在我自己的研究领域里，LHC还有15年的运行时间，成千上万的物理学家将继续坚定地搜寻无数次对撞，希望找到可能引导我们进入下一层现实的线索。

---

① 该研究发表于2020年年底。——译者注

回看20世纪90年代，那时我还是一个孩子，会看一些科普书和纪录片，我感觉到物理学正朝着一个戏剧性的高潮飞速发展。在经历了一个世纪的革命性发现，以及越来越统一的理论之后，物理学家正处在发现宇宙终极理论的边缘。在那之后，我们又取得了巨大的进步，但如果要说的话，爱因斯坦的梦想却已经变得遥不可及。

也许这是一种狂妄自大。20世纪七八十年代是一个奇迹的年代，力被统一，预测得到了惊人的验证，美丽的新数学结构被发现。也许所有这些成功让人们认为，我们已经准备好从标准模型一路晋升到万有理论。无论如何，事情并不是这样的。今天，我们可以在实验室里以大约10 000 GeV的惊人能量探索物理，但探索普朗克尺度所需的能量仍然比这高出1 000万亿倍。至少可以说，认为我们可以从目前实验证据的坚持基础，一跃跨过15个数量级，进入未经探索的量子引力世界，这似乎还为时过早。

我们能从头开始学做苹果派吗？量子力学和引力似乎在告诉我们，宇宙开始的那一刻，当引力、空间、时间和自然的量子场都统一在一起时，它本质上或许就是不可知的。但这并不是令人沮丧的理由，事实上应该截然相反。在理解物质的基本成分及其宇宙起源方面，我们已经走了很长一段路。但在达到普朗克尺度之前，我们还有很长很长的路要走。抛开最终理论之梦不谈，还有许多有待解决的巨大谜团离我们更近了。暗物质到底是什么？物质是如何在大爆炸的湮灭中保存下来的？我们能解释希格斯场奇异的特性吗？科学在这些谜团中蓬勃发展，这些都是我们在未来几年里有机会回答的问题。

当我和尼马聊天时，他说建造下一代对撞机的最大瓶颈不是钱，或许也并非说服政客或者公众，也不是巨大的工程挑战。最大的瓶颈是，是否有一代年轻人愿意投身于理解希格斯玻色子的研究。那个周末，我的同事和我在LHCb周围带领许多热情的游客参观，其中有不少青少年，他们放弃了自己的空闲时间，戴着安全帽挤进电梯，花了一个小时甚至更久，注视着一些科学设备。那个周末结束后，我对未来感到非常乐观。几年后的某一天，当未来环形对撞机准备首次点火时，或许这些年轻人中的一位可能就紧张地坐在清晨的运行会议现场。

如果是这样，他们将成为一个可以追溯到几个世纪前的故事的一部分，这个故事讲述了我们如何逐步理解物质的基本构件以及它们的起源。这是我作为一位好奇的青少年爱上的一个故事，我对它的激动之情从未停止。谁不会被"我们是由恒星内部和宇宙大爆炸的高温锻造出的东西构成的"这种想法打动呢？除了这些令人难以置信的发现，还有成千上万的人跨越时间和文化，在不同的领域工作，每个人都有自己的梦想、优势、劣势和自我，并在前人成就的基础上慢慢地累积成就，让我们对我们共同的世界有了更深的理解。他们中的大多数人彼此都不认识，都被自己负责的那一小部分困惑着，也为之奋斗着，但不知何故，他们共同编织了一幅挂毯、一个故事，而且，至少在我看来，这是有史以来最伟大的故事。

即使像苹果派这样不起眼的东西，也深深植根于这场宇宙大戏之中，想要真正理解它，就要理解宇宙和我们自己在其中的一小部分。也许有很好的理由认为，我们永远无法发现它的最终起源，但是，自然已经显示出了一种几乎无限的能力，让我们感到惊讶。当我们继续探索，更深入地观察太空，探索物质的最小元素时，谁能说我们会发现什么新的奇迹呢？我们已经走了很长的路，但故事还没有结束。它仍在被继续书写着。如果我们接着探索，也许有一天我们会最终找到宇宙的配方。

如何从头开始做一个苹果派

●

8 人份。准备：138 亿年。

┌─ 原料 ─────────────────────────────

　少量时空

　6 个夸克场，6 个轻子场

　U(1) × SU(2) × SU(3) 局域对称性

　一个希格斯场

　超对称或者空间的额外维度（视口味而定）

　暗物质（商店里没有）

　可能还有一点儿其他东西

└────────────────────────────────

┌─ **步骤** ─

首先，创造宇宙。

将最初少量的时空暴胀约 10^{-32} 秒，直到你的宇宙增长到为原来的 10^{25} 倍。小心不要让暴胀持续太长时间，否则你只会以一片虚空而告终，搞砸整道菜。

暴胀后，你会发现宇宙温度急剧上升，产生大量粒子和反粒子。同时，你的 U(1)、SU(2) 和 SU(3) 局域对称性会自动产生电弱和强力场。让它继续以更温和的速率膨胀并冷却万亿分之一秒。

此时开始打开希格斯场，将其设置为约 246 GeV。我建议使用超对称或者额外维度来让这个场保持稳定，否则你会发现接下来几乎不可能烹饪出原子。但如果你喜欢，也可以简单地重复上述指令约 10^{30} 次，直到随机地得到正确的结果。

为了制造物质，试着确保希格斯场不均匀地开启，在混合物中形成膨胀的小泡，优先吸收夸克而不是反夸克。同时，使用斯帕莱龙将反夸克转化为小泡之外的夸克。一旦你的希格斯场达到了想要的一致性，你就会发现夸克比反夸克要多，而且电弱力已经被分裂成了电磁力和弱力。

让由此产生的夸克和胶子热汤继续膨胀，并再冷却几百万分之一秒，直到它开始凝结形成质子和中子。让反物质和物质湮灭，只留下大约百亿分之一的原始物质。别担心，这对做苹果派来说应该足够了。

再过两分钟，混合物应该已经冷却到 10 亿度以下，你可以开

324　　如何从头开始做一个苹果派

始制造氢之后的第一种元素。现在你的混合物里大约每 7 个质子就对应一个中子，还有一堆光子。

在逐渐降低的温度下慢炖约 10 分钟，直到核聚变产生轻核的混合物，大约是每一份氦对应三份氢，再加上少量锂。

让氢氦混合物继续冷却 38 万年，如果一切正常，你应该注意到当电子与氢核和氦核结合形成第一个中性原子时，炽热的混合物开始变得透明。你现在可以让温暖的气体在无人看管的情况下再冷却 1 亿~2.5 亿年。是时候来杯好茶了。

等一会儿，你可以用坍缩的巨大的氢气和氦气云形成第一批恒星。在它们的核中，首先将氢转化为氦，然后通过 3 氦过程将氦转化为碳。你可能会发现，这第一批恒星足够大，可以继续将所有元素聚变一直形成铁，然后利用超新星将混合物散播出去。

再过约 90 亿年，在随后几代恒星、超新星和中子星碰撞中，继续制造大量重元素，直到形成一种从氢一直到铀的混合元素。从这种混合物中，形成一个直径约 13 000 千米的岩石球体，将它放在一颗黄矮星的宜居区。确保生成的行星有足够量的氢和氧（最好以水的形式出现）、碳和氮。

现在进行一些生物学的步骤。老实说，我完全不确定接下来要做什么。但在 45 亿年后，如果运气够好，你最终会得到苹果、树、奶牛和小麦，以及其他一些有用的生物。希望超市现在也自发地发展出来了，所以出门去买：

400 克中筋面粉，可以再多一点儿方便擀开

两大勺糖

一撮盐

碎柠檬皮

250 克冷黄油，切成方块

一枚走地鸡鸡蛋，加入两大勺冷水搅匀

600 克煮熟的苹果

柠檬汁

50 克黄砂糖，再准备一大勺撒入

一小勺肉桂粉

两大勺玉米淀粉

一枚走地鸡鸡蛋搅匀，浇在表面增加光泽

一到两大勺原糖或黄砂糖

首先制作糕点。将面粉、糖、盐和柠檬皮放入碗中，加入黄

油揉搓，直到混合物看起来像面包屑。加入打好的鸡蛋和水，用圆刃刀搅拌，直到混合物变成一个面团。或者，将干配料放入食品加工机中，快速搅拌混合，然后加入打好的鸡蛋和水，搅拌至糕点面团状。

用保鲜膜裹住，放入冰箱冷藏 30 分钟。

将面团从冰箱中取出，留出 1/3 用于制作盖子。将剩下的面团在撒有少量面粉的桌面上擀成 1/8 英寸厚、比馅饼盘大 2~3 英寸的饼皮。拿起饼皮并将其轻轻放入馅饼盘中。

将饼皮用力压入盘中，贴到周边，留下一点儿饼皮垂下，确保没有气泡留在里面。在冰箱里冷藏 10 分钟。

将烤箱预热至 204 摄氏度，并将烤盘放入预热。

制作馅料时，将苹果去皮、去核并切片，放入一碗冷水中，加入柠檬汁。再沥干水并拍干。

在一个大碗里混合糖、肉桂和玉米淀粉，然后加入切片苹果并搅拌。将苹果馅料放入馅饼盘中，将切片苹果放平，但确保它高出盘子边缘一点儿。在饼皮边缘刷上一些打好的鸡蛋蛋液。

把剩下的一团面团擀出来。用面皮盖住馅饼，把边缘紧紧地压在一起，从而密封住它。用一把锋利的刀去掉多余的面皮，然后轻轻将边缘卷起。用刀尖在馅饼的中心戳出几个小孔。将打好的鸡蛋蛋液刷在馅饼表面。

装饰时，轻轻揉搓面皮并擀出。剪下一些漂亮的形状（叶子是传统的，但原子和星星也是可以的），放在馅饼表面，再涂上更多的鸡蛋蛋液。在冰箱里冷藏 30 分钟。

在馅饼上撒一些糖，在烤箱中烤 45~55 分钟，直到馅饼呈金黄色，苹果变软。

与奶油或香草冰激凌一起食用。小心：馅料很烫。

致　谢

现在是2020年9月，我坐在这里，完全不敢相信这本书，或者至少是最后将写进书中的这些文字，终于被写了出来。我能走到这一步，完全要感谢许多人的热心、鼓励、耐心、专业知识、洞察力、建议和偶尔的尖锐抨击。

我非常感谢许多科学家，他们慷慨地抽出时间与我交谈，带我参观他们的精彩的工作场所，把我介绍给他们的同事，或者审核手稿的部分内容，特别是：詹保罗·贝里尼、阿尔多·伊安尼、马提亚斯·容克尔（Matthias Junker）、詹妮弗·约翰逊、马特·肯齐、莎拉·威廉斯、杰弗里·汉斯特、尼克·曼顿、乔·吉亚姆、凯伦·杵鞭、海伦·凯恩斯、许长补、阮丽娟、胡安·马尔达西那（Juan Maldacena）、尼马·阿尔卡尼–哈米德、约瑟夫·康伦（Joseph Conlon）、萨宾·霍森菲尔德（Sabine Hossenfelder）、伊莎贝尔·雷比、席德·赖特、帕诺斯·卡里托斯（Panos Charitos）、约翰·埃利斯、肖恩·卡罗尔（Sean Carroll）、冈瑟·迪瑟托里（Günther Dissertori）和迈克尔·贝内迪克特（Michael Benedikt）。我要特别感谢戴维·唐和本·阿伦阿赫审阅了最后一些章节，并温柔地纠正了我一些更难的理论。多亏了他们，这本书的错误变得少了许多，当然任何剩下的错误都是我的原因。虽然我只能具体提到一些人的名字，但我也欠了1 400名LHCb实验的同事无法量化的债，还有全球科学界数万人的债，以及全世界数十亿纳税人的债，他们资助了好奇心驱动的基础研究。要是没有他们，那我一开始就没有什么可写的。

特别感谢格雷厄姆·法梅洛（Graham Farmelo），感谢他在我写书过程中给出了睿智的建议，让我进入神圣的高等理论殿堂，感谢他热情的鼓励。也要感谢尼尔·托德（Neil Todd），他带领我参观了曼彻斯特卢瑟福的古老实验室，我们度过了美好的一天。

我要感谢卡文迪许实验室瑞利图书馆和科学博物馆达纳研究中心及图书馆的优秀的工作人员，特别是一直乐于助人又善良的普拉巴·沙（Prabha Shah）。还要感谢我的高中物理老师约翰·沃德（John Ward），感谢他在我十几岁的时候鼓励并包容我，感谢他在卡罗琳·马伍德（Caroline Marwood）的好心批准和帮助下安排了一台显微镜的贷款。

如果没有我的老板瓦尔·吉布森的支持和宽容，这本书是不可能完成的。在我的物理学研究生涯中，他一直在不断鼓励我，我欠他一大笔债。谢谢你，瓦尔。我也非常感谢我在科学博物馆的同事，特别是阿里·博伊尔（Ali Boyle），我从他们那里学到了许多科学传播的方法及其历史，他们给了我很多机会让我在科学传播方面做得更好。

我要感谢我出色的经纪人西蒙·特雷温（Simon Trewin），他帮助我将酝酿已久的想法转化为值得一写的内容，并从一开始就让这一切成为可能。非常感谢纽约WME的多里安·卡马尔（Dorian Karchmar）出色地说服了美国出版商与一位英国人谈论苹果派，也非常感谢伦敦WME团队，特别是詹姆斯·芒罗（James Munro）、弗洛伦斯·多德（Florence Dodd）和安娜·狄克逊（Anna Dixon）。

感谢我的编辑，Picador出版社的拉维·米尔查达尼（Ravi Mirchandani）和Doubleday出版社的雅尼夫·索哈（Yaniv Soha）。特别要感谢拉维从一开始就如此热情地支持这个可以说是相当愚蠢的概念，感谢雅尼夫周到审慎、见解深刻的反馈，这无疑让它变成了一本更好的书。还要感谢梅尔·诺索弗（Mel Northover）把我的糟糕图表变成了更吸引人的东西，感谢艾米·瑞安（Amy Ryan）的法医般的编辑，感谢她找到了许多我犯的愚蠢的错误。

最后，我要感谢我的朋友和家人在过去18个月里对我的爱和支持。苏西（Suzie），感谢你提供的所有双向的图书写作咨询课，你帮助我减少了许多孤独感。我要特别感谢我的妹妹亚历山德拉（Alexandra），她在大约10年前第一次建议我考虑写一本书，正是这个建议最终带来了这本书。最后但绝对同样重要的是，我要感谢我的父母维琪（Vicky）和罗伯特（Robert），不仅感谢他们阅读和评价了这本手稿中的每一个字，而且感谢他们在我需要交流想法、抱怨呻吟或只是需要一杯茶和聊会儿天的时候总是在我身边。谢谢你们一直鼓励我保持好奇。这都是你们的"错"。

注　释

🍎

楔子

1. CERN, "Cryogenics: Low tem- peratures, high performance," home.cern.

2. Jon Austin, "What is CERN doing? Bizarre clouds over Large Hadron Collider prove portals are opening," *Daily Express,* June 29, 2016, www. express.co.uk.

3. Sean Martin, "Large Hadron Collider could acci- dentally SUMMON GOD, warn conspiracy theorists," *Daily Express*, October 5, 2018, www. express.co.uk.

4. Alex Knapp, "How much does it cost to find a Higgs boson?," *Forbes,* July 5, 2012, www.forbes.com.

5. Lucio Rossi, "Superconductivity: Its role, its success and its setbacks in the Large Hadron Collider of CERN," *Superconductor Science and Technology* 23 (2010): 034001 (17 pages).

6. Stephen Hawking, *A Brief History of Time* (Bantam Books, 1988), page 175.

第 1 章

1. Holmes, page 257.

2. Brock, page 104.

3. Joseph Priestley, *Experiments and Observations on Different Kinds of Air,* vol. 2 (London, 1775).

4. Brock, page 108.

第 2 章

1. Thackray, page 85.

2. Gribbin, page 7.

3. Albert Einstein, *Investigations on the theory of the Brownian movement,* translated from original 1905 article by A. D. Cowper (Dover Publications, 1956), page 18.

第 3 章

1. Isobel Falconer, "Theory and Experiment in J. J. Thomson's Work on Gaseous Discharge" (PhD dissertation, University of Bristol, 1985), page 103.

2. Wilson, page 83.

3. Thomson, page 341.

4. Eve, page 34.

5. Wilson, page 228.

6. Chadwick, AIP interview, session 4.

7. Fernandez, page 65.

8. Fernandez, page 73.

第 4 章

1. Wilson, page 405.

2. Wilson, page 394.

3. Chadwick, AIP interview, session 3.

4. Chadwick, AIP interview, session 3.

5. Hendry, page 45.

第 5 章

1. Sun Fact Sheet, NASA, http:// nssdc.gsfc.nasa.gov/planetary/factsheet/ sunfact.html.

2. Kragh, page 84.

3. Gamow, page 15.

4. Gamow, page 58.

5. Gamow, page 70.

6. Iosif B. Khriplovich, "The Eventful Life of Fritz Houtermans," *Physics Today* 45, no. 7 (1992): 29.

7. Cathcart, page 218.

8. Gamow, page 136.

9. Tassoul, page 137.

10. Cassé, page 82.

第 6 章

1. Mitton, in the foreword by Paul Davies, page x.

2. Mitton, page 207.

3. Hoyle, page 265.

4. Hoyle, page 265.

5. Hoyle, page 266.

6. Jennifer Johnson, "Populating the periodic table: Nucleosynthesis of the elements," *Science* 363, no. 6426 (February 1, 2019): 474–78.

7. Chown, page 56

8. Frebel, page 88.

9. Calculated from "a mean density of about one billion kg/m3" in Frebel, page 92.

第 7 章

1. Kragh, 46.

2. Kragh, page 55.

3. Alpher, AIP interview, session 1.

4. Chown, page 10.

5. Kragh, page 183.

6. Attributed in the "quote of the day" source code of the Fortune computer program, June 1987.

第 8 章

1. C. T. R. Wilson— Biographical. NobelPrize.org. Originally from *Nobel Lectures, Physics 1922–1941* (Elsevier Publishing Company, 1965).

2. Martin Bartusiak, "Who Ordered the Muon?," *New York Times,* September 27, 1987.

3. Will Lamb, Nobel lecture, December 12, 1955. www.nobelprize.org.

4. Robert L. Weber, *More Random Walks in Science* (Taylor & Francis, 1982), page 80.

5. Gell-Mann, page 12.

6. Riordan, e-book location 2528.

7. Riordan, e-book location 2765.

第 9 章

1. Farmelo, page 164.

第 11 章

1. Ralph P. Hudson, "Reversal of the Parity Conservation Law in Nuclear

Physics," in *A Century of Excellence in Measurements, Standards, and Technology*. NIST Special Publication 958 (National Institute of Standards and Technology, 2001).

2. Richard Feynman, "The Character of Physical Law," lecture 7, "Seeking New Laws," Messenger Lectures at Cornell, 1964.

第 12 章

1. CERN Press Release, "LHC research program gets underway," March 30, 2010.

2. Michael Hanlon, "Are we all going to die next Wednesday?," *Daily Mail,* September 4, 2008, www.dailymail .co.uk.

3. Eben Harrell, "Collider Triggers End-of- World Fears," *Time*, September 4, 2008, www.time.com.

4. John R. Ellis et al., "Review of the Safety of LHC Collisions," *Journal of Physics G* 35, no. 11 (2008): 115004.

5. Pallab Ghosh, "Popular physics theory running out of hiding places," BBC News website, November 12, 2012, www.bbc .co.uk.

6. Pallab Ghosh, "Popular physics theory running out of hiding places," BBC News website, November 12, 2012, www.bbc.co.uk.

7. Pallab Ghosh, "Popular physics theory running out of hiding places," BBC News website, November 12, 2012, www.bbc.co.uk.

8. Alok Jha, "One year on from the Higgs boson find, has physics hit the buffers?," *The Guardian*, August 6, 2013, www.theguardian.com.

第 13 章

1. Weinberg, page ix.

2. Letter from Albert Einstein to Heinrich Zangger, Berlin, November 26, 1915. Translated and annotated by Bertram Schwarzschild.

3. Paul Halpern, *Einstein's Dice and Schrödinger's Cat* (Basic Books, 2015), page 167.

第 14 章

1. Alex Knapp, "Apollo 11's 50th Anniversary: The Facts and Figures Behind the $152 Billion Moon Landing," *Forbes,* July 20, 2019, www. forbes.com.

2. Andrew Steele, "Blue Skies Research," *Scienceogram UK*, scienceogram. org.

3. Jon Butterworth, "Impact? I want an interstellar Higgs drive please," *The Guardian,* July 16, 2012, www .theguardian.com.

参考文献

●

图书

Ball, Philip. *Beyond Weird*. Vintage, 2018.

Brock, William H. *The Fontana History of Chemistry*. Fontana Press, 1992.

Brown, Gerald, and Chang-Hwan Lee. *Hans Bethe and His Physics*. World Scientific, 2006.

Cassé, Michael. *Stellar Alchemy: The Celestial Origin of Atoms*. Cambridge University Press, 2003.

Cathcart, Brian. *The Fly in the Cathedral*. Viking, 2004.

Chandrasekhar, S. *Eddington: The Most Distinguished Astrophysicist of His Time*. Cambridge University Press, 1983.

Chown, Marcus. *The Magic Furnace*. Jonathan Cape, 1999.

Close, Fran. *Antimatter*. Oxford University Press, 2009.

———. *The Infinity Puzzle*. Oxford University Press, 2011.

Conlon, Joseph. *Why String Theory?* CRC Press, 2016.

Crowther, J. G. *The Cavendish Laboratory 1874–1974*. Science History Publications, 1974.

Davis, E. A., and I. J. Falconer. *J. J. Thomson and the Discovery of the Electron*. Taylor & Francis, 1997.

Eve, A. S. *Rutherford: Being the Life and Letters of the Rt. Hon. Lord Rutherford, O.M.* Cambridge University Press, 1939.

Farmelo, Graham. *The Strangest Man*. Faber and Faber, 2009.

Fernandez, Bernard. *Unraveling the Mystery of the Atomic Nucleus: A Sixty Year Journey 1896–1956*. Springer, 2013.

Frebel, Anna. *Searching for the Oldest Stars*. Princeton University Press, 2015.

Gamow, George. *My World Line, An Informal Autobiography*. The Viking Press, 1970.

Gell-Mann, Murray. *The Quark and the Jaguar.* Little, Brown and Company, 1994.

Green, Lucie. *15 Million Degrees: A Journey to the Center of the Sun.* Viking, 2016.

Gribbin, John. *Einstein's Masterwork.* Icon Books, 2015.

Hendry, John. *Cambridge Physics in the Thirties.* Adam Hilger, 1984.

Holmes, Richard. *The Age of Wonder.* Harper Press, 2008.

Hoyle, Fred. *Home Is Where the Wind Blows.* University Science Books, 1994.

Huang, Kerson. *Fundamental Forces of Nature: The Story of Gauge Fields.* World Scientific, 2007.

Kragh, Helge. *Cosmology and Controversy.* Princeton University Press, 1996.

Mitton, Simon. *Fred Hoyle: A Life in Science.* Aurum Press, 2005.

Pais, Abraham. *Inward Bound: Of Matter and Forces in the Physical World.* Oxford University Press, 1986.

Rickles, Dean. *A Brief History of String Theory.* Springer, 2014.

Riordan, Michael. *The Hunting of the Quark.* Simon and Schuster, 1987.

Segrè, Gino. *Ordinary Geniuses: Max Delbrück, George Gamow, and the Origins of Genomics and Big Bang Cosmology.* Viking, 2011.

Tassoul, Jean-Louis, and Monique Tassoul. *A Concise History of Solar and Stellar Physics.* Princeton University Press, 2004.

Thackray, Arnold. *John Dalton: Critical Assessments of His Life and Science.* Harvard Monographs in the History of Science. Harvard University Press, 1972.

Thomson, J. J. *Recollections and Reflections.* G. Bell and Sons, Ltd., 1936.

Vilbert, Douglas A. *The Life of Arthur Stanley Eddington.* Thomas Nelson and Sons Ltd., 1956.

Weinberg, Steven. *Dreams of a Final Theory.* Vintage, 1993.

Wilson, David. *Rutherford, Simple Genius.* Hodder and Stoughton, 1983.

其他

BBC Radio 4, *In Our Time: John Dalton,* October 26, 2016.

Interview of James Chadwick by Charles Weiner on April 20, 1969. Niels Bohr Library & Archives, American Institute of Physics. www.aip.org.

Interview of Ralph Alpher by Martin Harwit on August 11, 1983. Niels Bohr Library & Archives, American Institute of Physics. www.aip.org.

Interview of Carl Anderson by Charles Weiner on June 30, 1966. Niels Bohr Library & Archives, American Institute of Physics. www.aip.org.